环境科学基础实验

Fundamental Experiments for Environmental Science

袁东星　主　编

陈　荣　郭小玲　副主编

厦门大学出版社　国家一级出版社
XIAMEN UNIVERSITY PRESS｜全国百佳图书出版单位

图书在版编目（CIP）数据

环境科学基础实验 / 袁东星主编 ；陈荣，郭小玲副
主编. -- 厦门 ：厦门大学出版社，2025. 2. -- ISBN
978-7-5615-9627-2

Ⅰ. X-33

中国国家版本馆 CIP 数据核字第 20258E7A92 号

责任编辑　李峰伟

美术编辑　蒋卓群

技术编辑　许克华

出版发行　厦门大李出版社

社　　址　厦门市软件园二期望海路 39 号

邮政编码　361008

总　　机　0592-2181111　0592-2181406(传真)

营销中心　0592-2184458　0592-2181365

网　　址　http://www.xmupress.com

邮　　箱　xmup@xmupress.com

印　　刷　广东虎彩云印刷有限公司

开　本　787 mm×1 092 mm　1/16

印　张　16.5

字　数　392 千字

版　次　2025 年 2 月第 1 版

印　次　2025 年 2 月第 1 次印刷

定　价　45.00 元

本书如有印装质量问题请直接寄承印厂调换

厦门大学出版社
微信二维码

厦门大学出版社
微博二维码

本书编委会

主　编　袁东星

副主编　陈　荣　郭小玲

编委名单（按姓氏拼音排序）

　　　　蔡立哲　洪海征　李权龙　刘国坤

　　　　马　剑　谭巧国　吴水平　周克夫

序

　　世纪之交的 2000 年,顺应全球对环境科学发展的迫切需求,回应社会对环境人才的热切期盼,厦门大学成立了环境科学与工程系,我有幸成为厦门大学环境科学与工程系的首任系主任。当年 9 月,第一届 23 名环境科学专业的本科生,带着求学的渴望,踏入校门。

　　这群朝气蓬勃的新生大多数诞生于 1982 年。彼时,厦门大学建立了环境科学研究所;1992 年,更是建成了环境科学研究中心。至 2000 年,厦门大学的环境学科研究生教育已打下坚实基础,科学研究在国内学界已享有良好声誉,特别是在海洋环境科学方面,彰显特色和优势。

　　然而,在环境学科的本科生教育方面,厦门大学却宛如一位刚刚踏上征程的行者,才站在起点之上。在基础理论课程的教学上,得益于过往研究生教学积累的资料和经验,虽仍有提升空间,但尚可在后续的教学过程中不断改进和完善。可是,实验课的情况却截然不同,一切都需从零开始。从实验设计的精心构思,到实验讲义的逐字编写;从实验器材的审慎购置,再到实验室的全面建设,这些工作系统性极强,因而一旦确定下来,在数年之内难以做出大的改动。为按时保质开设实验课,教师们边学习边编写讲义,实验教辅人员边购置实验器材边做预实验,如此,实验讲义中的问题得到及时反馈,内容得以及时修订。

　　2002 年 9 月,第一届本科生迎来了第一门专业实验课——环境科学基础实验Ⅰ(环境监测)。袁东星教授是这门实验课的第一位主讲教师。随后,环境科学基础实验Ⅱ(生物部分)、环境生态实验、环境工程基础实验和综合大实验等实验课相继开设,有序地推进实验教学的开展和建设。二十多年的时光匆匆流逝,在这漫长的岁月里,每一年教师们都会对各门实验课的讲义细节进行精心修订,使其内容日益完善,却总是受限于教师们的时间和精力,这些凝聚着无数心血的实验课讲义始终未能正式出版。

直至 2023 年岁末,袁东星教授在众人的簇拥下,领衔承担实验课教材的编撰工作。11 位实验课任课教师和 9 位实验教辅人员历时一年多,在使用多年的实验讲义的基础上,查找文献,认真编写,反复修改,终于成就了这本综合性的《环境科学基础实验》。我对袁东星教授领衔的这个团队有高度的信任感,其一以贯之的严谨与细致,必定造就精品。我相信,无论是教师还是学生,只要阅读和使用这本书,都一定能从中汲取到宝贵的知识与经验,也能体悟到作者团队的严谨风格和科学精神。

此为序!

2025 年 1 月 9 日

前　言

从小，我就对教科书和讲义怀着深深的珍惜之情。记忆犹新的是 1978 年那个"科学的春天"里，作为"文革"后第一届大学生，我们领到了赶印出来的油墨飘香的讲义。用牛皮纸或旧挂历纸细心加固封面，预习和复习时小心翻阅；实验课上偶然滴上一滴化学试剂，便心疼不已。至今，大学 4 年的几十本油印讲义，还整齐地摞在我的书橱里。

成为教师之后，因教学需要，我编了几本讲义。其中，最重要最完整的便是本科生的环境监测实验讲义。每年修订一次，一本本，承载着教师和学生的交流与付出。还记得在最初的 3 年里，为鼓励学生们一起修订实验讲义中的细节错误，学生每挑出一个毛病，我们在他的实验报告成绩上加一分。二十多年来，出于各种原因，也许更是一种敬畏，我们始终没能把实验讲义付诸正式出版。

我退休后自由时间多了，于是在 2023 年年底被各方推动，开始主持编写这本《环境科学基础实验》教材。一年多来，编委们一遍又一遍地查阅相关参考文献，斟酌实验具体步骤，验校公式和反应方程式，复核溶液配制的计算。同时，也一边认真学习，厘清了"测定"与"测量"、"实验"与"试验"、"称重"与"称量"、"样品"与"试样"、"容量分析"与"滴定分析"……编委们和实验教辅们相互看稿子提修改意见，多次讨论，反复雕琢，品味着严谨细致带来的艰辛和欢愉。每找出一个错误，欣慰之余却诚惶诚恐，只因其提示着稿子中还有错误残留。时至今日，即使是将正式出版的本教材中，仍然可能存有问题和缺憾。在此敬请同行们和同学们指正，以利共同将本教材的编撰及实验设计推向更高水平。

　　本教材涵盖了环境科学本科专业各阶段的基础实验，包括 15 个水环境监测实验、5 个大气环境监测实验、5 个土壤环境监测实验、6 个环境微生物学实验、6 个环境毒理学实验、6 个环境生态学实验、5 个自主设计实验，以及 20 个常用仪器的使用说明及注意事项。此外，还添加了实验准备和实验报告、基本实验仪器介绍和操作说明章节。各实验的设计基于多年的教学实践，并遵循现行的标准或公认的模式。本教材根据本科教学的特点，力求阐明实验原理，详述实验步骤，解释计算公式，附上注意事项和思考题。在精简极端样品预处理操作的同时，标明可参考的文献。编撰时，尤其注意了行文的规范书写和参考文献的准确引用。真心希望，本教材能助力环境科学实验和实践的开展。

　　带着满满的敬意，感谢团队的编委们和实验教辅们，以及出版社的责任编辑，尽可能地提高了本教材中细节的准确度，特别是化学和生物用语的统一度。感谢郭祥群老师、贾金平老师、郑爱榕老师，他们无私的专业指导和热情的鼓励，为本教材增加了深度。感谢戴民汉老师，这位厦门大学环境科学与工程系的第一任系主任，百忙之中为本书写序，传递着他对环境科学情感的温度。

袁东星

2025 年 1 月 10 日

目 录

I

第一章　实验准备和实验报告
Chapter 1　Experimental Preparation and Report

1.1　实验室安全和野外作业安全
1.1　Laboratory Safety and Field Safety

1.1.1　实验室安全要点

　　虽然实验室本身就存在着某些危险因素,但只要实验人员严格遵守操作规程和规章制度,预防措施可靠,危害和事故就可以最大程度地避免。一旦发生事故,要保持冷静,应根据平时所受的安全教育和本章节的下述要求尽快处理,将损害减少到最小程度。切记不要不懂装懂,自以为是,隐瞒不报或随意处理大小事故。

　　以下着重介绍学生尤其应注意的实验室安全事项。

1.1.1.1　概述

　　进入实验室时,应全面了解实验室环境,熟悉安全用具,如配电箱、消防栓、灭火器、冲淋器、医药箱等的摆放位置和正确的使用方法。

　　在实验室里应穿长袖实验服、戴防护眼镜,特殊操作时应戴防护手套。实验室里不得穿裙子和拖鞋,不得披散头发,不得带妆。实验室里禁止抽烟、吃东西、喝饮品,禁止推搡、打斗。

　　实验前应仔细做好实验预习,充分了解所做实验的性质,以及所采用的试剂和仪器的安全性能,根据这些情况,做好风险评估和防护准备。实验前应认真听取指导教师和管理人员的介绍,仔细检查所用的仪器(包括玻璃仪器)是否完好,试剂是否充足,如仪器损坏或试剂缺失,应及时反映和处理。

　　一般情况下,实验应按照教科书/讲义或规定的步骤进行。注意听取指导教师和管理人员对实验和仪器的讲解及实验调整的说明。

　　实验结束,离开实验室前应检查水、电、门、窗、气、空调等是否处于关闭状态。离开实验室前应彻底洗手,回到宿舍后或吃饭前应漱口、洗脸,当日尽快洗澡洗头。接触实验试剂较多、较长时间或试剂毒性较大,实验完毕除了漱洗,还应清洗实验服,更换自身衣服并及时清洗。

1.1.1.2 化学品安全

有毒化学品通过呼吸道、皮肤黏膜和消化道入侵人体。因此,应杜绝直接触摸和吞入,尽量减少吸入。使用化学试剂前,应认真了解化学品的性质和危害程度。使用时应对自己、对他人高度负责,保护好小环境。

无机和有机汞盐、砷化物、氰化物、农药、多环芳烃、生物碱等属于剧毒药品,浓酸(尤其是浓硫酸)和浓碱具有强烈的腐蚀性,使用时应特别小心,应戴防护手套。实验课程中所使用的化学品一般毒性较小,试剂母液基本上也不是学生配制的,但学生不可因此掉以轻心。若不慎将化学试剂溅到皮肤上和眼睛内,应立即使用冲淋器,以大量清水冲洗,必要时送医。若毒性或腐蚀性试剂溅到衣物上,应尽快更换衣物。

有机溶剂及用其配制的试剂挥发性强,一般易燃,放置和使用地点应远离火源和热源。有机溶剂(如正己烷)和易挥发酸碱(如盐酸和氨水)的使用应在通风橱中或通风良好的地方进行,减少人体的吸入。开瓶取溶剂和试剂的动作应尽量轻快,瓶口不要对着人,取完后尽快盖紧瓶塞。试剂标签若有损坏应及时更换。不得随意泼洒、搁放试剂。一旦发生溶剂和试剂倾倒泼洒情况,应立即以吸液棉或纸巾覆盖、吸净、擦净,再将吸液棉或纸巾置入密闭的废物容器中,待进一步处理。

1.1.1.3 废液和废物的暂存与处理

实验过程中产生的废液、废物、碎玻璃等,应按照性质分类存放处理,不得随意倾倒。

一般酸碱废液,可以在中和后倒入下水道,或倒入废液容器中。有毒有害(如重金属)和水不溶性的有机废液(如正己烷和二氯甲烷)不得倒入下水道,应收集在指定的专用容器中,由专门人员统一送往有关部门处理。

禁止直接用手对任何利器进行剪、弯、折断等操作。载玻片、单面和双面刀片、注射器针头、大头针、一次性手术刀片、玻仪碎片等尖锐物不得随意丢弃在垃圾桶中,应分类收集在专用耐扎容器中,由专门人员统一送往有关部门处理。收集碎玻璃的专用容器不得用于放置装有试剂的玻璃瓶,如果打破的玻璃瓶中尚有试剂残留,应先去除试剂后再将破玻璃瓶置入容器中。空试剂瓶收集于专用的容器或编织袋中,统一送往有关部门处理。

实验用过的枪头、小离心管、PE(polyethylene,聚乙烯)手套、乳胶手套等固体沾染物,需要单独收集存储,以便送往有关部门统一处理。

用于预实验和正式实验的实验动物尸体,不能私自带离实验室或随意丢弃到垃圾桶中,要全部收集起来,冷冻后送到专门机构进行统一处理。

1.1.1.4 用电和用水安全

实验开始前,应检查实验仪器和实验台的电线插座、插头,如有异常则不得使用。使用电器设备时,切不可用湿润的手去开启电闸和电源开关。不要随意拆卸、修理实验器材。不得使用明火电炉。电吹风、电热枪、电烙铁等使用完毕,应及时拔除电源插头。排插不得串联使用,不得过载,不能置于地面上。如需使用排插,请务必将排插固定于墙面或试剂架上,以防其滑动时带倒实验台上的其他物品,或液体倾倒在其上时造成漏电。

使用仪器的过程中如果发生停电,应立即关闭仪器的电源开关。发生用电事故时,首先拉断实验室的总电闸。有人触电时,先拉断实验室的总电闸或用绝缘物体将电器/电线与人体分离后,再实施救治。

使用自来水后要及时关闭水龙头。停水时尤其要注意关紧水龙头,以免来水后造成自来水的大量流失或溢水。

1.1.1.5 消防安全

平时应熟悉实验室的消防设施和消防通道,认真参加消防演练。

实验室里一旦发生火灾,应立即切断火源或热源;如涉及电线和用电器,应立即切断电源。针对火源,可先自行控制处理。火势小时可以用沙土、湿布、湿衣物、木板等将火盖灭,也可使用消防栓内的灭火器和水枪灭火,但电线着火或有机溶剂着火时不得使用水来灭火。自己身上着火时应尽快脱去衣服,可以就地打滚以扑灭火苗。

火势大时,应拨打119电话求救,并到路口引导消防车。报警时,应简单明了,说明地点、火势和火源,讲清报警人的姓名、联系电话号码。所有人员应立即停止实验,关闭电器,依照引导迅速有序地离开实验室,前往楼外空地。离开实验楼时,应顺手关上所有通道的自掩门及防火防烟门,但不得锁上。

1.1.2 野外作业安全要点

环境科学的野外作业包括生态考察和样品采集。对于学生来说,这是一项令人兴奋又具有挑战性的工作。野外作业的安全相对于实验室安全,要求更广更严。一方面,野外突发危险的概率较高,且引发事故的因素往往较难提防;另一方面,如果采样过程中缺乏规范操作,可能导致所采集样品的质量不符合要求,影响后续的实验室分析结果。因此,在准备出发之前,必须认真听取安全教育,牢记注意事项。

以下着重介绍学生尤其应注意的野外作业安全事项。

1.1.2.1 概述

出发到野外作业前,应全面了解研究区域的地理、人文等情况,规避风险区域。了解作业现场的潜在危险,避开陡峭的边坡、深水区等;如非去不可,应采取相应的防护措施,确保人身安全。必须接受安全教育和操作规程指导,掌握一定的风险识别、自救和互救的基本常识。

为保证人员的人身安全和样品的代表性,必须考虑气象条件。大风雨尤其是台风后不宜立即外出考察和采样作业,除非是从事与雨水相关的研究。

根据考察和采样目的,制订合适的作业方案和应急方案,选择安全的交通工具,选择合适的住宿。

准备好个人出差用品,包括:① 身份证件;② 适量的饮用水和干粮;③ 少量个人药品,如防晒霜、防蚊液、晕动药、肠胃药等;④ 适当的个人防护装备,如手套、安全帽、护目镜等;⑤ 通信工具,如手机及其备用电源。一定要向组织者和队友留下联系方式,全程保持手机处在开通状态。

在考察和采样过程中,不要被环境伤害也不能伤害环境。注意不得对水源造成污染,不要践踏、破坏植被,不得在作业现场抛弃垃圾和实验废弃物。应最大程度地保持作业地的原貌,避免对生态环境造成影响。

野外考察和采样作业通常是团队行动,因此加强团队协作至关重要。作业人员之间需保持良好的沟通,相互关心和支持,共同确保安全。

1.1.2.2　车船交通安全

一定要乘坐有证经营的车船。如果自驾车辆,出发前应检查车辆状态尤其是刹车制动和备胎情况,准备好充足燃料、备用电源、水和干粮。严禁酒后驾车或疲劳驾车。

1.1.2.3　饮食住宿安全

如果因工作需要投宿民宿,应选择内外卫生条件好、结构牢靠的民宿。选择卫生条件好的饭店就餐,有过敏史的尽量不吃海鲜尤其不要吃甲壳类海鲜。尊重当地的民风民俗,避免因理解和习惯差异引发冲突。

1.1.2.4　陆地作业安全

夏季出门,注意防晒防暑,多饮水;暴雨雷电来临时,不得在野外逗留,应尽快撤回建筑物内。冬季出门,带足衣物,注意保暖。

在污染严重的区域,可能有细菌、病毒及其他有害物质,应注意防护安全。

在山区山林考察和采样时,应注意山谷、悬崖等地理不利因素;山区山林里还存在迷路、蚊叮蛇虫咬等的可能性,应提高警惕,做好防范措施。出行时应随时确认自己的位置,保持与队友的联系;组织者应时常关注队员的状态。

1.1.2.5　海上和(江河)水面作业安全

出海作业前,必须详细了解天气、风情和海况,以减少意外风险。

甲板作业时必须穿好救生衣,不得穿拖鞋;不得在绞车、吊杆下站立或在没有安全防护装置的船舷边站立逗留。操作绞车时应戴安全帽。

第一次出海,或曾经有晕船经历的,可携带适量晕动药,视情况服用。即使晕船,也得强迫自己吃喝以保持体力。

万一落水,一定要保持镇定,即刻做出风险判断。如穿有救生衣,应迅速给救生衣充气,并吹响哨子引起队友注意,等待救援。万一没有穿救生衣,则应采用正确的游泳姿势,一般选用仰泳姿势,深吸气,快吐气,增加肺腔空气以增加浮力,减少体力消耗,等待救援。同行人员应相互关照,组织者应时常清点人数,及早发现异常现象。

12395为全国统一水上遇险求救电话。在水上,船舶一旦发生碰撞、触礁、搁浅、漂流、失火等灾难事故或人员落水、突发疾病等需要救助,可拨打12395向搜救中心报警。

在滩涂或礁石上采样时,注意防范被贝壳和碎石割伤的危险;不宜赤脚作业,应穿上防滑且保护脚趾的鞋子。

(执笔:袁东星　郭小玲)

1.2　实验准备工作
1.2　Experimental Preparation

　　对于学生来说，一个完整的实验，包括准备实验、操作实验、撰写实验报告三大部分。本节介绍第一部分——准备实验。

1.2.1　实验预习

　　实验预习是提高实验效率、减少实验错误的有效途径。

　　实验前，需要认真阅读实验教科书或讲义，熟悉实验目的，了解实验的基本原理和操作步骤，理清实验思路。如果实验需要多人合作，应提前与同组同学沟通，明确各自的责任和任务。对于有预实验的生物类实验，尤其需要根据预实验结果，与指导教师和同组同学一同讨论，制订详细的实验方案，包括实验生物的选取、受试物浓度设计、操作步骤、注意事项等，以利于正式实验的顺利开展。

　　按照要求，撰写实验预习报告。实验预习报告的格式与实验报告（参见章节 1.4）类似，但数据和讨论部分尚空缺。预习报告不是随手笔记，也需要有逻辑和层次，可以与实验报告的撰写结合起来。

　　有些实验课要求学生到实验室进行预习，此时，除了上述要求，还需要根据实验教科书或讲义内容，查看实验器材，如试剂、材料、样品等，检查器材完整无缺，工作正常。此外，还需要清洗玻璃器皿，备用。

1.2.2　玻璃器皿的清洗

　　一般情况下，实验大多采用玻璃器皿，少量实验会采用塑料器皿。实验结束后就应该清洗玻璃器皿，尤其是器皿盛装黏滞性较大的液体后应立即用流水充分冲洗，以免造成孔洞的堵塞。实验前也应该对器皿做一定的清洗，除非该器皿是自己清洗过晾干备用的。

　　玻璃器皿的洁净程度直接影响实验结果的准确度和精密度。不同类别的玻璃器皿，采用的清洗方式不同；用于不同目的的玻璃器皿，清洗所用的试剂也不尽相同。

　　视器皿前期的使用情况，可选用的洗涤剂包括洗洁精、去污粉等。传统的铬酸洗液因易污染环境，尽量不要使用。有条件的可以使用实验室专用洗涤剂。实验室高效洗涤剂通常含有表面活性剂和螯合剂，可去除多种污垢，且对玻璃器皿无损。此外，含有稀盐酸或磷酸的酸性清洗剂适用于去除无机盐类结垢物，乙醇、丙酮等有机溶剂适用于去除有机物污垢。

　　凡洗净的玻璃器皿，其内壁被水均匀地润湿后不能留下水迹，不能挂有水珠，否则提示尚未洗净,必须重新洗涤。

1.2.2.1 容易洗刷的玻璃器皿

一般的玻璃器皿如烧杯、烧瓶、锥形瓶、培养皿、试管和量筒等,开口比较大,容易洗刷,可以用毛刷从外到里用自来水刷洗,先刷洗掉水可溶性物质、部分不溶性物质和灰尘;必要时再用洗涤剂刷洗,用自来水冲洗;最后要用纯水荡洗 3 遍,方达到要求。

将洗净的玻璃器皿倒置在清洁处晾干备用。如果急用,先考虑湿的器皿是否可以直接取用,如必须干燥,除量筒外可置于 $100 \sim 110$ ℃烘箱中快速烘干后使用。

1.2.2.2 不容易洗刷的玻璃器皿

对于毛刷难以刷洗到位的玻璃器皿如滴定管、移液管、容量瓶等,通常将洗涤剂倒入或吸入玻璃器皿内浸泡一段时间,或者用超声波清洗器超声清洗;而后将玻璃器皿内的洗涤剂倒出或回收入储存瓶,用自来水冲洗玻璃器皿;最后用纯水荡洗 3 遍。

将洗净的玻璃器皿倒置在清洁处晾干备用。滴定管则倒置夹在滴定管架上,打开滴定管旋塞以便干燥,在滴定管尖上罩一个小烧杯以防尘。注意,滴定管、移液管、容量瓶等属于容量仪器,不宜用高温烘箱烘干,以免高温改变容器体积。实际上,这些器皿使用时并非一定需要干燥,只要是新洗涤过的,可以通过试剂润洗去除其中的水分。

1.2.2.3 比色皿

一般情况下,比色皿使用后应立即用纯水充分冲洗,倒置在清洁处晾干备用。盛装过磷钼蓝或硅钼蓝的比色皿可用稀盐酸溶液浸泡后清洗;盛装过考马斯亮蓝的比色皿可先用乙醇脱色后再进行正常清洗。

比色皿是用胶黏剂黏合起来的,故不得置于高温下,以免黏胶开裂。比色皿的材质是玻璃或石英玻璃,属于光学玻璃,故不得用利器刮其内外表面,清洗时不能用毛刷刷洗,防止破坏其通透性。

1.2.2.4 重金属测定用的样品容器

一般用于重金属测定的玻璃容器,使用前要进行清洗,使用后更应立即进行清洗。具体应按以下步骤,依序去除金属残留、泡酸、纯水冲洗、干燥,彻底清洗干净后备用。

比较清洁的玻璃器皿,可用水和洗涤剂清洗后,浸入浓度为 $10\% \sim 20\%(V/V)$ 硝酸溶液里浸泡 24 h 以上,捞出后用纯水冲洗干净,干燥备用。污垢比较重的玻璃器皿,可先用 $10\%(V/V)$ 盐酸溶液浸泡清洗,纯水冲洗干净,再放入 $10\% \sim 20\%(V/V)$ 硝酸溶液里浸泡 24 h 以上,然后用纯水冲洗干净,在洁净柜晾干备用。(注意:在烘箱内烘干可能会造成玻璃器皿的沾污。)

移液器的塑料枪头或用于原子吸收光谱仪自动进样器的塑料小瓶,新打开包装的通常可直接使用或用纯水荡洗后使用。需要重复多次使用的样品瓶,要用洗涤剂清洗去除可能的残留物质,再置于 $10\% \sim 20\%(V/V)$ 硝酸溶液里浸泡 24 h 以上,用纯水冲洗干净后,方可再次使用。(注意:沾染过重金属的容器和量器,没有清洗干净去除金属污染物之前,不得直接投入酸缸,以保持酸液相对洁净。)

1.2.2.5 微生物检测用的玻璃器皿

微生物检测用的玻璃器皿的准备工作,包括清洗和灭菌两个步骤。

　　首先是清洗。一般新购的玻璃器皿用 2%(V/V)盐酸溶液浸泡数小时,再用自来水冲洗至 pH 约为 7,后用纯水荡洗 3 遍,干燥备用。使用过的移液管先用自来水冲去表面的残液,再用洗涤剂和自来水清洗,最后用纯水灌洗 3 遍以上,干燥备用。培养皿、试管、锥形瓶等常用玻璃器皿未沾有琼脂时,可用洗涤剂和自来水直接刷洗,后用纯水荡洗 3 遍,倒置在清洁处晾干备用。对含有琼脂培养基的玻璃器皿,先将琼脂刮去,用清水和洗洁精刷洗,再用纯水荡洗干净,倒置在清洁处晾干备用。使用后的载玻片可以放入 2%(V/V)来苏尔溶液或 5%(m/V)苯酚溶液中浸泡,用洗涤剂和自来水刷洗,再用纯水冲洗干净,晾干备用。

　　其次是灭菌。清洗干净的玻璃器皿如果要求无菌,则要经过干热或高温高压灭菌后方可使用。具体操作如下:试管、锥形瓶等加海绵硅胶塞(硅胶塞塞入 2/3,其余留在管口或瓶口外,便于拔塞),用纸(牛皮纸或报纸)和细棉绳或橡皮筋包扎;培养皿、烧杯等用纸包裹或放入专用的灭菌金属盒中;移液管在管口塞入少量脱脂棉后,用纸单个卷包或放入专用金属桶内;包扎好的器皿,依包扎材料的不同,选择置于高压灭菌器或烘箱(160～180 ℃,2 h)中灭菌后备用。

　　实验中使用过的沾染有微生物,特别是含有害微生物的玻璃器皿和其他器具,均应先经过高温高压或其他方式灭菌后,再进行清洗。

1.2.3　实验用水

　　在本教材中,"纯水"指的是实验用水。一般的化学、生物学和生态学的学生实验,采用的是反渗透水或二次去离子水,其电导率分别在 10 μS/cm 和 5 μS/cm 以下。配制供仪器分析使用的标准溶液或者特殊要求的生物试剂时,采用超纯水,其电导率低于 0.055 μS/cm(电阻率≥18.2 MΩ·cm)。

　　生物培养实验和生态学实验中,亦可采用除氯后的自来水或洁净地表水,这在相应章节中会有说明。

1.2.4　试剂纯度

　　本教材各章节中使用的试剂,除特别说明外,均为分析纯及以上纯度的试剂。

(执笔:郭小玲　袁东星)

1.3　实验数据质量控制和数据处理
1.3　Experimental Data Quality Control and Data Processing

1.3.1　实验数据的记录

记录数据应及时、准确、清楚。应设有专门的记录本，记录本上须有页码。不允许将现场数据记在单张纸上或其他任意地方，再将数据抄在记录本上。不得随意从记录本上撕去已有记录或空白页。

记录的实验数据应包括所采用仪器的型号、标准溶液的浓度、实验过程中的各种测定或测量数据及有关现象等。每一个数据都是测定或测量的结果，不得随意删舍和涂改。记录数据时，如发现数据测错、读错或算错而需要改动时，可将该数据用一横线划去，并在其右边或上方写上正确的数字。重复观测时，即使数据完全相同，也应记录下来。记录数据应有严谨的科学态度，实事求是，切忌夹杂主观因素，决不允许随意拼凑和伪造数据。

记录测定或测量数据时，应注意其有效数字的位数（参见章节 1.3.2）。例如，用分析天平称量时，要求记录至 0.0001 g；普通滴定管的读数，应记录至 0.01 mL；一般分光光度计的读数，应记录到 0.001。

1.3.2　有效数字

在数学中，有效数字指的是从一个数左边的第一个非零数字开始，到末尾数字为止的所有数字。在实际工作中，有效数字指的是测定或测量中所能得到的、有实际意义的数字，包括最后一位不确定的但可估计的数字。

例如，用感量为 0.0001 g 的分析天平称量时，小数点后第四位是有意义的；如果称量的量为 0.9999 g 及以下，有效数字为 4 个。普通滴定管的读数，小数点后的第一位是确定的，第二位是估计的，因此这两个数字都是有效数字；如果滴定体积为 9.95 mL 及以下，有效数字为 3 个；如果滴定体积为 10.00 mL 及以上，有效数字为 4 个，这也是在设计滴定实验时应尽量使滴定体积大于 10.00 mL 的原因。

对数据进行运算时，须遵守有效数字的修约与运算规则。先确定计算结果应保留的有效数字的位数，依据此位数对参与计算的各数值进行修约，然后进行计算。进行加减运算时，保留有效数字的个数取决于绝对误差最大的那个数据。例如，1.2、0.345 和 0.6789 相加，因第一个数 1.2 的小数点后位数最少，绝对误差最大，应以其为依据对另外两个数进行修约,0.345 和 0.6789 修约后分别为 0.3 和 0.7,最后 3 个数相加得到 2.2。进行乘除运算时,保留有效数字的个数取决于相对误差最大的那个数据。以上述 3 个数据相乘为例,因第一个数 1.2 只有两位有效数字,相对误差最大,应以其为依据对另外两个数进行修约,0.345 和 0.6789 修约后分别为 0.34 和 0.68,最后 3 个数相乘得到 0.27744,保留两个有效数字后为 0.28。

利用计算机进行数据分析时,允许在计算过程中任由计算机保留多个有效数字,仅在最终数据上进行有效数字的修约。

进行数据修约时,遵循"四舍六入五单双"为原则,即当尾数小于或等于 4 时,直接舍去。当尾数大于或等于 6 时,舍去并向前一位进位。当尾数为 5 时有两种情况:① 如果 5 后不为 0,舍去并向前一位进位;② 如果 5 后为 0,需要根据前一位进行判断,前一位是奇数则进位,前一位是偶数则舍去。

1.3.3 精密度和准确度

1.3.3.1 精密度(precision)

在规定条件下分析方法对同一均匀样品多次独立测定所获结果的一致性,称为精密度。表征精密度有以下几种方式:

(1)平行性(replicability):指在同一实验室中,分析人员、分析设备和分析时间都相同时,用同一种分析方法对同一样品进行双份或多份平行试样测定,所得结果之间的符合程度。

(2)重复性(repeatability):指在同一实验室中,分析人员、分析设备和分析时间中至少有一项不相同时,用同一分析方法对同一样品进行两次或两次以上独立测定,所得结果之间的符合程度。

(3)再现性(reproducibility):指在不同实验室中,分析人员、分析设备和分析时间甚至都不相同时,用同一分析方法对同一样品进行多次独立测定,所得结果之间的符合程度。

1.3.3.2 准确度(accuracy)和正确度(trueness)

在大部分参考书中,准确度指的是测定结果(单次测定值或重复测定的均值)与真值(保证值)之间符合的程度。由于难以确定真值,准确度通常用偏差表示。误差和偏差的不同在于:误差指测定值与真值之间的差异;偏差指测定值与多次重复测定的平均值之间的差异。

在国标 GB/T 6379.1—2004《测量方法与结果的准确度(正确度与精密度)第 1 部分:总则与定义》中,准确度定义为"测试结果与接受参照值间的一致程度";正确度定义为"由大量测试结果得到的平均数与接受参照值间的一致程度"。

1.3.3.3 平均值和偏差

评估分析结果的精密度,一般先计算出对同一样品重复测定得到的一组 n 个数据样本($x_1, x_2, x_3, \cdots, x_n$)的算术平均值 $\bar{x}$(式 1.3.1),再用这组数据的相对偏差(式 1.3.2)、平均偏差(式 1.3.3)、标准偏差(式 1.3.4)、相对标准偏差(式 1.3.5)和置信区间表示精密度。

算术平均值(arithmetic mean, $\overline{x}$):

$$\overline{x} = \frac{\sum x_i}{n} = \frac{x_1 + x_2 + x_3 + \cdots + x_n}{n} \qquad \text{(式 1.3.1)}$$

相对偏差(relative deviation, RD):

$$\text{RD} = \frac{x_i - \overline{x}}{\overline{x}} \times 100\% \qquad \text{(式 1.3.2)}$$

平均偏差(mean deviation, MD):

$$\text{MD} = \frac{|x_1 - \overline{x}| + |x_2 - \overline{x}| + \cdots + |x_n - \overline{x}|}{n} \qquad \text{(式 1.3.3)}$$

标准偏差(standard deviation, SD):

$$\text{SD} = \sqrt{\frac{\sum (x_i - \overline{x})^2}{n-1}} \qquad \text{(式 1.3.4)}$$

相对标准偏差(relative standard deviation, RSD):

$$\text{RSD} = \frac{\text{SD}}{\overline{x}} \times 100\% \qquad \text{(式 1.3.5)}$$

相对偏差反映单个测定结果与平均值的偏离程度。平均偏差反映各测定值与算术平均值之间的平均差异。标准偏差和相对标准偏差均能反映一组测定数据的离散程度,即精密程度。比较式 1.3.3 和式 1.3.4 可以看出,标准偏差是对单个数据的偏差进行平方计算,故其比平均偏差更能突出地反映出较大的偏差。在环境监测实际工作中,相对标准偏差(也称为变异系数)的应用最为广泛,相对标准偏差越小,数据越接近其平均值。

1.3.3.4　置信度和置信区间

简单地说,置信度表示样品测定值落在某一统计值范围内的概率。例如,置信度95%,表示每 20 个数据中有 1 个可能落在范围区外。在一定的置信度下,以测定结果为中心的包括总体平均值在内的可靠性范围,称为置信区间。置信区间展示测定值的可信程度范围,置信区间越大,置信度越高。

当置信度一定时,误差范围随着数据量的增大而减小,因此可通过增加数据量来提高精度。

1.3.3.5　准确度、精密度、偏差之间的关系

准确度、精密度、偏差之间的关系可以以打靶结果的形式形象表示,如图 1-3-1 所示。假设有 5 颗子弹 A、B、C、D、E,射向标有 5～10 环的靶子,弹洞越靠近靶心(10 环),准确度越高;弹洞越密集,精密度越高。图 1-3-1(a)的弹洞密集地靠近靶心,说明准确度和精密度均好,与靶心的偏差小,置信度高。图 1-3-1(b)的弹洞密集,说明精密度好,但准确度不高,与靶心的偏差较大。图 1-3-1(c)的弹洞分布较散,即精密度较差,但其与靶心的偏差的平均值即平均偏差较小,准确度并不太差,可是置信度较低。图 1-3-1(d)的弹洞分布很散,与靶心的偏差也很大,即准确度和精密度均差。

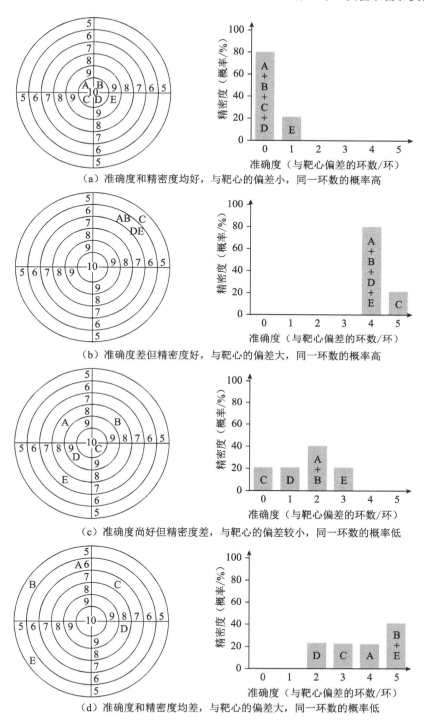

（a）准确度和精密度均好，与靶心的偏差小，同一环数的概率高

（b）准确度差但精密度好，与靶心的偏差大，同一环数的概率高

（c）准确度尚好但精密度差，与靶心的偏差较小，同一环数的概率低

（d）准确度和精密度均差，与靶心的偏差大，同一环数的概率低

图 1-3-1　准确度、精密度、偏差之间的关系

因此，准确度和精密度均是数据质量的重要组成，要获得可靠的测定结果，准确度和精密度缺一不可。

1.3.4　灵敏度、检出限和定量限

分析方法的灵敏度(sensitivity)指的是单位浓度或单位量的目标物引起的响应值或其他指示量的变化。方法的灵敏度越高,表示分析方法越能灵敏地检出目标物质。

检出限(limit of detection,LOD)或者方法检出限(method detection limit,MDL)指的是对某一特定的分析方法,在给定的置信度内可以从样品中检出目标物的最小浓度(量)。一般情况下,检出限越低,表示分析方法越有能力检出低含量的目标物。

目前,MDL 的计算方法有 3 种。

1.3.4.1　国际纯粹与应用化学联合会法

国际纯粹与应用化学联合会(International Union of Pure and Applied Chemistry,IUPAC)规定[1]:按照样品分析的全部步骤,平行测定空白样品至少 20 次,以测定结果(信号值)计算标准偏差 SD;以 K 倍标准偏差除以校准曲线(在低浓度范围内的)斜率 b,得方法检出限。K 为与置信度有关的常数,IUPAC 建议 $K=3$,对应的置信度为 90%。方法检出限为

$$MDL = 3 \times SD/b \qquad (式 1.3.6)$$

1.3.4.2　生态环境标准法

国家生态环境标准 HJ 168—2020《环境监测分析方法标准制订技术导则》提出,空白试样中未检出或检出目标物,可按不同的方法计算检出限。大部分空白试验中会检测出目标物,这种情况下的方法检出限计算按以下方法进行。

按照样品分析的全部步骤,平行测定空白溶液 n 次(至少 7 次),将测定结果换算为空白样品中目标物的浓度或含量,计算标准偏差 SD。方法检出限为

$$MDL = t_{(n-1,0.99)} \times SD \qquad (式 1.3.7)$$

式中,n 为空白样品的平行测定次数;$t_{(n-1,0.99)}$ 为自由度为 $n-1$、置信度为 99% 时的 t 分布(单侧),此数值可查阅统计学的书籍获得。部分 t 分布值参见表 1-3-1。

表 1-3-1　部分 t 分布值

测定次数 n	置信度 99%(单侧)	置信度 95%(双侧)
5	3.365	2.571
6	3.143	2.447
7	2.998	2.365
8	2.896	2.306
9	2.821	2.262
10	2.764	2.228
11	2.718	2.201
12	2.681	2.179

1.3.4.3　海洋行业标准法

国家海洋行业标准 HY/T 258—2018《海洋监测 化学分析方法标准编写导则》中规定:按照样品分析的全部步骤,平行测定空白溶液 n 次(至少 7 次),将测定结果换算为空

白样品中目标物的浓度或含量,计算标准偏差 SD。方法检出限为

$$MDL = 2\sqrt{2}\,t_{(n-1,0.95)} \times SD \qquad\qquad (式\ 1.3.8)$$

式中,n 为空白样品的平行测定次数;$t_{(n-1,0.95)}$ 为自由度为 $n-1$、置信度为 95% 时的 t 分布(双侧),此数值查阅统计学的书籍可得。部分 t 分布值参见表 1-3-1。

长期的实践证明,上述 3 种计算方法中,采用 IUPAC 法计算的结果与采用生态环境标准法计算的结果没有显著性差异。但是比较海洋行业标准法(式 1.3.8)与生态环境标准法(式 1.3.7),从公式可知前者的 $2\sqrt{2}$ 一项,是后者的 2.828 倍。可是海洋行业标准法采用的 $t_{(n-1,0.95)}$ 双侧与生态环境标准法采用的 $t_{(n-1,0.99)}$ 单侧(参见表 1-3-1)的值的差别并不大;$n=7$ 时,前者是后者的 0.789;$n=10$ 时,前者是后者的 0.806。因此,空白测定 7~10 次的同样结果,用海洋行业标准法计算出来的检出限约为生态环境标准法的 2.25 倍(即检出限变差)。也就是说,以不同的评判标准评估同一个分析方法得出的同样数据的检出限,海洋行业标准法给出了相对差的评分,即海洋行业标准的要求更严格。

除了方法检出限,仪器检出限(instrument detection limit,IDL)也是较常用的一种表示检出限的形式。仪器检出限定义为与仪器噪声有显著性差异的响应信号对应的目标物的浓度(或量)。"显著性差异"因仪器和要求而异,一般为仪器噪声的 3~5 倍,即信噪比(signal to noise ratio,S/N)为 3~5。

与检出限有关的术语还有定量限(limit of quantitation,LOQ),也称为测定(下)限(determination limit)。其与样品的基底密切相关,故在环境样品分析中经常使用。定量限指的是测定误差满足预定要求(获得可接受的回收率和可接受的相对标准偏差)的条件下,能准确定量的目标物的最小浓度(量)。定量限一般为方法检出限值的 2~20 倍。样品基底干净,乘数可以很小;否则,乘数可以很大。例如,分析水源地水样的定量限与检出限可以比较接近,而分析土壤/沉积物样品的定量限与检出限将相差甚远。

1.3.5 空白

空白(样)包括现场空白、仪器空白和方法空白,下面以水样为例说明。

(1)现场空白:在采样现场将纯水装入采样瓶中,使之经历与其他水样相同的采集、添加保护剂、储存、运输、实验室预处理和仪器分析全过程。现场空白旨在检验样品在现场采集、储存运输、实验室分析过程中的沾污情况,包括采样容器、环境氛围、试剂、实验用水、仪器等方面可能引入的污染。

(2)仪器空白(溶剂空白):以不含目标物的水或溶剂为样品,经历仪器分析的全过程。仪器空白用于检验实验用水、仪器等可能引入的污染。

(3)方法空白(试样制备空白):以不含目标物的水或溶剂为样品,经历样品预处理和仪器分析的全过程。方法空白用于检验试剂的纯度和样品处理成试样溶液的过程中的沾污程度,是最常用的数据质量控制手段之一。

在数据报告中,必须报告空白值。

值得指出的是,空白值只能说明是否沾污,不能说明污染的程度。因此,绝不能简单地从样品测试结果中扣除方法空白值,因为空白值并非真值或准确值。如若要扣除方法空白,则应多次测定空白。注意,与章节 1.3.4 中计算检出限的平行 7~10 次测定同一个空白样不同,扣除空白需要测定多个空白样品,经数理统计处理后取可靠值作为被扣除数

值。目前未见这方面的权威定义,笔者建议,要扣除方法空白,至少需要做 3 个空白样。如果这 3 个样的测定结果相近,则可以取平均值作为被扣除数值;如果几个空白样的测定结果相差甚远,则需要分析原因,加大空白样的数量,取可靠值作为被扣除数值。

如果空白中目标物浓度≥3 倍方法检出限,而样品中未检出该目标物,则说明空白测定失败,但样品测定还是成功的,数据可采用。如果样品中该目标物的浓度≥10 倍空白,且≥3 倍方法检出限,则说明样品中目标物的浓度与空白相比高得多且可被定量,数据亦可采用。但如果空白中目标物浓度≥3 倍方法检出限,而样品中该目标物的浓度与空白处在同一水平,则要求重新分析以确认。

以氢化发生-原子荧光光谱仪测定海水中砷的实验为例:仪器空白值为 100(荧光强度),多次(如 20 次)测定后可将此仪器空白值扣除(相当于仪器调零)。方法空白值为120(荧光强度,扣除仪器空白值后仍有 20)。此值说明试剂和预处理操作引入沾污,但无法判断实际是多少,也不知来源,因此不能简单地从样品测定值中扣除此值。如果有多个方法空白样,其测定值扣除仪器空白值后均在 20 左右,那么可以取平均值 20,从样品测定值中扣除。如果目标物的含量是以校准曲线定量的,那么简捷地从样品测定值中扣除空白值是可能的,参见章节 1.3.6。

1.3.6 校准曲线

校准曲线包括"标准曲线"和"工作曲线"(具体见参考文献[1]),但在实际工作的口头交流中经常混为一谈。准确地说,如果标准样品的分析步骤与样品相比有些省略,则绘制的校准曲线称为标准曲线,如以标准溶液配制系列溶液,测定获得的校准曲线为标准曲线。如果模拟被测样品的基底成分,并与样品进行相同的分析处理,则绘制的校准曲线称为工作曲线,如采用实际样品作为基底,制作系列加标样品,经样品预处理后测定获得的校准曲线为工作曲线。

以分光光度法为例,从一次曲线的通式 $y=ax+b$ 衍生得到校准曲线为

$$A = ac + b \qquad\qquad (式 1.3.9)$$

式中,A 为吸光度;c 为目标物浓度(或质量);a 为曲线斜率;b 为曲线截距。分光光度法分析得到的典型校准曲线如图 1-3-2 所示。

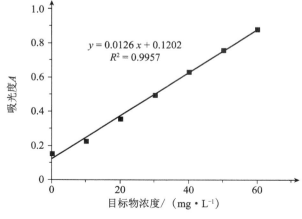

图 1-3-2 典型的校准曲线

校准曲线在实际应用中,除了用于待测的目标物质的定量,还提供了许多信息。

1.3.6.1　斜率

式 1.3.9 中,校准曲线的斜率 a 代表灵敏度,即单位目标物浓度(量)引起的信号变化。

1.3.6.2　截距

式 1.3.9 中,校准曲线的截距 b 代表空白,即添加的目标物浓度为零时的信号值,具有实际意义(参见章节 1.3.5)。如果校准曲线是标准曲线,则其截距提示仪器分析的空白;如果校准曲线是工作曲线,则其截距提示包括样品处理的方法空白。由于校准曲线是经过数理统计处理得到的,故截距可以代表空白。在图 1-3-2 的例子中,空白样的单一测定值与截距相比,显然是偏高的;与直接扣除空白的测定值相比,由校准曲线的截距扣除空白更为合理。

1.3.6.3　可决系数

校准曲线的回归函数拟合优度可以用可决系数(coefficient of determination,也称决定系数、可决指数)度量,一般用 R^2 表示,为两个变量之间共同方差的比例(具体见参考文献[2])。采用 Excel 软件处理数据和绘图时,可以方便地计算出可决系数 R^2。本教材在涉及校准曲线的绘制时亦要求计算可决系数。

R^2 和相关性分析中的皮尔逊相关系数(一般用 r 表示)有相似之处。R^2 在数值上等于 r 的平方,两者都能衡量两个变量间线性关系的强弱;但两者是不同的统计量,不可混淆。在多元回归中,R^2 仍然适用,但 r 不适用。具体可参考数理统计分析书籍。

1.3.6.4　定量(下)限

从图 1-3-2 可直观地判断定量限,即满足校准曲线线性的有测定值数据的最低点;但如果由章节 1.3.4 的定义计算,可能会更低一些。

1.3.6.5　其他

图 1-3-2 中的原点代表什么? 除了其数学意义,在环境分析的数据处理中,原点并不能反映数据信息。从图 1-3-2 可见,空白值所在的点并非原点。在绘制校准曲线时,不得强行令曲线过原点,即在采用绘图软件作图时,不得令截距等于零。

1.3.7　加标回收率

回收率(recovery,R)指的是采用某一分析方法测定目标物的结果与目标物真实值或认可的参考值之间接近的程度。回收率用于评估分析方法对被测样基质是否适用,反映方法的准确度;如果进行平行加标试验,则还可反映方法的精密度(具体见参考文献[1])。回收率也用于检验分析人员的操作技术水平。

1.3.7.1　加标回收率的定义

空白加标回收率指的是在没有目标物的空白样品基质中加入定量的目标物标准物质,按样品的处理与分析步骤进行测定,得到的测定值与理论值的比值。

由于很难找到"没有目标物的空白样品基质",因此实际工作中一般采用样品加标回收率：相同的样品取两份，其中一份为原始样品，另一份加入定量的目标物标准物质作为加标样品，两份均按相同的处理与分析步骤进行测定；加标样品所得的测定值减去原始样品所得的测定值，该差值与加入标准物质的理论值之比即为样品加标回收率。

1.3.7.2　加标回收率的计算

测定结果用浓度表示时，加标回收率用下式计算：

$$R = \frac{c_2 - c_1}{c_0} \times 100\%$$ （式 1.3.10）

式中，c_1 和 c_2 分别为测得的原始样品和加标样品的目标物浓度；c_0 为加标样品中目标物浓度增加的理论值，即加标量。

测定结果用质量表示时，回收率用下式计算：

$$R = \frac{m_2 - m_1}{m_0} \times 100\%$$ （式 1.3.11）

式中，m_1 和 m_2 分别为测得的原始样品和加标样品的目标物的量；m_0 为加标量。

1.3.7.3　注意事项

加标回收试验应注意：① 原始样品和加标样品的分析方法必须完全相同。② 加入标准物质的形态须与待测目标物一致。③ 加标量应与原始样品中目标物的含量相同或相近，不得大于 3 倍，并注意加标对样品体积的影响。④ 当原始样品中目标物的含量接近方法检出限时，加标量应控制在校准曲线的低浓度范围；加标后目标物的浓度不应超过方法测定上限的 90%。

参考文献

[1]国家环境保护总局《水和废水监测分析方法》编委会. 水和废水监测分析方法[M]. 4 版. 北京：中国环境科学出版社，2002：28-31.

[2]FIELD A，MILES J，FIELD Z. Discovering statistics using R [M]. London：SAGE Publications Ltd，2012.

（执笔：袁东星　李权龙）

1.4 实验报告示范

1.4 Example Experimental Report

实验报告记录实验者的实验经历、实验步骤和实验数据,记载实验者对实验目的和原理的感悟,以及对实验中出现问题的分析。以下是一份实验报告的示范及说明,供参考。

实验×× 水样中总磷的测定

班级:××××级环科班

实验人:张×

同组人:李×

时间:××××年×月×日

地点:××××楼×××室

（如有野外采样和现场分析,需写明野外实验地点。）

1. 实验目的

（简述本实验的目的）

掌握正磷酸盐的测定方法;了解样品预处理的方法之一——氧化消解法;掌握分光光度计的使用。

2. 实验方法原理

（简述实验中的化学反应原理,必要时写出反应方程式。不宜全部照抄讲义,鼓励参考其他书籍。实验中如用到仪器,应写出仪器的方法原理。）

（化学反应方法原理）

水样用强氧化剂氧化消解后,其中的总磷转化为正磷酸盐,可采用钼锑抗分光光度法测定正磷酸盐,从而推算出水样中的总磷含量。

在酸性条件下,正磷酸盐与钼酸铵、酒石酸锑钾反应,生成磷钼杂多酸,被还原剂抗坏血酸还原后生成蓝色络合物,通常称为磷钼蓝。

（分光光度法原理）

根据朗伯-比尔定律,当入射光强度和溶液层厚度一定时,溶液的吸光度与溶液中的目标物浓度成正比。磷钼蓝在 $700\sim900$ nm 之间有最大吸收,设置分光光度计的测定波长,测定各试样的吸光值。

绘制标准曲线,计算试样中正磷酸盐浓度和原始水样中的总磷含量。

（注意标准曲线和工作曲线在定义上的不同，虽然口头上经常混用。）

3. 实验仪器和试剂

（记录主要玻璃器皿的规格和数量、各试剂的名称及浓度、各仪器型号等。）

（1）消解管，××mL，×支；比色管，××mL，×支；移液管，××mL，×支；等等。

（2）过硫酸钾溶液，浓度××；抗坏血酸溶液，浓度××；钼酸铵溶液，浓度××；酒石酸锑钾溶液，浓度××；磷酸盐标准溶液，浓度××；等等。

（3）快速消解仪，型号×××，厂家×××；分光光度计，型号×××，厂家×××；等等。

4. 主要实验步骤

（简述实验的主要步骤，不宜全部照抄讲义，应根据真实的实验步骤写。）

（1）采样：……

（2）消解：（要点）水样××mL；消解液××mL；消解温度××℃；消解时间××min；等等。

（3）试样配制和显色：取消解、冷却后的水样××mL 于××mL 比色管中，添加××mL ××试剂，混匀；静置反应××min；等等。

（4）测定试样的吸光度：测定波长，×××nm；玻璃（或石英）比色皿，××cm；参比溶液，纯水；等等。

5. 数据整理和处理

（根据实验数据，设计和绘制图表。图表应有序号和标题，采用中英文双语。图表在页面居中。）

（1）表格

（表题位于表的上方，居中；表注位于表的下方，可加括号，与表的左边对齐。）

表 1　试样的吸光值
Table 1　Absorbance of test samples

序　号	1	2	3	4	5	6	7	8
标准加入量/(mL 或 μg)	0.00	0.50	1.00	2.00	3.00	4.00	5.00	
标样吸光值 A	0.007	0.022	0.045	0.084	0.126	0.168	0.205	
试样吸光值 A	0.132	0.188						
平行样吸光值 A	0.130	0.185						

注：该表中为虚拟数据。

（2）图

（图题位于图的下方，居中；图注位于图题下方，可加括号，根据图的大小及图注句子的长短，左对齐或居中。）

（注意：本实验制作的是纯水配制的系列标样，故分析后获得的是标准曲线。绘制标准曲线时，标准零添加的数据点为空白样的测定值，而不是原点。作图时 Excel 的"趋势线格式"中应选择"截距不为零",实际绘制出来的曲线截距,可能不为零也可能为零。参见章节 1.3.5 和 1.3.6。)

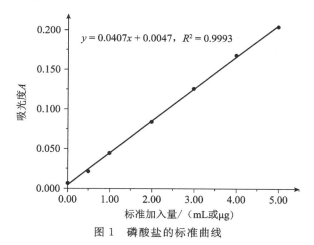

$y = 0.0407x + 0.0047,\ R^2 = 0.9993$

图 1　磷酸盐的标准曲线

Figure 1　Standard curve of phosphate

(注:图 1 的数据与表 1 的一致)

(3)计算

根据所得数据,计算得总磷测定的标准曲线 $y=0.0407x+0.0047$,可决系数 R^2 为 0.9993。

试样和平行样的磷含量分别为 …… 均值为……

原始水样中的总磷含量:

$$总磷含量(\mathrm{mg\ P/L})=\frac{m}{V}$$

式中,m 为由标准曲线计算得的磷含量(μg);V 为所取水样体积(mL)。

(亦可以根据需要,采用 mol/L 作为总磷含量的单位。注意换算系数。)

6. 实验结果讨论

(1)讨论实验结果,包括数据结果揭示的环境状况、与其他组的实验数据或采样点的历史数据比较、本组数据的质量分析。

(2)讨论实验中应该注意的事项、发现的有趣或异常现象及其原因。

(3)回答布置的思考题。

(执笔:袁东星)

第二章 基本实验仪器和操作
Chapter 2 Basic Experimental Instruments and Operations

2.1 称 量
2.1 Weighing

称量是最基本的实验操作之一,用于测定物质的质量。准确的称量是确保实验结果可靠性的前提。根据实验的精度需求,称量仪器可选择台式天平和分析天平。

台式天平精度通常为 0.01 g 或 0.1 g,适用于实验中精度要求一般的称量,其特点是操作简便、称量范围广。分析天平精度通常为 0.1 mg,适用于精度要求高的称量。

2.1.1 天平的使用方法

参见附录 F-1。

2.1.2 称量方法

常用的两种称量方法是直接称量法和差减称量法。

直接称量法,也称为增量法,是一种简单直接的称量方式,用于称量不吸湿、在空气中性质稳定的物质。将称量纸或空的称量容器(如小烧杯或称量皿)放置在天平的称量盘上,按下"去皮"键,使读数归零。用药勺等适当器具将待称量的样品缓慢加在称量纸上或加入称量容器中,待天平读数稳定后,记录显示的质量值。如需称取特定质量的样品,可继续添加或减少样品,直到达到所需质量。

差减称量法,也称为减量法,是通过两次称量的差值来确定物质质量的方法,主要适用于称取易吸湿、易氧化或易与二氧化碳反应的物质。将盛有待测样品的称量瓶放入天平,称量并记录其质量。然后根据所需样品量,用药勺等适当器具将称量瓶中的适量样品取出,移入待用容器中。盖上称量瓶盖,将称量瓶放回天平,再次称量并记录质量。两次质量之差即为样品的实际质量。两次称量的时间间隔应尽量短,以减少误差。如果取出的样品量不足,可以再取,但次数应尽量少。若取出的样品量远超所需量,则需重新称量。取出的样品不可收回称量瓶中。

2.1.3 恒重

在需要准确称量某些易潮湿的固体试剂或样品时,需要先烘干去除水分再称量。恒重操作指的是,将待称量物连同称量瓶置入烘箱中,采用规定的温度和时间烘干,取出置于干燥器中,放冷至室温后,盖好瓶盖再称量。如果前后质量差值不超过规定的误差范围(如采用分析天平称量,规定的误差一般为 0.2~0.5 mg),即为恒重;否则,需要将待称量物连同称量瓶再次置入烘箱,在规定的条件下再次烘干,再放冷、称量,反复进行,直至两次连续称量的质量差值不超过误差范围,方为恒重。取两次称量所得质量的平均值作为称量数据。

恒重在重量分析法中非常重要,是确保测量准确性的关键之一。

2.1.4 注意事项

不可直接将化学试剂放在天平称量盘上,需使用称量纸或烧杯、称量瓶等适当容器;称量易挥发或腐蚀性药品时,置于密闭容器中。

称量过热或过冷的物品时,应先将物品置于干燥器内,待其温度与环境温度一致后方可称量。

应戴上洁净干燥的手套接触称量纸和称量容器,也可使用镊子夹取,但不得直接用手接触待称量物,以避免手上的汗渍等污物影响称量结果。

对于容易产生静电的样品(如聚碳酸酯膜),静电会导致其黏附在托盘上,造成读数不稳,可在托盘上垫一层铝箔或使用天平自带的静电消除装置消除静电。

(执笔:谭巧国)

2.2 溶 解

2.2 Dissolving

溶解是实验的基本操作之一。其指的是将溶质加入溶剂中,使其分子逐渐分散在溶剂中形成均匀混合物的物理化学过程。本教材中的溶解,大多数为固体分散于水中形成溶液的过程。本节介绍两种常用的溶解方法:玻棒搅拌法和磁力搅拌法。

2.2.1 玻棒搅拌法

玻棒搅拌法是一种简单有效的溶解方法,适用于小量样品的溶解。将已称量好的样品放入烧杯中,加入适量溶剂,用玻棒沿烧杯内壁做圆周运动,轻轻搅拌,直至样品完全溶解。搅拌时需注意动作轻柔,避免溶液飞溅,避免玻棒碰撞烧杯侧壁和底部,造成破损。若样品溶解度小,可加热促进溶解。加热时烧杯需加盖表面皿。

当实验涉及对玻璃具腐蚀性的物质或黏稠物质时,可使用聚四氟乙烯搅拌棒和烧杯替代玻璃制品。聚四氟乙烯具有优异的耐腐蚀性,适于搅拌强碱或其他腐蚀性化学品;其还具有出色的不沾性,适于搅拌黏稠物质。

2.2.2 磁力搅拌法

磁力搅拌器是一种高效的溶解工具,适用于大量样品的溶解或需要长时间搅拌的情况。将待溶解的样品放入烧杯或其他选定容器中,加入适量溶剂,放入磁力搅拌子。将容器放置在磁力搅拌器上,先将搅拌器的转速调至零后再开启搅拌器,从低速开始慢慢调节转速,逐渐增加转速至所需水平,以溶液形成小漩涡且不溅起为度。如发现搅拌子跳动,应尽快将转速调至零,重新从低速开始增调转速。

搅拌溶解时如需加热,可选择具有加热功能的磁力搅拌器,并设置合适的温度。加热板的温度较高,注意避免触摸烫伤。磁力搅拌器通过内置温度传感器或外置温度探头两种方式控制温度,如为后者,需将温度探头插入被搅拌的液体中。

搅拌子的外壳材质通常是聚四氟乙烯等惰性材料,具有不黏附、易清洁的特性。搅拌子内部是永磁铁,通常为钕铁硼磁铁。搅拌高磨损性物料时,可使用外壳为耐磨性玻璃材料的玻璃磁力搅拌子。使用前应检查搅拌子的外壳,如有破损,需及时更换。

选择合适大小、形状的磁力搅拌子(图 2-2-1)尤为重要。当液体体积较大、黏度较高时,需选用较大的搅拌子。长柱形的搅拌子适合平底容器,圆柱形带轴环的搅拌子适合底部不平的容器,橄榄形的搅拌子适合圆底容器。

(a)长柱形　　　(b)圆柱形带轴环　　　(c)椭圆形

图 2-2-1　不同形状的磁力搅拌子

（执笔：谭巧国）

2.3 移 液
2.3 Pipetting

移液是精确地吸取和转移特定体积液体的操作。移液管和移液器是常用的移液工具。下面介绍它们的构造及使用。

2.3.1 移液管移液

移液管用于精确测量和转移液体,需配合普通吸耳球、三阀型吸耳球、手动移液管控制器等设备中的任意一种使用(图 2-3-1),常用的是普通吸耳球。移液管有量出式(符号为 Ex)和量入式(符号为 In)之分。

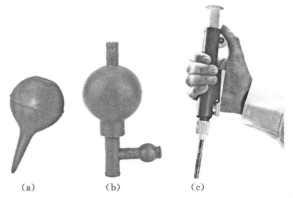

(a)　　　　　　(b)　　　　　　(c)

图 2-3-1　普通吸耳球(a)、三阀型吸耳球(b)和手动移液管控制器(c)

常用的移液管为量出式,刻度指示的为 20 ℃条件下移取纯水的体积,适用于移取黏度不大的溶液。量入式移液管刻度指示的为管内所有液体的体积,此类移液管适用于移取黏度较大的液体。使用量入式移液管时,先按刻度量取,然后用溶剂多次洗涤,将黏在内壁的液体全部洗入容器中。以下具体介绍最为常用的量出式移液管。

量出式移液管又分为单标线移液管和刻度移液管。按容量允差不同,其又分为 A 级和 B 级,A 级的准确度更高。

单标线移液管(图 2-3-2),也称为单标线吸量管、全量移液管、胖肚移液管等。其特点是中部具有贮液泡,形似"胖肚"。单标线移液管只有一个刻度线,没有分刻度。这种设计使其能够更精确地一次性转移固定体积的液体,适用于需要高重复性和精确定量的移液。移液管的体积(容积)规格包括 1 mL、2 mL、3 mL、5 mL、10 mL、15 mL、20 mL、25 mL、50 mL、100 mL 等。

刻度移液管也称为分度吸量管,具有分刻度,可以根据需要排放部分液体,用于不同体积液体或体积不是整数的移液。刻度移液管又分为完全流出式、不完全流出式、吹出式等。较常用的是完全流出式移液管。管内液体在重力作用下自然流出,最后通常会留有少量液体在尖端,不需要吹出剩余液体。其有零点在上[图 2-3-3(a)]和零点在下[图 2-3-3(b)]两种形式。前者的管上端有零刻度,下端无总量刻度;后者的管上端有总量刻度,下端无零刻度。不完全流出式移液管均是零点在上的[图 2-3-3(c)],上端有零刻度,下端有标称容量刻度;使用时读取起始和结束放液时的刻度,两刻度之差为释放出的液体体积。吹出式移液管的流速较快,没有规定等待时间;液面降至流液口并停止流出时,需将最后残留的溶液吹出。只有移液管上标有"吹"字的,才是吹出式移液管。吹出式移液管精度相对较低,适合用于加试剂,不宜用于移取标准溶液。

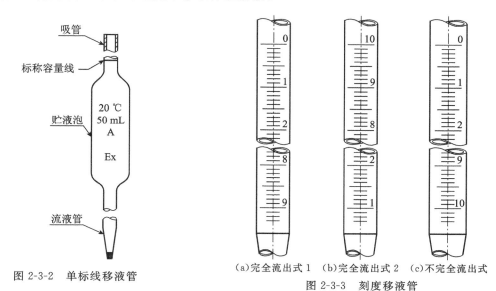

图 2-3-2 单标线移液管

(a)完全流出式 1 (b)完全流出式 2 (c)不完全流出式

图 2-3-3 刻度移液管

使用移液管的基本步骤如下:

(1)用洗涤剂和纯水清洗移液管,确保内外壁不挂水珠,参见章节 1.2.2。

(2)用待量取的溶液润洗移液管 2~3 次。

(3)用一只手的拇指和中指捏住移液管上端,将管的下口插入待量取的溶液中,插入深度约为 10 mm。另一只手将挤瘪的吸耳球球嘴按在移液管的上口,慢慢松开球体,吸入溶液。当溶液上升到标线以上时,快速用拿移液管的手的食指按紧管口,将移液管向上提升离开液面。

(4)将移液管的末端靠在略倾斜的备用器皿或待量取溶液的容器内壁上,管身保持垂直(图 2-3-4)。略为放松拿移液管的手的食指,使管内溶液慢慢从下口流出,直至溶液的弯月面底部与标线相切,立即用拿移液管的手的食指按紧管口,使液体不再

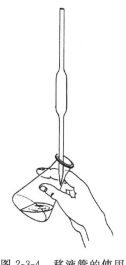

图 2-3-4 移液管的使用

流出。

（5）移液管保持垂直，管口紧靠略倾斜的接收容器内壁，松开拿移液管的手的食指，使液体沿内壁自由流下。液体流出时，需同时轻轻转动移液管。当液面降至流液口后，等待规定时间，再将移液管移去。通常 A 级需等待 15 s，B 级需等待 3 s。

注意：移液管不得在烘箱中烘干；不能移取太热或太冷的溶液；同一实验中尽量使用同一支移液管。

2.3.2 移液器移液

移液器（图 2-3-5），常称为移液枪，是实验室中最常用的精密液体分配工具，主要用于准确地吸取和分配微量液体，具有操作简便、精度高的特点。

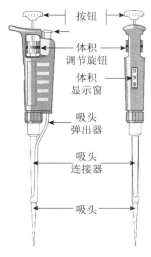

图 2-3-5 移液器结构

移液器主要由以下几部分组成：① 用于控制吸液和排液的按钮；② 用于设置所需移液体积的体积调节旋钮；③ 显示当前设置体积的显示窗；④ 内含活塞和弹簧等机械结构的枪身主体；⑤ 用于连接一次性吸头的吸头连接器；⑥ 用于卸下已用吸头的吸头弹出器。

使用者通过按压按钮，驱动活塞在吸液管内上下移动。活塞与吸液管之间通常有高精度的密封圈，确保在吸取和释放液体时无泄漏。转动体积调节旋钮设定活塞的移动距离，以此控制吸取的液体体积。一次性吸头与吸头连接器紧密接合，确保吸取和分配液体时的气密性。

针对不同性质的液体，有两种不同的移液方法：

（1）正向移液法：按下按钮至第一阻力点，吸取液体；排液时按至第一阻力点，略作停顿，待吸头内壁液体流下，然后按至第二阻力点排出残留液体。此方法适用于大多数水溶液的转移。

（2）反向移液法：按下按钮至第二阻力点，吸取液体。此时吸取的液体体积比设定体积多。排液时仅按至第一阻力点，不必排出吸头中剩余的液体。此方法适用于高黏度、易挥发、易起泡的液体，也适用于极微量液体的转移。

采用正向移液法移液,详细步骤如下:

(1)选择移液器和吸头:根据所需移液体积选择合适量程的移液器,选择与移液器匹配的吸头。

(2)设置移液体积:使用体积调节旋钮设置所需移液体积。注意避免旋转超出量程。

(3)安装吸头:将吸头连接器垂直插入吸头,向下按压的同时轻轻左右旋转,确保吸头与移液器紧密接合。注意不要用力压或戳移液器,以免损坏移液器内部结构。

(4)吸液:按下吸排液按钮至第一阻力点,将吸头垂直插入液体中,深度 2~6 mm,缓慢平稳抬升按钮,让液体缓慢上升,按钮到达松开点后,保持吸头在液面下 1~2 s,黏稠液体可适当延长时间。注意勿使吸头插入液面太浅,防止吸液时形成漩涡,取液体积不准;也不应插入液面太深,防止吸头外壁沾有液滴,取液体积偏大。注意避免吸液过猛以致液体进入移液器内部。吸液过程中,若容器中液面明显下降,须相应地调整吸头插入深度,避免吸入空气。

(5)排液:将吸头靠在接收容器内壁,缓慢按下按钮至第一阻力点,排出液体,稍作停顿,待内壁液体流下,再按至第二阻力点,排出残留液体。

(6)卸下吸头:使用吸头弹出器卸下使用过的吸头。

移液器使用结束后,将量程调至最大值,使弹簧处于松弛状态,垂直挂在专用支架上。不可将带有液体的移液器平放或倒置,以免液体倒流污染、腐蚀内部结构。按照国家计量检定规程 JJG 646—202x《移液器(征求意见稿)》中的规定,定期进行校准。

（执笔:谭巧国）

2.4 定 容

2.4 Bringing to Volume

定容是指将溶液准确地调整或稀释到特定体积的操作,主要用于配制标准溶液或将样品稀释特定倍数。容量瓶和比色管是两种常用的定容器皿。下面介绍它们的构造及使用。

2.4.1 容量瓶定容

容量瓶(图 2-4-1)只有一条刻度线,用于配制特定体积的溶液。瓶身上通常标有标称容量和使用温度(20 ℃)。

使用容量瓶配制标准溶液的步骤如下:

(1)根据实验需要选择合适容量的容量瓶。用洗涤剂和纯水仔细清洗,参见章节1.2.2,用洁净纸巾擦干容量瓶外壁。

(2)如果欲将固体试剂配成溶液,可准确称量固体试剂(参见章节2.1),移入烧杯,加少量纯水溶解;用玻棒引流,将溶液转移至洗净的容量瓶中;用洗瓶淋洗玻棒和烧杯内壁,并将洗涤液转移至容量瓶中,重复至少 3 次。如果原试剂为液体,可以用移液管直接移取一定量的试剂至容量瓶中,参见章节 2.3。

图 2-4-1 容量瓶

(3)添加纯水至容量瓶约 2/3 处后,将瓶子水平摇转几周,混匀溶液。加水时,应充分润洗瓶颈内壁,将黏附的试剂洗入溶液中。

(4)添加纯水,使液面接近刻度线。静置 30 s 左右,待瓶颈内壁的溶液流下,改用滴管逐滴添加纯水,使凹液面下缘与刻度线相切。观察凹液面时,视线应与刻度线平齐。

(5)塞紧瓶塞,一只手的食指按住瓶塞,另一只手托住瓶底,上下颠倒,使气泡上升至顶部,再颠倒回来,反复 10 次以上,充分混匀溶液。

使用容量瓶还需注意以下事项:

(1)使用前检查容量瓶口和塞子的密合性,避免使用过程中漏液。在容量瓶内装入半瓶水,盖好瓶塞,用手指按住瓶塞,倒置容量瓶,观察是否有水从瓶口漏出;正置容量瓶,旋转瓶塞 90°,再次倒置,如两次倒置均不漏水,容量瓶可正常使用。

(2)不能在容量瓶内直接溶解固体试剂,而应先在烧杯中溶解,然后将溶液转移至容量瓶中。

(3)容量瓶不能加热,不能置于高温环境中烘干;热溶液应先冷却至室温后再转移至容量瓶中。

（4）在定容过程中，手指不能捏住容量瓶刻度线之下的部位，更不得用手掌握住容量瓶身。

（5）向容量瓶中加溶剂时，如果超过刻度线，需重新配制。

（6）避免用容量瓶长期储存溶液。

2.4.2　比色管定容

比色管主要用于分光光度分析中标准溶液的定容和显色反应，也可用于小体积溶液的配制和稀释。比色管通常呈高而直的圆筒形，平底，具塞，有单或双刻度，常见体积（容积）包括 100 mL、50 mL、25 mL、10 mL 等（图 2-4-2）。

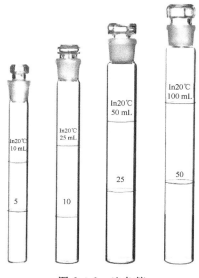

图 2-4-2　比色管

使用比色管配制标准溶液的步骤如下：

（1）用移液管或移液器移取特定体积的标准储备液至比色管中，参见章节 2.3。

（2）用洗瓶或滴管添加部分溶剂，边加边摇匀；按照测定需求，适时加入适量反应试剂溶液；接近刻度线时，逐滴加入溶剂至凹液面下缘与刻度线相切。亦可先将溶剂加至刻度线后再添加定量反应试剂溶液，如选用此操作，同组比色管加入的反应试剂溶液体积必须一致。

（3）塞紧比色管塞子，食指按住塞子，拇指和中指捏住管身上部，上下颠倒，使气泡上升至顶部，再颠倒回来，反复 10 次以上，充分混匀溶液。

使用比色管的注意事项参见容量瓶的注意事项。

（执笔：谭巧国）

2.5　过　滤
2.5　Filtration

　　过滤是分离固体和液体的基本操作。其利用滤纸或滤膜等过滤介质,通过重力、真空、正压力或离心力等形成的压力差,将固体颗粒从液体中分离出来。这一操作主要用于分离沉淀,或制备含有溶解态物质的澄清液体样品。

2.5.1　过滤方式

　　根据操作条件的不同,过滤方式可以分为常压过滤、减压过滤和加压过滤。

2.5.1.1　常压过滤

　　常压过滤在常压(大气压)条件下进行,利用重力或轻微的外力使液体通过过滤介质。此方法适用于颗粒较大、液体黏度较低、过滤速度要求不高的实验场合。过滤装置通常包括普通漏斗、滤纸、铁架台(含铁圈)等。

2.5.1.2　减压过滤

　　减压过滤在减压(低于大气压)条件下进行,通过在过滤介质的一端施加负压,加速液体通过过滤介质。此方法适用于颗粒较小、液体黏稠、过滤速度要求较高的实验场合。过滤装置通常包括布氏漏斗或分体式漏斗、滤纸或滤膜、抽滤瓶、真空泵等。

2.5.1.3　加压过滤

　　加压过滤以施加正压来促进液体通过过滤介质。此方法适合小体积(小于 1 mL 至数十毫升)样品的过滤,滤液可收集用于后续实验。常用的过滤装置包括注射器过滤器(图 2-5-1)和离心管过滤器(图 2-5-2)等。注射器过滤器通常由塑料(聚碳酸酯、聚丙烯、聚乙烯等)制成,内置滤膜,使用时用注射器吸入样品液体,再推压注射器活塞施加压力,使液体通过滤膜,从而实现过滤。离心管过滤器则将样品液体加入过滤管中,施加离心力将液体压过滤膜;须根据样品和过滤装置的要求设置离心力和离心时间,以确保过滤效果。

图 2-5-1　注射器过滤器

图 2-5-2　离心管过滤器

2.5.2　过滤介质

常用的过滤介质包括滤纸和滤膜。

2.5.2.1　滤纸

根据用途,滤纸可分为定性滤纸和定量滤纸。定性滤纸主要由纤维素制成,灼烧后会留下较多灰分(但不高于 0.15%,参见国标 GB/T 1914—2017《化学分析滤纸》);定量滤纸由高纯度纤维素制成,经过盐酸和氢氟酸处理及清洗工艺去除大部分杂质,灼烧后残留灰分很少(不高于 0.011%,参见国标 GB/T 1914—2017《化学分析滤纸》)。定性滤纸常用于不需要精确测定含量的定性分析,而定量滤纸则用于需精确测定样品中某种成分含量的分析。根据过滤速度,滤纸又可分为快速、中速和慢速滤纸。过滤速度取决于滤纸的孔径大小,大孔径滤纸过滤速度快,但可能会漏过一些较小的颗粒。

2.5.2.2　滤膜

滤膜是一种高效的过滤介质,孔径范围一般为 0.1~10.0 μm,可根据实际需求选择合适的孔径。在水质分析中,通常以 0.45 μm 孔径区分溶解态和颗粒态物质。常见的滤膜材料包括纤维素酯、聚碳酸酯、聚醚砜、尼龙、聚四氟乙烯等。选择滤膜材料时需考虑各方因素,包括样品成分、酸碱性、操作温度、分析目的等。例如,常规水质分析首选纤维素酯滤膜;而对于强酸碱性的水样,可选择聚醚砜或聚四氟乙烯滤膜;需要精确控制孔径的分析(如微生物分离收集)适合使用聚碳酸酯滤膜。亲水性滤膜(如纤维素酯、聚醚砜、尼龙)适用于水基样品的过滤,而疏水性滤膜(如聚四氟乙烯)更适合气体或含有机溶剂样品的过滤。

玻璃纤维滤膜由高纯度硼硅酸盐玻璃纤维制成,孔径一般在 0.3~2.7 μm 之间,具有毛细管结构和优异的过滤性能,常用作预滤膜,与其他滤膜组合使用。玻璃纤维滤膜具有耐高温的特点,可用于需要灼烧的分析。

2.5.3　漏斗及其使用

2.5.3.1　普通漏斗

普通漏斗(图 2-5-3)配合滤纸,适用于常压过滤。使用时,将漏斗放置在漏斗架上,调整高度使漏斗颈出口靠在接收容器内壁上。将滤纸十字对折,撑开成圆锥状,放入漏斗中,确保圆锥状滤纸与漏斗内壁紧贴,滤纸边缘略低于漏斗边沿。由于十字对折,漏斗中的滤纸一边为单层,另一边为 3 层。常把 3 层滤纸贴壁的两层撕去一角,使滤纸更容易紧贴漏斗。用少量纯水润湿滤纸,排出气泡。漏斗颈内应充满水,形成水柱,以加快过滤速度。过滤样品时,尽量先转移溶液,后转移沉淀,避免沉淀过多时堵塞滤纸。在向漏斗中倒入样品时,应使用玻棒引流,并注意保持漏斗中的液面不超过滤纸高度的 2/3。

图 2-5-3　普通漏斗

2.5.3.2　布氏漏斗

布氏漏斗(图 2-5-4)常为陶瓷制成,配合滤纸和抽滤瓶,适用于减压过滤,收集较大量的固体物质。过滤时,在布氏漏斗底部平放一张比漏斗内径略小的圆形滤纸,并确保漏斗底部的细孔完全被滤纸覆盖。用纯水润湿滤纸,确保滤纸的边缘与漏斗底部紧密贴合。布氏漏斗通过大小合适的单孔橡胶塞紧密连接在抽滤瓶的颈部。抽滤瓶是布氏漏斗减压过滤装置中承接滤液的容器,瓶壁较厚,能够承受较大的压力。安装时,应使布氏漏斗颈部的斜口面朝向抽滤瓶的抽气嘴,即尽量使液流远离抽气嘴。通常在抽气管与抽滤瓶之间设置一个二口瓶作为安全瓶,防止液体倒流时交叉污染。抽滤时,应确保滤液不超过抽气嘴的高度。在抽滤过程中,如果漏斗内的沉淀物出现裂纹,应及时用玻棒压紧,以保持抽滤瓶内的低压,从而保证抽滤的顺利进行。

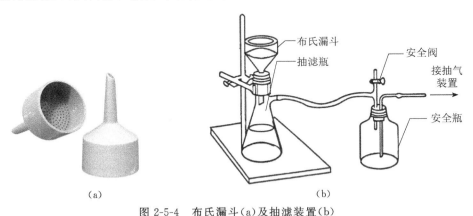

图 2-5-4 布氏漏斗(a)及抽滤装置(b)

2.5.3.3 分体式过滤漏斗

分体式过滤漏斗(图 2-5-5)配合滤膜和抽滤瓶用于减压过滤。该漏斗由上部滤杯和下部滤膜基座组成。使用时,将漏斗基座连接到抽滤瓶上,并将滤膜平整地铺在滤膜基座的中部,然后盖上上部滤杯,使用夹具将上下两部分紧密固定在一起。应选择合适尺寸的滤膜,并确保滤膜在基座上平整无褶皱,且上下两部分紧密贴合,以防止漏液或漏气。将待过滤的液体倒入上部滤杯,启动真空泵等减压装置,开始过滤。须注意控制压力大小,避免压力过大损坏滤膜。当液体全部通过滤膜后,关闭减压装置并取下漏斗。组装和拆卸装置时动作应轻柔,避免损坏滤膜。

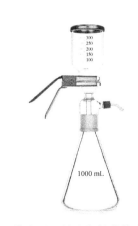

图 2-5-5 带夹具和抽滤瓶的分体式过滤漏斗

(执笔:谭巧国)

2.6 滴 定
2.6 Titration

滴定分析法(也称为容量分析法)是化学分析中一类经典的定量分析方法。该方法通过将一种已知浓度的溶液(称为滴定剂)逐滴加入另一种待测溶液中,直至化学反应按化学计量系数完全进行,从而确定待测物的浓度。在滴定过程中,通常利用指示剂颜色变化、沉淀形成、溶液电位变化、电导率变化等现象来判断滴定终点。指示剂法因其操作简单直观而被广泛使用;而电位法、电导法等则适用于自动化滴定。

2.6.1 滴定管的分类

滴定管是用于滴定分析的玻璃量器,其管体细长、透明并带有精确刻度,能够控制液体的滴加量,从而精确测量滴定剂的用量。滴定管的容积范围一般在 1～100 mL,常见的容积为 50 mL 或 25 mL,最小刻度为 0.1 mL。

传统的滴定管包括酸式滴定管和碱式滴定管,如图 2-6-1 所示。酸式滴定管[图 2-6-1(a)]的下端有玻璃旋塞,用以精确控制滴定剂用量,因此也称为具塞滴定管。由于碱性溶液会与玻璃反应生成硅酸钠,可能导致旋塞无法转动,因此碱式滴定管[图 2-6-1(b)]采用无塞设计,故又称为无塞滴定管。碱式滴定管下端连接一段乳胶管,内置玻璃珠,乳胶管下端连接一段尖嘴玻璃管;操作者的拇指和食指捏住玻璃珠挤捏乳胶管,形成缝隙,使溶液流出。

目前广泛使用的滴定管是旋塞材质为聚四氟乙烯的具塞滴定管[图 2-6-1(c)]。聚四氟乙烯具有优异的稳定性,可耐受酸、碱、有机溶剂和强氧化还原试剂。因此,聚四氟乙烯旋塞滴定管适用于各种溶液,是通用型滴定管。

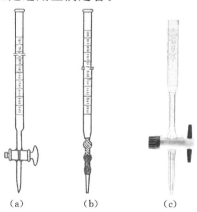

(a)　　　(b)　　　(c)

图 2-6-1 酸式滴定管(a)、碱式滴定管(b)和聚四氟乙烯旋塞滴定管(c)

除了普通的具塞滴定管,还有一些结构更为复杂的滴定管,如侧边旋塞自动滴定管、侧边三通旋塞自动滴定管、座式滴定管等。这些滴定管通过特殊的管路设计,具备多种功能,如通过挤压吸耳球自动加液、自动调液面至零刻度线,以及回流多余滴定剂至贮液瓶中等。详情可参见国标 GB/T 12805—2011《实验玻璃仪器 滴定管》和国家计量检定规程 JJG 196—2006《常用玻璃量器》。

在需要进行大量重复性滴定工作的场合,可选择自动数字式滴定管。其步进电机通过丝杆传动精确带动注射器活塞做往复运动,实现自动滴定和自动吸液。这种滴定管一般配备显示屏,可实时显示消耗的滴定剂体积,并允许操作者通过菜单设定功能。

2.6.2　滴定管的使用

下面介绍 25 mL 或 50 mL 聚四氟乙烯旋塞滴定管的使用步骤。

2.6.2.1　检查试漏

首先检查旋塞的转动是否灵活。如果旋塞转动不够灵活或过松,则可以适当调节其松紧度。聚四氟乙烯活塞具有良好的自润滑性,不需涂抹凡士林。

试漏时,关闭旋塞,将滴定管充满水,置于滴定管架上直立 2 min。用滤纸条靠在旋塞周围和管尖处,检查是否有水渗出。将旋塞旋转180°,将滴定管再次直立 2 min,以同样方式检查是否漏水。如发现漏水,则首先仔细查看旋塞是否有损坏或磨损。如有磨损,则需更换旋塞组件。如无明显磨损,则可取下旋塞,用吸水纸或软布仔细擦拭旋塞和旋塞槽,确保两者表面干净无杂质;重新插入旋塞,并调整合适的松紧度。如果以上方法无法解决漏水问题,则应考虑更换旋塞组件或滴定管。

2.6.2.2　清洗

参见章节 1.2.2。

若滴定管无明显污渍,则可用自来水初步冲洗,然后用纯水冲洗 3 次,每次用水 10～15 mL。如果滴定管有明显污渍或油渍,则可使用适当的洗涤剂清洗,再用纯水多次冲洗。对于顽固的污渍,需要使用专用的实验室清洗剂清洗,或浸泡、加热处理。传统的铬酸洗液因易污染环境,目前已不推荐使用。

判断滴定管是否洗净的方法类似于其他玻璃器皿:将少量纯水注入滴定管,观察水流动的情况。如果水流动均匀顺畅,则说明内壁干净;如果水流动不均匀或出现断续,则说明内壁存在污渍或油渍。将滴定管装满纯水,清洁的内壁不应有气泡附着。倒出水后,如果滴定管内壁干净,则水会形成均匀的薄膜;如果滴定管内壁有污渍或油渍,则水会聚集成小水珠或不均匀的水膜。

2.6.2.3　润洗

滴定管在使用前,需用滴定剂润洗,确保滴定管内壁完全被滴定剂润湿,以避免滴定剂受残留水分的稀释。润洗步骤如下:关闭旋塞,往滴定管中加入约 10 mL 滴定剂,双手捏住滴定管两端,不可触碰管尖,管口稍微上倾,轻轻摇晃,使滴定剂与内壁充分接触。打开旋塞,让滴定剂从管尖流出。重复以上步骤 3 次。注意:用于润洗的滴定剂应弃去,不可回收使用。

2.6.2.4　装液、排气泡、调零点

关闭旋塞,将滴定剂注入滴定管至零线以上数毫升。装液时不得使用漏斗、玻棒等辅助工具。微微打开旋塞,使滴定管的旋塞至管尖中充满滴定剂;关闭旋塞,检查旋塞周围及旋塞至管尖中是否有气泡,如有气泡,则可开大旋塞,让滴定剂快速流出,冲走气泡。

排除气泡后,调节液面至零刻度线或所需刻度线。调节时,视线与液面应处在同一水平面,避免读数误差。

2.6.2.5　滴定操作

将滴定管垂直夹在铁架台上,调节滴定管的高度,使管尖位于盛放待测溶液的锥形瓶口内,但不能接触锥形瓶内壁或液面。锥形瓶下方衬以白色瓷砖或白纸,以便观察颜色变化。滴定开始前,应将滴定管管尖悬挂的液体用吸水纸擦去。

通常用左手控制滴定管旋塞,右手沿圆周顺时针轻摇锥形瓶,使溶液充分混合。注意避免液体飞溅,避免滴定管管尖与锥形瓶接触。使用传统的酸式滴定管时,手心宜保持空握状态,大拇指配合食指和中指轻轻向内扣住旋塞,转动旋塞时向手心方向用力,以防顶出旋塞导致漏液。目前常用的滴定管多配备带螺帽的聚四氟乙烯旋塞,这种设计基本消除了旋塞被意外顶出的风险。因此,操作时不一定需要将旋塞握在掌心内,而可以更自由地选择手的位置和动作,将注意力集中在精确控制液体流速上。

在滴定过程中,通过观察溶液颜色的变化来判断是否接近滴定终点,并相应地控制滴定速度。滴定伊始,通常没有明显的颜色变化,此时可以采用"连滴不成线"的方式,以每秒 $3\sim4$ 滴的速度快速滴加滴定液。

当滴定剂滴落点周围开始出现暂时性的颜色变化时,说明临近滴定终点,须放缓滴液速度。继续滴定,滴定剂颜色开始扩散到整个溶液,且消失速度变慢,此时应再减滴液速度,逐滴添加滴定剂,速度控制为加 1 滴后就能立即关闭旋塞。

非常临近滴定终点时,关闭旋塞,暂时停止滴定,使用洗瓶,用少量纯水冲洗锥形瓶内壁,边冲边转动锥形瓶,将瓶壁上的液体充分冲洗入反应液中。在滴定的最后阶段或是终点颜色不易判断时,还可以使用"加半滴"的方法精确控制加液量,即慢慢转动滴定管旋塞,使半滴滴定剂悬挂在滴定管尖,然后用锥形瓶内壁接触悬挂的液滴,将其转移到锥形瓶内壁上,再用洗瓶将这半滴冲入溶液中。需要注意的是,不宜用洗瓶直接冲洗滴定管管尖,以免这半滴被冲到锥形瓶瓶口或瓶外。每加半滴,都要充分摇匀溶液并观察颜色变化。建议在"加半滴"之前先读数并记录,以防此半滴属于过量的半滴。

如果以指示剂变色来判断滴定终点,颜色变化应持续 $15\sim30$ s 不褪色,方可确认达到滴定终点。

滴定结束后,等待 30 s,待滴定管管壁液体完全流下,取下滴定管读数。读数时视线与液面相平,估读一位数字,精确到 0.01 mL。以终点刻度减去起始刻度,即为实际使用的滴定剂体积。应尽量从零刻度开始或使用相同的起始刻度进行重复测定,以减小误差。读数时,可在滴定管背面放置黑纸,使凹液面更加清晰,提高读数的准确性。

滴定管内剩余的滴定剂应弃去,不得倒回原试剂瓶中。

2.6.2.6　滴定管的存放

滴定结束后,先用自来水冲洗滴定管内外部,再用纯水彻底冲洗内部 $3\sim4$ 次。将滴

定管倒置在滴定管架上,让水自然流出,可在滴定管尖上罩一个小烧杯以防尘。长期不用时,可用保鲜膜包裹滴定管管口和管尖,或将滴定管放入专用的盒中保存。

（执笔:谭巧国）

2.7　萃　取

2.7　Extraction

萃取是一种常用的分离富集方法,其利用物质在互不相溶(或微溶)的两相中溶解度的不同,实现目标物的分离。在特定的物理化学条件(如温度、pH 等)下,溶质在两相中的平衡浓度比为常数,称为分配比。一般分配比大于 10 的萃取才有实际意义。

2.7.1　萃取的分类

按照两相的物理状态,萃取可分为液液萃取、液固萃取、固相萃取等。按照操作方式,液液萃取又有间歇萃取和连续萃取之分。

2.7.1.1　液液萃取

一般情况下,液液萃取中的一个液相指水相,环境样品分析中通常为水样;另一个液相指有机相,通常为与水不混溶的有机萃取溶剂。实验室常用的分液漏斗萃取法(详见章节 2.7.2),属于间歇液液萃取,操作时可分次往水样中加入萃取溶剂,对水样进行多次重复萃取以提高萃取率。

相比间歇萃取,连续萃取具有自动化程度高、溶剂用量少、萃取效率高等优点,尤其适用于分配比较小的场合。萃取溶剂的密度可高于水或低于水,针对此两种情况,连续萃取装置的结构有所差别(图 2-7-1)。操作时,待萃取的水溶液置于萃取器的竖管中,萃取溶

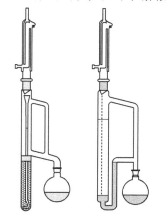

(a)萃取溶剂轻于水　(b)萃取溶剂重于水

图 2-7-1　连续液液萃取装置

剂置于圆底烧瓶中。加热圆底烧瓶,使萃取溶剂蒸发,蒸气通过侧管上升,在冷凝器中冷凝,回流进入水溶液萃取目标物。含有目标物的萃取液不断累积,溢流进入圆底烧瓶。连续萃取器的管路设计使得密度高于水的萃取溶剂(如二氯甲烷)回流滴落在水溶液上方,进而沉入底部;而密度低于水的萃取溶剂(如乙醚、石油醚)滴落至水溶液底部,进而浮至上层。如此,在两相的对流接触中,完成萃取。

2.7.1.2　固液萃取

固液萃取也称为提取,索氏提取是其典型代表。索氏提取是一种连续萃取方法,固相为固体样品如土壤/沉积物或生物样,液相为有机萃取溶剂。固体样品装在一个多孔的纸筒或滤袋中,置放在提取装置(图 2-7-2)的提取器内。冷凝回流的萃取溶剂反复与样品接触,萃取目标物。萃取液在虹吸作用下流回圆底烧瓶,使目标物在烧瓶中不断富集。索氏提取适用于从土壤/沉积物样品中提取有机物用于污染物分析;或从生物样中提取脂肪,是测定粗脂肪含量的标准方法之一。

2.7.1.3　固相萃取和固相微萃取

除了上述萃取方法,固相萃取和固相微萃取在环境监测中也广为应用。固相萃取使用固体吸附剂作为萃取介质,分离富集溶液中的目标物,再以溶剂洗脱。固相萃取法的富集倍数高,选择性好,已经成为一种重要的样品前处理技术。固相微萃取利用涂覆在石英纤维或其他材质上的固定相萃取样品中的目标物,无需有机溶剂洗脱,直接与色谱仪联用即可分析目标物,适用于挥发性和半挥发性有机物的分析。

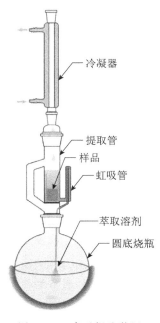

图 2-7-2　索氏提取装置

冷凝器

提取管
样品
虹吸管

萃取溶剂
圆底烧瓶

2.7.2　分液漏斗的使用

分液漏斗用于互不相溶的两液体的液液萃取分离。分液漏斗由上端的斗盖、中间的漏斗球和下端(管颈处)的两通旋塞及管柄组成(图 2-7-3)。使用前,先检查斗盖和旋塞的密封性。现今实验室基本采用聚四氟乙烯材质的旋塞,密封性好,不需要涂抹凡士林。

使用时,将分液漏斗放置于铁架台上的铁圈上,取下斗盖,关闭旋塞,从上口倒入待分离的混合液体(样品和萃取溶剂);盖上斗盖,从铁架台上取下分液漏斗,右手抓住漏斗球,食指和中指顶住斗盖,左手扶住旋塞和管柄;管柄略朝上,双手略使劲顺时针旋转振荡分液漏斗,使漏斗内的液体充分混匀,达到萃

图 2-7-3　分液漏斗

取目的。由于液液萃取中通常使用有机溶剂,其在振荡过程中易气化,故须在振荡一定时间后释放有机溶剂气体。将管柄朝上,不得对准人,小心打开旋塞,有机溶剂气体将从管柄口溢出,此时可听得"嘶"的声音。

　　将分液漏斗置放在铁架台上的铁圈上,静置等待分层后方可分液。分液时根据"下流上倒"的原则。取下斗盖,缓慢打开旋塞,使其上的小孔对准漏斗颈,将漏斗里的下层液体慢慢释放至接收容器中。临近液液分层处应调整活塞以放缓下流流速,在液液分层处及时关闭旋塞,将上层液体从漏斗上口倒出。

（执笔:谭巧国）

2.8 消 解
2.8 Digestion

　　消解指的是将样品中的有机物转化为无机物、将固体样品转化成液体试样、将复杂分子转化为可供后续检测的形式的过程,是重要的样品前处理方法之一。成功的消解方法应避免目标物的损失和干扰物的引入,并确保消解所得溶液适用于后续分析。

2.8.1 消解的方法分类

　　常用的消解方法包括湿法消解和干法消解。

2.8.1.1 湿法消解

　　湿法消解是利用酸或其他化学试剂,在加热条件下将样品中的有机物分解,将无机物溶解。消解过程中可能产生氮氧化物、二氧化硫等有毒气体,须在通风橱中进行。

　　常用的酸包括硝酸、盐酸、硫酸、高氯酸、氢氟酸等及它们的组合。应根据样品特性、目标物性质和后续分析的要求,合理选择酸的种类和组合。硝酸是一种强氧化剂,适用于大多数有机物和无机物的消解。难消解的样品可选择硝酸-硫酸、硝酸-硫酸-高氯酸等组合酸体系进行消解。例如,硝酸-硫酸体系结合了硝酸的强氧化性和硫酸的强脱水性与高沸点(约 330 ℃)的特点,适合处理油脂等碳含量高的样品。针对特定的分析要求,可选择具体的消解组合酸,参见国标 GB/T 22105.1—2008《土壤质量 总汞、总砷、总铅的测定 原子荧光法》、国家环境保护标准 HJ 1315—2023《土壤和沉积物 19 种金属元素总量的测定 电感耦合等离子体质谱法》和 HJ 678—2013《水质 金属总量的消解 微波消解法》。

　　湿法消解常用的器皿为烧杯、陶瓷坩埚、聚四氟乙烯坩埚等,参见章节 2.8.2。

2.8.1.2 干法消解

　　干法消解也称干灰化法、灼烧法,其利用高温灼烧氧化分解样品中的有机物,留下无机物供后续分析。此法的优点是加入的试剂较少,空白值低;可将样品溶解在较小体积的溶液中,目标物的富集程度高。其缺点是高温造成易挥发元素的损失;消解用的坩埚对被测组分可能有吸附作用,降低回收率。

　　使用干法消解时,通常将样品置于瓷制坩埚中。硼硅酸盐玻璃容器可用于不超过其耐受温度(500 ℃左右)的干法消解。需要特别高温消解时,可采用铂金坩埚。

　　使用陶瓷坩埚进行干法消解的典型操作步骤如下:称取适量样品于洁净的陶瓷坩埚中,在电热板上加热,使样品脱水、炭化;然后将坩埚转移至马弗炉中,在 450~550 ℃下继续加热,直到样品完全灰化(残渣通常呈白色或灰色);用适当的溶剂(如酸)溶解残渣,得到含有无机成分的溶液,供后续分析。

2.8.2　消解装置的选择和使用

电热板和孔式消解器控温精确,加热均匀,适合批量处理样品,对于大多数常规酸消解是较为合适的选择;对于特殊样品或需要快速消解的场合,可考虑使用微波消解仪。

2.8.2.1　电热板

电热板的加热表面材质主要有石墨、陶瓷、铝合金等。其典型的加热温度范围为95~260 ℃。平板设计适应各种形状和尺寸的平底容器(图2-8-1)。采用敞口容器(烧杯、陶瓷坩埚、聚四氟乙烯坩埚等)消解时,通常使用表面皿(凹面朝上)覆盖容器,以减少酸的蒸发,防止样品飞溅,并保护样品免受空气中灰尘的污染。带螺纹旋盖的聚四氟乙烯消解罐常配合电热板使用,其密封环境可以提高酸的沸点,从而可以提高消解温度和消解效率。需要注意的是,聚四氟乙烯坩埚和消解罐的使用温度不得超过260 ℃。

图2-8-1　电热板和带螺纹旋盖的聚四氟乙烯消解罐

2.8.2.2　孔式消解器

孔式消解器是带有多孔设计的加热消解仪,其特点是将消解管紧密包围在加热孔中,实现更高效的热传递。本教材附录F-9的化学需氧量测定仪中,就有一个孔式消解器。孔式消解器对容器尺寸和形状有特定要求,需配合一定管径的硼硅玻璃或聚四氟乙烯材质的消解管使用。

常见的孔式消解器包括石墨消解仪和干浴器(图2-8-2)。石墨消解仪使用高纯度石墨作为导热材料,控温范围通常为室温以上5 ℃至450 ℃,适合高温消解。干浴器也称为干式恒温器,通常使用铝作为导热块,控温范围相对较低,一般为室温以上5 ℃至130 ℃。

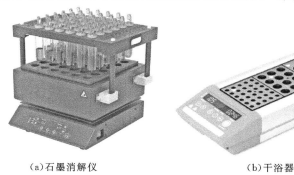

(a)石墨消解仪　　　　　　　　　(b)干浴器

图2-8-2　孔式消解器

2.8.2.3 微波消解仪

微波消解仪利用微波加热原理,通过提供高温高压的密闭环境,实现样品的快速高效消解。消解温度可达 200~300 ℃,压力可达几十个大气压,压力和温度范围因设备型号而有所不同。因高温高压可能有爆炸风险,操作时须严格遵守操作规程,避免超压。微波消解的专用消解罐(管)有两层,内罐通常由耐高温耐腐蚀的聚四氟乙烯及其改性材料制成,外罐由耐压的纤维复合材料制成。

微波消解相较于传统湿法消解高效得多,可在几分钟到几十分钟内完成样品消解,消解也更为彻底,特别适合处理难消解的样品。

2.8.2.4 高压灭菌器

高压灭菌器(参见附录 F-10)在总氮和总磷的样品消解中广泛应用。其工作温度通常为 121 ℃,压力约为 1.05 个大气压。

(执笔:谭巧国)

2.9　紫外-可见分光光度法操作技术

2.9　Operation Technique of UV-Visible Spectrophotometry

紫外-可见分光光度法(亦称紫外-可见吸收光谱法,本教材中简称分光光度法)的基本原理和紫外-可见分光光度计(亦称紫外-可见吸收光谱仪,本教材中简称分光光度计)的仪器原理,详见任意一本《仪器分析》教科书;仪器的使用说明及注意事项,参见附录 F-15。本节在简介朗伯-比尔定律的基础上,重点介绍分光光度法的测定技术,并针对测定中的一些常见问题,介绍解决方法。

2.9.1　分光光度分析和朗伯-比尔定律

朗伯-比尔定律也称为光吸收定律,是分光光度分析的理论基础。其表达式为

$$A = \lg I_0/I_t \qquad\qquad (式\ 2.9.1)$$

式中,A 为吸光度;I_0 为入射光强度;I_t 为透射光强度。透射光强度与入射光强度的比值,称为透射率,用 T 表示:$T = I_t/I_0$,故式 2.9.1 转化为

$$A = -\lg T \qquad\qquad (式\ 2.9.2)$$

在实际的定量分析工作中,更常用的光吸收定律表达式为

$$A = abc,或\ A = \varepsilon bc \qquad\qquad (式\ 2.9.3)$$

式中,A 为吸光度,无量纲;a 为吸光系数,L/(g·cm);ε 为摩尔吸光系数,L/(mol·cm);b 为光程长度(即比色皿厚度),cm;c 为浓度,g/L 或 mol/L。

2.9.2　吸光度和光密度

无论是中文经典教科书还是英文教科书(如参考文献[1]),吸光度(absorbance)的定义是:(同一波长下)入射光和透射光之比值的常用对数值。光密度(optical density)的定义是:入射光强度与透射光强度之比值的常用对数值(如参考文献[2])。从术语的定义上看,吸光度和光密度是等同的,均是透射率对数的倒数,即 $-\lg T$。

国家标准 GB 3102.6—93《光及有关电磁辐射的量和单位》中,光密度用的量符号是 $D(\lambda)$(注意:不是 OD),但该国家标准中没有吸光度的量符号。因此,文献[3]认为,用光密度更符合国家标准,更规范。文献[4][5]认为,无论采用吸光度还是光密度,都应该用 $D(\lambda)$ 作为量符号。

在权威的化学类英文参考书(如参考文献[6])中,分光光度法的信号强度单位全部都采用"Absorbance"(吸光度),量符号是 A。有趣的是,此书仅在叶绿素测定(10200 H. Chlorophyll)一节中,用了"Absorbance(optical density)";而叶绿素通常被认为是生态类

的指标。在我国,无论是水与废水监测的国家标准还是海洋监测规范和海洋调查规范,全部都采用吸光度和 A,其中包括叶绿素的测定。

在已经发表的众多科研论著中,化学类的论文绝大多数采用吸光度 A,且其值一般不会超过 1;但生物学类的论文大多采用光密度 OD,其值则可能远超过 1。笔者认为,化学中通用吸光度 A;生物学中更通用光密度 OD。

来自光源的光照射在样品上时,可能发生的情况包括吸收、反射、透射和散射。吸光度 A 是朗伯-比尔定律(式 2.9.1)的术语,该定律成立的前提之一是吸光物质须为均匀非散射体系。在化学中,测定对象多是小分子化合物,试样为澄清的溶液,理论上散射和反射可忽略不计。也就是说,散射和反射被朗伯-比尔定律排除。因此,吸光度考虑的是试样的吸收和透射,即光吸收率。

但是,当光通过不那么澄清的试样时,除了吸收导致的光的衰减,散射等其他因素也会导致光的衰减。生物样品富含 DNA(deoxyribonucleic acid,脱氧核糖核酸)等大分子,更有菌悬液这样的悬浊液,因此光的散射是不可忽略的。笔者认为,用概念更宽广的、区别于吸光度 A 的光密度 OD,衡量光通过试样后的光衰减或光强度损失,更能反映所有因素的总和。

综上考虑,本教材中,化学部分的分光光度计的测定值和计算值,用吸光度 A 表示;而生物部分的分光光度计测定值和计算值,用光密度 OD 表示。

2.9.3 参比和空白

参比与空白,概念不同,用于测试的溶液和试样也不同。

2.9.3.1 参比

参比溶液为制备试样使用的纯溶剂。因试样通常是水溶液,所以通常会采用纯水作为参比。

从光吸收定律式 2.9.1 可见,试样的吸光度是通过两次测定来确定的,第一次确定 I_0,第二次确定 I_t。确定 I_0 采用的溶液称为参比,即制备试样的溶剂,英文中称之为 reagent blank(溶剂空白),但这个空白仅是仪器空白,参见章节 1.3.5。实际工作中,用参比溶液调节仪器 I_0 为 100%。因溶剂本身有一定的吸收,采用与试样相同的溶剂做参比,可将入射光强都调节在同一水平。此外还须注意,测定参比与测定试样时使用的比色皿应具有相同的厚度和材质(参见章节 2.9.5)。在一定的时间空间范围内,在同一仪器同一波长下,仪器的信号较为恒定,可以以参比的形式扣除。如果仪器关机后重新开机,或者更换测定波长,则都需要重新用参比溶液测定 I_0,即将透射率调节至 100%。

有些参考文献,包括部分国家标准或行业标准,会采用有颜色的显色剂和其他试剂作为参比,甚至用空白试样作为参比,以期拓展测定范围。笔者不推荐这种做法,因其会掩盖显色剂和其他试剂可能引起的杂质的信息。详见以下分析。

2.9.3.2 空白

空白包括现场空白、仪器空白(溶剂空白)和方法空白等,参见章节 1.3.5。空白有化学意义。分光光度法中常用的方法空白,指的是试剂(不仅是溶剂)经过与样品相同的处理后测得的吸光度,即待测目标物浓度为零的试样吸光度。方法空白即试样制备空白,用于检验试剂的纯度和样品处理成试样溶液过程中的沾污程度。显然，如果以空白试样作为参比测定 I_0，就无法得知试剂和样品处理过程是否沾污。

如章节 1.3.5 和 1.3.6 中所述，校准曲线的截距 b 代表空白，即添加的目标物浓度为零时的信号值，具有实际意义，因此报告数据时必须报告空白值。

2.9.4　校准曲线的线性

分光光度法的校准曲线的线性范围一般为一个数量级。校准曲线发生弯曲，是较为常见的试样中被测物浓度与吸光度不成线性关系的现象。导致弯曲的原因及解决方案主要有以下几点。

2.9.4.1　试样中吸光物质的浓度太高

试样中的吸光物质在高浓度时会引起光衰减，使校准曲线在高浓度端向下弯曲，这种现象最为常见。解决的方法一般有两个：一是适当稀释试样，二是选用较薄的比色皿。通常，将校准曲线最高点的吸光度控制在 1 以下，即可避免这种现象。此外，亦可选择次灵敏的波长进行测定。但为了保证数据的可比性，如果不是专业人士，则不建议采用后一种做法。

2.9.4.2　非平行光和光的散射

当入射光是非平行光时，通过介质的光的光程不同，会引起小偏差。例如，当试样中含有悬浮物或胶粒等散射质点时，入射光通过时有部分光因散射而损失，透过光的强度减小，产生正偏差。因此，混浊试样须过滤或离心后再进行分光光度测定。还须检查比色皿的光平面是否垂直于光路，即比色皿放置的位置是否正确，是否卡紧在样品室中的槽位上，是否倾斜。

2.9.4.3　入射光为非单色光

同一物质对不同波长的光的摩尔吸光系数 ε（或吸光系数 a）不同，导致校准曲线偏离朗伯-比尔定律。完全的单色光在实际中并不存在，入射试样的光不是单一波长的光，而是一段波长（即带宽或狭缝宽度）的光，这段波长的中央波长为所设置的波长。如果在带宽范围内，目标物的摩尔吸光系数相对恒定，将每个波长的吸光度相加后，即可得到符合光吸收定律的总吸光度。反之，光吸收定律的线性关系将被破坏。因此，在设置分光光度计的狭缝宽度时，不宜设置过宽，宽的狭缝使光通量增大，测定灵敏度可能有所增加，却会降低分析的选择性和校准曲线的线性。

2.9.5　比色皿使用的注意事项

无论是双光束分光光度计还是单光束分光光度计，均允许使用多个比色皿，其中一个用于盛装参比溶液，其他的用于盛装试样。如果采用多个比色皿，则应注意比色皿之间的匹配。

将溶剂注入待用的比色皿中，同一组 10 mm 比色皿之间的吸光度差值 ΔA 必须小于0.002。不同厂家、不同批次的比色皿，由于材质的微小差别，即使是洁净的，比色皿之间的吸光度可能就有些许差别；如果使用的是用过的比色皿，则上一个实验的残留物质可能吸附在比色皿内壁导致更大的吸光度差异。因此，比色皿用后必须进行及时、彻底清洁，参见章节 1.2.2。使用时挑选 ΔA 小于 0.002 的比色皿作为同组比色皿,如果不得已一定要用 ΔA 大于 0.002 的比色皿,则需要在测得的吸光度中校正该差值。

同一批次的试样采用同一台分光光度计测定。如果使用的是单光束分光光度计,则可以使用单一比色皿,即始终采用一个比色皿。试样测定完毕后,仍用该比色皿盛装参比溶液,检查其吸光度与初始值即吸光度为零相比是否有较大差异。如果差异较大,则建议清洁比色皿,重新测定参比;如果仍然存在较大差异,则建议清洁比色皿后重新测定全部试样。

2.9.6 标准加入法

基底干扰也称为基质干扰,是环境样品分析中影响定量分析结果的重要因素之一。基底物质与非目标物结合产生假信号,测定结果会偏高。基底物质与目标物结合过于紧密,会抑制目标物的检出,测定结果偏低。一方面,提高测定方法的选择性,可抑制基底物质与非目标物结合产生的正干扰信号;另一方面,采用标准加入法,是克服基底效应负干扰的有效方法。标准加入法不仅适用于分光光度法,也适用于其他仪器分析方法。

标准加入法的基本做法是,另取数份同一样品,每份加入数量不同的目标物标准品,使标准品与基底相互作用,受到与被测物相同的基底效应。而后,经过同样的样品处理过程,再上机测定分析。

在此,以测定水样中亚硝酸盐氮(参见章节 3.11)为例说明之。取 3 份同一水样,第一份为原始样;第二份加入一定量的亚硝酸盐氮标准溶液,假设为 1 μg N/L;第三份加入更大量的亚硝酸盐标准溶液,假设为 2 μg N/L。注意:加入亚硝酸盐标准溶液后,试样的浓度须与原始样的浓度在同一数量级内,不得过高或过低。此外,加入标准溶液后试样的总体积变化太大的须进行体积校正。经重氮-偶联反应显色,在 540 nm 处测定亚硝酸盐。3 份试样,得到 3 个吸光度数据,假设分别为 0.050、0.140、0.210。

以亚硝酸盐氮含量 c 为横坐标,以吸光度 A 为纵坐标,则可绘制出如图 2-9-1 所示基底加标曲线的实线部分。将此曲线外推(虚线部分),其与 x 轴相交处对应的浓度,即为原始样品中亚硝酸盐氮的含量。在本例子中,从图中的校准曲线($A=0.082c+0.052$)可计算出当 $A=0$ 时,虚线部分对应的浓度为 0.634 μg N/L,即为原始样中亚硝酸盐氮的浓度。

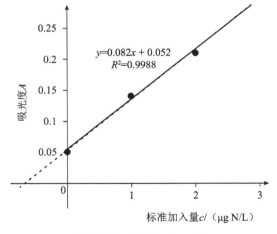

图 2-9-1 基底加标曲线

参考文献

[1] JESPERSEN N. General principles of spectroscopy and spectroscopic analysis [M]//AHUJA S, JESPERSEN N. Comprehensive analytical chemistry 47. Amsterdam：Elsevier，2006.

[2] 王春林. 科技编辑大辞典[M]. 上海：第二军医大学出版社，2001：539.

[3] 秦和平，邢宝妹，周佩琴，等."光密度"标准名称、量符号及其使用规范探讨[J]. 科技与出版，2006 (1)：29.

[4] 汪勤俭，刘洪娥，冷怀明，等. 吸光度（光密度）量符号的正确表示方法[J]. 中国科技期刊研究，2005，16(6)：932.

[5] 高媛. 生物类学术著作中常见的问题分析[J]. 科学咨询（科技·管理），2019(24)：62.

[6] BAIRD R B，EATON A D，RICE E W. Standard methods for the examination of water and wastewater[M]. 23rd Edition. Washington，DC：American Public Health Association，American Water Works Association，Water Environment Federation，2017.

（执笔：袁东星　李权龙）

第三章　水环境监测实验
Chapter 3　Water Environmental Monitoring Experiments

3.1　水温的测量(水温计法)
3.1　Determination of Water Temperature
(with water thermometer)

实验目的:掌握常规水温计的使用和表层水(0.5 m)水温的测量方法。

3.1.1　概述

　　水是生命之源,是最重要的溶剂。许多生物和化学反应以及多数化工产品的生产都是在水溶液中进行的。水的物理化学性质与水温有密切关系。水中溶解性气体(如氧、二氧化碳等)的溶解度、pH、化学和生物化学反应速度,以及水生生物和微生物的活动都受水温变化的影响。水温的测量对水体自净、水中的碳酸盐平衡、各种形式碱度的计算、气体和盐类在水中的饱和溶解度,以及水处理过程的运行控制等,都有重要的意义。

　　水温为现场观测项目之一,测量仪器为温度计。温度计可分为基于物质热胀冷缩原理的温度计和基于热敏原理的温度计等几类。前者主要是水银温度计,包括用于浅层水温测量的常规水温计,以及用于深层水温测量的深水水温计和颠倒水温计。其特点是准确、稳定,在实践中可作为标准方法,用于校验基于其他温度传感原理的温度计的测量结果。热敏温度计近年来发展较快,其特点是能够数字化、高精度、高频率地测量和采集水温数据,但温度计的漂移问题难以完全避免。本节基于国家标准 GB 13195—1991《水质水温的测定 温度计或颠倒温度计测定法》,介绍水温的常规水温计测量法。

3.1.2　仪器

　　常规水温计:指安装于特制金属半套筒内的水银温度计,套筒开有可供读数的窗口,下端连接一个可旋开的金属贮水杯,使水温计的水银球部悬于杯中,套筒上端带一圆环,拴以一定长度的绳子。其通常测量范围为−6~40 ℃,精度为 0.2 ℃。

3.1.3　测量步骤

将水温计插入表层水(0.5 m)中,静置 5 min 后,迅速提出水面并读取温度值。当气温与水温相差较大时,尤其应注意立即读数,避免受气温的影响。记录数据后倒去水杯中的水,将水温计再次插入水中,重复测量 3 次水温,取 3 次的平均值(℃)。

3.1.4　思考题

(1)为什么要使水温计的水银球部悬于杯中? 可否斜靠在杯壁上?

(2)水温计为什么要在水中静置 5 min?

(3)水银水温计与家中常用的水银体温计有何异同?

(4)由于水银(汞)的毒性问题,其最终可能被淘汰。那么,哪一种水温计最可能取而代之?

参考文献

复旦大学,等.物理化学实验[M].3 版.庄继华,等,修订.北京:高等教育出版社,2004:236-238.

[执笔:刘国坤
致谢南方海洋科学与工程广东省实验室(珠海)翟惟东]

3.2　pH 的测定（玻璃电极法）
3.2　Determination of pH（with glass electrode）

实验目的:理解玻璃电极法的原理;掌握不同环境水样 pH 的测定方法。

3.2.1　概述

　　一般稀溶液中,氢离子的活度([H⁺])范围在$(10^{-1}\sim10^{-14})$mol/L,通常习惯以[H⁺]的负对数来表示其很小的数量级,形成一个统一的标准来表示溶液的酸碱性,即 $pH=-lg([H^+])$。pH 的标度范围定为 0～14。对于 25 ℃时的中性水溶液,pH=7;对于酸性水溶液,pH<7,pH 越小,表示酸性越强;对于碱性水溶液,pH>7,pH 越大,表示碱性越强。

　　pH 是水溶液常用和最重要的理化参数之一。凡涉及水溶液的自然现象、化学变化以及生产过程都与 pH 有关,因此在工业、农业、医学、环保等行业及科研领域都需要测定 pH。天然水的 pH 大多在 6～9 范围内;饮用水的 pH 要求在 6.5～8.5 之间;工业用水的 pH 必须保持在 7.0～8.5 之间,以防止金属设备和管道被腐蚀。此外,在水环境中,许多物质的理化性质因 pH 而变化,因此 pH 在废水生化处理、评价有毒物质的毒性等方面也具有指导意义。

　　目前,尚无可直接测定溶液中[H⁺]的方法,通常借助[H⁺]调控的溶液的物理化学性质,间接测定 pH。测定时应在规定的温度下进行,或者进行温度校正。测试方法包括基于颜色变化的 pH 试纸比色法、基于电极电势变化的玻璃电极法和基于吸光度变化的分光光度法等。本节基于国家环境保护标准 HJ 1147—2020《水质 pH 的测定 电极法》,介绍玻璃电极法。

3.2.2　方法原理

　　通过测量玻璃(工作)电极和参比电极之间的电极电势差,可获得待测溶液的 pH。目前,通常使用复合电极,由玻璃电极和参比电极(Ag/AgCl 电极)组合而成,表观上表现为一支电极。

　　玻璃电极是氢离子选择性电极,当其浸入待测溶液时,溶液中氢离子选择性地扩散进入玻璃电极表层膜内,此时玻璃电极和参比电极间的电势差为 ΔE。根据能斯特方程,可导出(推导过程略)式 3.2.1,据此可测得溶液的 pH。在 25 ℃时,有

$$pH=\frac{\Delta E-0.281+\varphi_{玻}^{\ominus}}{0.05916}$$

(式 3.2.1)

式中,ΔE 为两电极的电势差;$\varphi_{玻}$ 为玻璃电极的标准电极电位。

不同玻璃电极在组成、制作过程和使用状态等方面存在一定差异,因此不同电极系统的 $\varphi_{玻}$ 并不相同。然而,使用同一套电极系统进行测定时,$\varphi_{玻}$ 可视为常数,式 3.2.1 转化为

$$pH = 16.9\Delta E - k \qquad \text{(式 3.2.2)}$$

实际应用时,需要先用已知 pH 的标准缓冲溶液对电极系统(通常为复合电极)进行校正。通常要做两点校正甚至三点校正,即通过测定 2 个或 3 个标准缓冲溶液,建立以式 3.2.2 为基础的校准曲线,获取 ΔE 和 k,内置于仪器中。测定水样 x 的 pH 时,仪器测定的是 ΔE_x,再根据式 3.2.3 进行计算,最终显示出 pH(x)读数。

$$pH(x) = 16.9\Delta E_x - k \qquad \text{(式 3.2.3)}$$

3.2.3　水样的采集

采样时记录时间和水温。最好将水样置于 50 mL 烧杯中现场测定 pH,如不能现场测定,则将水样采集于干净的聚乙烯瓶中,带回实验室后尽快测定。

3.2.4　仪器与器皿

(1)pH 计及配套的复合电极(参见附录 F-2)。

(2)烧杯(50 mL,最好是聚乙烯或聚四氟乙烯材质);实验室常备的其他玻璃器皿。

3.2.5　试剂

(1)pH 标准缓冲试剂或市售的标准缓冲试剂,为固体或溶液。如为固体,则按以下方法配制成溶液。

(2)pH 标准缓冲溶液:实验用水的电导率应低于 2 µS/cm,临用前煮沸数分钟以去除二氧化碳,冷却。取 50 mL 无二氧化碳水,加入 1 滴饱和氯化钾溶液。如 pH 在 6~7 之间,即可用于配制各种标准缓冲溶液。按试剂说明书,称取定量标准缓冲溶液试剂,溶于 25 ℃无二氧化碳水中,定容。或按试剂说明书上的方法配制标准缓冲溶液。配制好后将其贮存于聚乙烯瓶中,4 ℃下可稳定数月。

3.2.6　测定步骤

(1)按照使用说明书(参见附录 F-2)准备仪器。检查 pH 计、复合电极及标准缓冲溶液是否有异常,核实无误后方可测定水样。

(2)用标准缓冲溶液以三点校正法(参见附录 F-2)校准仪器。

(3)将复合电极用纯水仔细冲洗之后,再用水样冲洗,用滤纸吸干,然后将复合电极放入盛有约 30 mL 待测水样的 50 mL 烧杯中,小心搅拌或摇动,待读数稳定(静置约 30 s)后,记录读数。

3.2.7　注意事项

(1)现场采集的水样在送达实验室测定前,需避光密封保存,以防止空气中二氧化碳或氨溶入水样,或水样中二氧化碳或氨逸失而改变水样的 pH。

（2）根据校准曲线应用的基本原则,待测水样的 pH 不应超过校正用的标准缓冲溶液所框定的 pH 范围。

3.2.8　思考题

（1）水溶液的 pH 会受温度影响吗？为什么？如果会的话,如何使所测得的数据具有可比性？

（2）以实验用水（纯水）配制的 pH 缓冲溶液适用于海水 pH 测定吗？

（3）在配制标准缓冲溶液前,需要保证实验用水的 pH 在 6～7 之间。测定纯水 pH 前,需要往水中加入 1 滴饱和氯化钾溶液,为什么？

（4）采用玻璃电极法测定 pH＞10 的水样时,所测得 pH 将略低于该水样的真实 pH。查阅文献,说明为什么。

（5）查阅地表水环境质量标准,列出各类水的 pH 允许范围。

（6）查阅本节参考文献和相关文献,尝试从能斯特方程推导出式 3.2.1。

参考文献

复旦大学,等.物理化学实验[M].3 版.庄继华,等,修订.北京:高等教育出版社,2004:194-196.

［执笔:刘国坤
致谢南方海洋科学与工程广东省实验室（珠海）翟惟东］

3.3　电导率的测定(电极法)

3.3　Determination of Water Conductivity (with electrode)

实验目的:了解水溶液的电导率测定原理;掌握电导率仪的使用和电导率的测定方法。

3.3.1　概述

电导率常用于间接推测水中离子成分的总浓度。水溶液的电导率取决于离子的性质和浓度、溶液的温度和黏度等。新蒸馏水的电导率为 $0.5\sim2.0\ \mu S/cm$,存放一段时间后,由于空气中二氧化碳或氨的溶入,电导率可升高至 $2\sim4\ \mu S/cm$。一般地表水的电导率在 $50\sim1500\ \mu S/cm$ 之间,海水电导率约为 $30\ mS/cm$。电导率随温度变化而变化,温度每升高 $1\ ℃$,电导率约增加 2%,通常规定 $25\ ℃$ 为电导率测定的标准温度。在一定温度下,水的电导率越低,表示水中的离子越少,水的纯度越高。因此,电导率成为水质指标之一,但无法评估水中细菌、悬浮物杂质等非导电性物质和非离子态杂质对水质的影响。此外,电导率测定已成为测定海水盐度的精确方法,在海洋调查和研究中发挥作用。本节基于国家行业标准 SL 78—1994《电导率的测定 电导仪法》和国标 GB/T 5750.4—2023《生活饮用水标准检验方法 第 4 部分:感官性状和物理指标》,介绍电导率测定的电极法。

3.3.2　方法原理

能够导电的物质称为导体。导体主要有两类:一类是金属,借助自由电子的迁移导电;另一类是电解质溶液、熔融电解质或固体电解质,借助离子的迁移导电。电解质溶液和金属导体一样,有下列定律:① 溶液的电阻 R、外加电压 V 和通过溶液的电流 I 服从欧姆定律,即 $V=IR$。② 溶液的电阻 R 与两电极间的距离 L 成正比,而与浸入溶液的电极面积 A 成反比,即 $R=\rho\times\dfrac{L}{A}$。ρ 称为电阻率,即两电极相距为 $1\ m$、电极面积各为 $1\ m^2$ 时溶液的电阻。

对于电解质溶液,常使用的不是它的电阻 R 和电阻率 ρ,而是 R 的倒数电导 G 和 ρ 的倒数电导率 κ。电导 G 以 S(西门子)为单位,电导率符合下列关系:$\kappa=\dfrac{1}{\rho}=G\dfrac{L}{A}$,相应地,电导率的单位是 S/m 和 $\mu S/cm$。电解质溶液的连续导电过程必须在电化学装置中实现,而且总是伴随电化学反应和化学能与电能相互转换的发生。

3.3.3　样品的采集与保存

样品采集于聚乙烯瓶中,尽快测定电导率。如不能及时测定,则应满瓶封存,$4\ ℃$ 冷藏,$24\ h$ 内测定;测定前应加温至 $25\ ℃$,不得加保存剂。

可在超市购买瓶装水,直接用于电导率测定。

3.3.4　仪器与器皿

(1)电导率仪(误差不超过1%)(参见附录F-3);温度计(±0.1 ℃);恒温水浴锅[(25±0.2) ℃]。

(2)实验室常备的其他小型仪器和玻璃器皿。

3.3.5　试剂

(1)氯化钾标准溶液1,$c(KCl)=0.0100$ mol/L:准确称取0.7456 g于105 ℃干燥2 h并冷却后的优级纯氯化钾(KCl),溶于纯水中,于25 ℃下定容至1000 mL。此溶液在25 ℃时电导率为141.3 mS/m,即1413 μS/cm。

(2)氯化钾标准溶液2,$c(KCl)=0.0050$ mol/L:于使用前吸取0.0100 mol/L氯化钾标准溶液50.0 mL,用纯水定容至100 mL。

(3)氯化钾标准溶液3,$c(KCl)=0.0010$ mol/L:于使用前吸取0.0100 mol/L氯化钾标准溶液10.0 mL,用纯水定容至100 mL。

(4)氯化钾标准溶液4,$c(KCl)=0.0005$ mol/L:于使用前吸取0.0050 mol/L氯化钾标准溶液10.0 mL,用纯水定容至100 mL。

(5)氯化钾标准溶液5,$c(KCl)=0.0001$ mol/L:于使用前吸取0.0010 mol/L氯化钾标准溶液10.0 mL,用纯水定容至100 mL。

以上氯化钾标准溶液配制用的纯水,均指的是新制备的电导率小于1 μS/cm纯水。配制好的氯化钾标准溶液如果需要保存,则应密封于聚乙烯瓶或硬质玻璃瓶中,氯化钾标准溶液1、2、3可稳定数月,氯化钾标准溶液4、5可稳定数周。

各种浓度氯化钾溶液的电导率(25 ℃)见表3-3-1。

表 3-3-1　不同浓度氯化钾溶液的电导率(25 ℃)

浓度/(mol/L)	电导率/(μS/cm)
0.0001	14.94
0.0005	73.90
0.0010	147.0
0.0050	717.8
0.0100	1413

3.3.6　测定步骤

(1)电极常数的标定(参见附录F-3)。用经25 ℃水浴恒温约15 min的0.0100 mol/L的氯化钾标准溶液冲洗电导率仪的电极3次;将电极置入该标准溶液中,调节"常数调节"按键,直至仪器显示1413 μS/cm,标定完成。

(2)氯化钾标准溶液的电导率测定。绘制表格,测定经25 ℃水浴恒温约15 min后的氯化钾标准溶液2、3、4、5的电导率并记录。

(3)水样电导率的测定。将电极用水充分冲洗,用经 25 ℃水浴恒温约 15 min 后的待测水样冲洗后,测定该水样电导率。

注意(参见附录 F-3):如果电导率仪拥有温度补偿功能,则可先另行测量待测标样和水样的温度,再调节电导率仪的"温度"按键,使"温度"与测得的水温一致,仪器将自动进行温度补偿,无需事先将待测标样或水样在 25 ℃恒温。

3.3.7 注意事项

(1)测定前仔细阅读所用的电导率仪的使用说明书(参见附录 F-3)。
(2)实际工作中,推荐使用与水样电导率相近的氯化钾溶液来标定电极常数。
(3)水中有机物不易电离或离解微弱,因此导电能力微弱,电导率不能反映这类污染因素。

3.3.8 思考题

(1)标定时,对所用氯化钾标准溶液的浓度有何要求?(提示:从电导率的角度考虑。)
(2)为什么测定时强调保持水样水温在 25 ℃?
(3)待测电导率的水样为什么不能加保存剂?
(4)实验测定的几个氯化钾标准溶液的电导率,与表 3-3-1 所列的电导率一致吗?如果不一致,则请分析原因。
(5)矿泉水、蒸馏水、反渗透水、纯净水、太空水等五花八门的市面供应的饮用水,哪一种的电导率最高?为什么?鼓励进行试验。

参考文献

复旦大学,等.物理化学实验[M].3 版.庄继华,等,修订.北京:高等教育出版社,2004:237-261.

[执笔:刘国坤
致谢南方海洋科学与工程广东省实验室(珠海)翟惟东]

3.4　悬浮物的测定（称量法）

3.4　Determination of Suspended Solids
（with weighing method）

实验目的：掌握悬浮物测定方法和样品预处理方法的过滤法；理解重量分析法（称量法）的基本概念。

3.4.1　概述

地面泥沙和各种工业及生活中产生的废弃物被地表径流带入江河湖海，使水中的固体物大量增加。水中的固体物使水体浑浊，透明度降低，影响水生生物的呼吸和代谢，甚至造成鱼类窒息死亡。因此，测定水中的固体物具有重要意义。

水样中的固体物有可溶性物质和不溶性物质之分，前者包括可溶性无机盐类和有机物，后者包括可沉降物质和悬浮物等。水样在一定温度下蒸发、烘干后留下的总固体物，也称总残渣，包括溶解性固体物（可滤残渣）和悬浮物（不可滤残渣）。可采用一定孔径的滤膜实现溶解性固体物和悬浮物的分离。由于水中固体物的粒径差别很大，且各种有机物和无机盐类的挥发程度不同，溶解性固体物和悬浮物的测定必须在规定的过滤条件和烘干温度下进行。

环境监测中，悬浮物（suspended solid，SS）定义为不能通过孔径为 $0.45~\mu m$ 滤膜的、在 $103\sim105~℃$ 烘干的固体物。悬浮物通常采用称量法进行测定，本节即介绍此法。

3.4.2　方法原理

用 $0.45~\mu m$ 滤膜过滤一定体积水样，将留在滤膜上的固体物连同滤膜一起经 $103\sim105~℃$ 烘干；称量后减去滤膜的质量，即为悬浮物的质量；再根据取样体积，可得悬浮物含量。

3.4.3　水样的采集与保存

采样瓶为容积 $500\sim1000~mL$ 的洁净玻璃瓶或聚乙烯瓶，需事先干燥或用水样清洗数遍。采集有代表性即悬浮物混合均匀的水样，样品采集后不能加入任何保存剂。水样应尽快测定，如果于 $4~℃$ 下保存，则保存时间不超过 $7~d$。

3.4.4　仪器与器皿

（1）称量瓶（内径 $50~mm$，高度 $30~mm$）；过滤器（全玻璃或有机玻璃），配备混合纤维滤膜（孔径 $0.45~\mu m$，直径 $45\sim60~mm$）；真空抽滤装置；烘箱（可调至 $103\sim105~℃$）（参见附录

F-7);分析天平(感量 0.1 mg)(参见附录 F-1);无齿扁嘴镊子。

(2)干燥器;实验室常备的其他玻璃器皿。

3.4.5　测定步骤

(1)滤膜的准备。使用无齿扁嘴镊子,夹取一张滤膜放在一个洁净的称量瓶中,瓶盖保持大半打开,置入烘箱,于 103~105 ℃烘干 1 h,取出,在干燥器中放冷到室温后盖好瓶盖称量质量。反复烘干、冷却、称量,直至恒重(两次称量相差≤0.5 mg)为止。记录称量瓶+滤膜质量(g)。

(2)过滤。使用无齿扁嘴镊子,将上述恒重的滤膜装入过滤器中,用夹子夹好,滴加少量纯水并抽滤,检查是否漏液。取除去明显漂浮物后并振荡均匀的适量水样(悬浮物≥2.5 mg,一般体积为 100~500 mL),采用真空抽滤的方式过滤;滤后每次用 10 mL 纯水冲洗残渣共 3~5 次。尽量将膜上的水分抽干。如果样品中含油脂,则用 10 mL 石油醚分两次淋洗残渣。

(3)称量。使用无齿扁嘴镊子,小心取下带残渣的滤膜,放入原称量瓶内,瓶盖保持大半打开,在 103~105 ℃烘箱中,每次烘 1 h 后取出,放于干燥器中冷至室温后盖好瓶盖称量质量,直至恒重为止。记录悬浮物+称量瓶+滤膜质量(g)。

3.4.6　计算

$$c(悬浮物,mg/L) = \frac{(A - B) \times 1000 \times 1000}{V}$$

(式 3.4.1)

式中,A 为悬浮物+称量瓶+滤膜质量,g;B 为称量瓶+滤膜质量,g;V 为水样体积,mL;1000 为单位换算系数。

3.4.7　注意事项

(1)采样时,应去除树枝、水草、鱼等明显杂质。

(2)过滤时,一定要将水样振荡均匀,且须将量器中的残留物用纯水冲洗至滤膜上。

(3)水样的黏度高时,可加 2~4 倍纯水稀释,振荡均匀,待悬浮物可以下降后再过滤。

(4)手上的油污可能影响称量结果,故不得用手直接接触洗净后的称量瓶,建议戴手套或指套。全程使用无齿扁嘴镊子夹取滤膜,镊子如果顺手,则也可用来夹取称量瓶。

3.4.8　思考题

(1)称量瓶从烘箱中取出后,为什么要放冷后才盖上瓶盖?

(2)过滤时,为什么可以用纯水冲洗残渣?为什么可以用石油醚淋洗含油脂的残渣?黏度高的水样为什么可以稀释?这些操作为什么不会影响测定结果?

(3)"重量分析法"指的是通过称量物质的质量来确定被测组分含量的一种定量分析方法。为什么不说称量物质的重量?

参考文献

[1]中国环境监测总站.水和废水无机及综合指标监测分析方法[M].北京:中国环境出版集团,2022:34-36.

[2]李花粉,万亚男.环境监测[M].2版.北京:中国农业大学出版社,2022:45-46.

（执笔:袁东星　郭小玲）

3.5　氯化物的测定（沉淀滴定法）
3.5　Determination of Chloride（with precipitation titration）

实验目的：掌握氯化物的测定方法；理解滴定分析法的基本概念和沉淀滴定法。

3.5.1　概述

氯化物（在本节中为 Cl^-）为水中常见的无机阴离子之一，存在于几乎所有的天然水中，但在不同水体中的含量大不相同。在河流、湖泊等地表水中，氯离子含量一般较低；而在海水、盐湖及某些地下水中，其含量可高达数十克/升；在生活污水和工业废水中，均含有相当数量的氯离子。饮用水中氯离子含量达到 250 mg/L，且相应的阳离子为钠时，会感觉到咸味；水中氯化物含量高时，会损害金属管道和构筑物，妨碍植物的生长。

氯离子的测定方法有 4 种：硝酸银滴定法、硝酸汞滴定法、电位滴定法、离子色谱法。本节介绍硝酸银滴定法。

3.5.2　方法原理

在中性或弱碱性（pH＝6.5～10.5）溶液中，以铬酸钾为指示剂，用硝酸银滴定氯化物。由于氯化银的溶解度小于铬酸银的溶解度，氯离子被完全沉淀后，铬酸根才以铬酸银的形式形成沉淀，产生砖红色，指示氯离子滴定的终点。沉淀滴定反应式如下：

$$Ag^+ + Cl^- =\!=\!= AgCl \downarrow（白色）\qquad\qquad（式 3.5.1）$$

$$2Ag^+ + CrO_4^{2-} =\!=\!= Ag_2CrO_4 \downarrow（砖红色）\qquad（式 3.5.2）$$

3.5.3　水样的采集与保存

采样瓶为容积约 250 mL 的洁净玻璃瓶或聚乙烯瓶，需事先干燥或用水样清洗数遍。采集有代表性的水样，样品采集后不必加入保存剂。

3.5.4　仪器与器皿

（1）锥形瓶（250 mL）；棕色酸式滴定管（25 mL）。

（2）实验室常备的其他玻璃器皿和小型仪器。

3.5.5　试剂

（1）氯化钠标准溶液，$c(NaCl)＝0.01400$ mol/L：将氯化钠（NaCl）置于坩埚内，在 500～600 ℃灼烧 40～50 min，置于干燥器中冷却。称取 8.182 g 溶于纯水中，全量转移至 1000 mL

容量瓶,定容。取 10.00 mL,用纯水定容至 100 mL,此溶液每毫升含 0.500 mg 氯离子。贮存于试剂瓶中,可稳定数月。

(2)硝酸银标准溶液,$c(AgNO_3)$ 约为 0.014 mol/L,准确浓度由标定结果确定:称取 2.4 g 硝酸银($AgNO_3$),溶于纯水中并定容至 1000 mL,贮存于棕色瓶中,可稳定数月。临用时用氯化钠标准溶液标定,步骤如下:

取 0.01400 mol/L 氯化钠标准溶液 25.00 mL 置于 250 mL 锥形瓶中,加纯水 25 mL。另取一个 250 mL 锥形瓶,取 50 mL 纯水作为空白。各加入 1 mL 铬酸钾指示溶液,在不断摇动下用硝酸银溶液滴定,至砖红色沉淀刚刚出现,记录用量。按下式计算硝酸银浓度:

$$c(AgNO_3) = \frac{25.00 \times 0.01400}{V - V_0}$$

(式 3.5.3)

式中,$c(AgNO_3)$ 为硝酸银标准溶液浓度,mol/L;V 为滴定氯化钠标准溶液所消耗的硝酸银溶液体积,mL;V_0 为滴定空白溶液消耗的硝酸银溶液体积,mL。

(3)铬酸钾指示剂溶液,$c(K_2CrO_4) = 50$ g/L:称取 5.0 g 铬酸钾(K_2CrO_4)溶于少量纯水中,滴加上述硝酸银溶液至有砖红色沉淀生成,摇匀,静置 12 h 后过滤,取滤液用纯水稀释至 100 mL,贮存于棕色瓶中,可稳定数月。

(4)氢氧化钠溶液,$c(NaOH) = 0.05$ mol/L:称取 0.2 g 氢氧化钠($NaOH$),溶于纯水中并稀释至 100 mL,贮存于聚乙烯瓶中,可长期稳定。

(5)酚酞指示剂溶液,$c(酚酞) = 5.0$ g/L:称取 0.50 g 酚酞,溶于 50 mL 乙醇[C_2H_5OH,95%(V/V)]中,加纯水 50 mL,再滴加 0.05 mol/L 氢氧化钠溶液至溶液呈微红色,贮存于棕色试剂瓶中,可稳定数月。

(6)硫酸溶液,$c(H_2SO_4) = 0.025$ mol/L:将 1.4 mL 浓硫酸(H_2SO_4,$\rho = 1.84$ g/mL)缓慢倒入 1000 mL 纯水中,搅拌均匀,贮存于试剂瓶中,可长期稳定。

3.5.6 测定步骤

(1)样品预处理。若无以下各种干扰,此预处理步骤可省去。

如果水样浑浊或带有颜色,则需加氢氧化铝悬浮液进行处理。如果水样有机物含量高或色度大,则可采用蒸干后灰化法处理;少量有机物的干扰可用高锰酸钾处理。如果水样中含有硫化物、亚硫酸盐或硫代硫酸盐,则将水样调节至中性或弱碱性,加入过氧化氢溶液处理。这些预处理的详细步骤,见本节参考文献。

(2)调节水样 pH。如水样的 pH 在 6.5~10.5 范围内,则可直接滴定,超出此范围的水样应调节 pH。以酚酞为指示剂,用 0.025 mol/L 硫酸溶液或 0.05 mol/L 氢氧化钠溶液调节 pH 至 8.0 左右,即酚酞的紫红色刚刚褪去。

(3)滴定。取 50.00 mL 水样或经过处理的水样置于 250 mL 锥形瓶中;另取一锥形瓶加入 50.00 mL 纯水做空白。各加入 1 mL 铬酸钾指示溶液,用硝酸银标准溶液滴定,砖红色沉淀刚刚出现即为终点,记录硝酸银溶液用量。

3.5.7 计算

$$c(Cl^-, mg/L) = \frac{(V_2 - V_1) \times c_1 \times 35.45 \times 1000}{V}$$

(式 3.5.4)

式中，V_1 为纯水（空白）消耗硝酸银标准溶液体积，mL；V_2 为水样消耗硝酸银标准溶液体积，mL；c_1 为硝酸银标准溶液浓度，mol/L；V 为水样体积，mL；35.45 为氯离子（Cl^-）摩尔质量，g/mol；1000 为单位换算系数。

3.5.8　注意事项

（1）本方法适用于天然水中氯化物测定。对于咸水、海水等矿化度高的水及经过各种预处理的生活污水和工业废水，可适当稀释水样或提高硝酸银标准溶液浓度，再行测定。

（2）注意控制水样的 pH。强酸性介质中，CrO_4^{2-} 会转化为 $Cr_2O_7^{2-}$，影响等当点时铬酸银沉淀的生成。强碱性介质中，银离子会形成氧化银沉淀，同样影响测定结果。

（3）铬酸钾溶液的浓度影响终点到达的迟早，加入量必须充足。此外，由于稍过量的硝酸银会与铬酸钾形成铬酸银沉淀，导致终点较难判断，故需以纯水做空白滴定，作为对照，使终点色调一致。硝酸银加入量略过终点，误差不超过 0.1%，可通过空白测定消除。

3.5.9　思考题

（1）为什么测定氯化物的水样不必加保存剂？

（2）配制铬酸钾指示剂溶液时，要滴加硝酸银溶液至有砖红色沉淀生成。为什么要加入硝酸银？

（3）指示剂铬酸钾溶液的浓度会影响终点到达的迟早，为什么？如果指示剂加入过量，则可能产生什么影响？

参考文献

中国环境监测总站. 水和废水无机及综合指标监测分析方法［M］. 北京：中国环境出版集团，2022：130-133.

（执笔：袁东星　马　剑）

3.6 总硬度的测定(络合滴定法)

3.6 Determination of Total Hardness
(with complexometric titration)

实验目的:掌握总硬度的测定方法;掌握滴定分析法的基本技能和络合滴定法;了解硬度的定义。

3.6.1 概述

地球上,钙和镁的元素丰度分别位居第五位和第八位。在锅炉、管道和炊具内,水中的碳酸氢钙和碳酸氢镁受热会分解,生成水垢。

硬度有不同定义,如总硬度、碳酸盐硬度和非碳酸盐硬度等。总硬度指的是水中钙离子(Ca^{2+})和镁离子(Mg^{2+})的总量,包括碳酸盐硬度和非碳酸盐硬度。碳酸盐硬度又称暂时硬度,相当于与碳酸氢根结合的钙、镁所形成的硬度。钙、镁的重碳酸盐遇热生成沉淀,从而从水中去除,如下式所示:

$$Ca(HCO_3)_2 \xrightarrow{\triangle} CaCO_3 \downarrow + CO_2 \uparrow + H_2O \qquad (式 3.6.1)$$

$$Mg(HCO_3)_2 \xrightarrow{\triangle} Mg(OH)_2 \downarrow + 2CO_2 \uparrow \qquad (式 3.6.2)$$

非碳酸盐硬度又称永久硬度,指钙、镁以氯化物、硫酸盐和硝酸盐形式形成的硬度。水在普通气压下沸腾,体积不变时,它们不生成沉淀,不能从水中去除。

总硬度的测定方法主要有化学分析法和仪器分析法。本节介绍乙二胺四乙酸(ethylenediamine tetraacetic acid,EDTA)滴定法,其适用于地下水和地表水,不适用于含盐高的水如海水,测定的最低浓度为 0.05 mmol/L。

3.6.2 方法原理

在 pH 为 10 的条件下,用 EDTA 溶液络合滴定钙/镁离子,作为指示剂的铬黑 T 与钙/镁形成紫红或紫色化合物。滴定过程中,游离的钙/镁离子首先与 EDTA 反应,与指示剂络合的钙/镁随后才会与 EDTA 反应。到达终点时,所有钙/镁-铬黑 T 络合物全部转化为无色的钙/镁-EDTA 络合物,此时溶液的颜色由紫色变为指示剂本身的亮蓝色。

3.6.3 样品的采集、保存与处理

采样瓶为容积约 250 mL 的洁净玻璃瓶或聚乙烯瓶,需事先干燥或用水样清洗数遍。采集自来水或有抽水设备的水样时,应先放水数分钟,弃去积留在水管中的含沉淀杂质的

水,再将水样采集至瓶中。

如水样中存在大量微小颗粒物,则需在采样后尽快用 0.45 μm 孔径滤器过滤。

水样采集后应于 24 h 内完成测定,否则,每升水样中应加 2 mL 浓硝酸,使 pH 为 1.5 左右。如果水样经过酸化,则测定前可用氢氧化钠溶液中和;计算结果时,应把加酸或碱的稀释体积考虑在内。

3.6.4 仪器与器皿

(1)锥形瓶(250 mL);棕色酸式滴定管(25 mL)。

(2)实验室常备的其他玻璃器皿和小型仪器。

3.6.5 试剂

(1)缓冲溶液,pH=10:称取 1.25 g EDTA 二钠镁($Na_2MgC_{10}H_{12}N_2O_8$)和 16.9 g 氯化铵(NH_4Cl)溶于 143 mL 氨水($NH_3 \cdot H_2O$)中,用纯水稀释至 250 mL。贮存于聚乙烯瓶中,4 ℃下可稳定数月。如无 EDTA 二钠镁,可参照本节参考文献所述方法进行配制和调整。

(2)钙标准溶液,$c(Ca^{2+})$=0.01000 mol/L=0.4008 g/L:将碳酸钙($CaCO_3$)于 150 ℃烘 2 h,放在干燥器中冷却至室温;准确称取 1.000 g 碳酸钙置于 500 mL 锥形瓶中,用纯水湿润。逐滴加入 4.0 mol/L 盐酸溶液至碳酸钙完全溶解,注意勿使酸过量。加 200 mL 纯水,煮沸数分钟以驱除二氧化碳,冷却至室温。加入数滴甲基红指示剂,再逐滴加入 3 mol/L 氨水至指示剂变为橙色,定容至 1000 mL,贮存于试剂瓶中,可稳定数月。

(3)EDTA 二钠标准溶液,$c(Na_2EDTA)$约为 0.01 mol/L,准确浓度由标定结果确定:称取 3.725 g 二水合 EDTA 二钠盐($Na_2C_{10}H_{14}N_2O_8 \cdot 2H_2O$),溶于纯水,定容至 1000 mL,贮存于聚乙烯瓶中,可稳定数月。临用时取 0.01000 mol/L 钙标准溶液 20.00 mL 稀释至 50 mL,按章节 3.6.6 的步骤,标定 EDTA 二钠标准溶液,按下式计算浓度:

$$c(Na_2EDTA, mol/L) = \frac{20.00 \times 0.01000}{V} \qquad (式 3.6.3)$$

式中,V 为滴定钙标准溶液所消耗的 EDTA 二钠溶液体积,mL。

(4)铬黑 T 指示剂溶液,$c(铬黑 T)$=5 g/L:将 0.5 g 铬黑 T($C_{20}H_{12}N_3NaO_7S$)溶于 100 mL 三乙醇胺($C_6H_{15}NO_3$),贮存在棕色瓶中,4 ℃下可稳定数月。可用适量(最多 25 mL)乙醇(C_2H_5OH)代替三乙醇胺,以减小溶液的黏性。亦可配成铬黑 T 指示剂干粉:称取 0.5 g 铬黑 T 与 100 g 氯化钠(NaCl)充分研细混匀,贮存于棕色瓶中,注意密封,可稳定 1 年。

(5)甲基红指示剂溶液,$c(甲基红)$=1.0 g/L:称取 0.10 g 甲基红($C_{15}H_{15}N_3O_2$),溶解于 100 mL 60%(V/V)乙醇水溶液中,贮存在棕色瓶中,4 ℃下可稳定数月。

(6)氢氧化钠溶液,$c(NaOH)$=2.0 mol/L:将 8.0 g 氢氧化钠(NaOH)溶于 100 mL 新煮沸放冷的纯水中,贮存在聚乙烯瓶中,可长期稳定。

(7)盐酸溶液,$c(HCl)$=4.0 mol/L:吸取 34 mL 浓盐酸(HCl,ρ=1.19 g/mL),用纯水稀释至 100 mL,贮存在试剂瓶中,可长期稳定。

(8)氨水溶液，$c(NH_3 \cdot H_2O) = 3$ mol/L：吸取 21 mL 氨水（$NH_3 \cdot H_2O$，25％～28％），用纯水稀释至 100 mL，贮存在试剂瓶中，可长期稳定。

3.6.6 测定步骤

吸取 50.00 mL 水样，置于 250 mL 锥形瓶中，加 4 mL 缓冲溶液和 3 滴铬黑 T 指示剂溶液（或加 50～100 mg 指示剂干粉），此时溶液应呈紫红或紫色，pH 应为 10.0 ± 0.1。立即在不断充分振摇下用 EDTA 二钠标准溶液滴定。刚开始滴定时速度宜稍快，接近终点时宜稍慢，每滴间隔 2～3 s。滴定至紫色消失刚出现亮蓝色，即为终点。整个滴定过程应在 5 min 内完成。记录所消耗 EDTA 二钠标准溶液的体积。

3.6.7 计算

$$c(\text{总硬度，mmol/L}) = \frac{c_1 \times V \times 1000}{50.00} \qquad (\text{式 3.6.4})$$

式中，c_1 为 EDTA 二钠标准溶液浓度，mol/L；V 为滴定消耗的 EDTA 二钠溶液体积，mL；1000 为单位换算系数；50.00 为取样体积，mL。

1 mmol/L 相当于 100.1 mg/L 以 $CaCO_3$ 表示的硬度。

3.6.8 注意事项

(1)为防止在碱性溶液中产生碳酸钙及氢氧化镁沉淀，滴定时所取的 50.00 mL 水样中钙和镁总量不可超过 3.6 mmol/L。如果超过 3.6 mmol/L，则应予以稀释，并记录稀释因子(F)，计算时予以修正。

(2)到达终点之前，每加 1 滴 EDTA 二钠溶液，都应充分振摇，并控制好每滴时间间隔。

(3)缓冲溶液在夏天长期存放或经常打开瓶塞，会引起氨水浓度降低，使 pH 下降，所以应冷藏保存。

(4)如试样含铁离子且不超过 30 mg/L，则可在临滴定前加入数毫升三乙醇胺掩蔽。如试样含正磷酸盐超过 1 mg/L，则在滴定的 pH 条件下可使钙生成沉淀。如滴定速度太慢，或钙含量超过 100 mg/L，则会析出碳酸钙沉淀。如上述干扰未能消除，或存在铝、钡、铅、锰等离子干扰时，则建议改用仪器分析法测定。

3.6.9 思考题

(1)配制缓冲溶液时，为什么可以采用含被测物质镁的 EDTA 二钠镁？

(2)为什么不直接用氯化钙配制钙标准溶液？

(3)EDTA 含有 4 个羧基，可形成负四价的阴离子，为什么与钙镁仅以 1：1 络合？

3.6.10 附录

不同国家对硬度有不同定义：

(1)德国硬度：以 CaO 计，1 德国硬度相当于 10 mg/L 或 0.178 mmol/L CaO。

（2）英国硬度：以 $CaCO_3$ 计，1 英国硬度相当于 1 格令/加仑或 0.143 mmol/L $CaCO_3$。

（3）法国硬度：以 $CaCO_3$ 计，1 法国硬度相当于 10 mg/L 或 0.1 mmol/L $CaCO_3$。

（4）美国硬度：以 $CaCO_3$ 计，1 美国硬度相当于 1 mg/L 或 0.01 mmol/L $CaCO_3$。

参考文献

中国环境监测总站. 水和废水无机及综合指标监测分析方法［M］. 北京：中国环境出版集团，2022：451-454.

（执笔：袁东星　李权龙）

3.7 碱度(总碱度、重碳酸盐和碳酸盐)的测定 (酸碱指示剂滴定法和电位滴定法)

3.7 Determination of Alkalinity (Total Alkalinity, Bicarbonate and Carbonate) (with acid-base titration and potentiometric titration)

实验目的:掌握碱度的定义及测定方法;掌握酸碱指示剂滴定法;了解电位滴定法和滴定曲线的绘制。

3.7.1 概述

水的碱度指水中能与强酸定量作用的物质的总和,代表中和酸的能力。

地表水的碱度主要由碳酸盐、重碳酸盐及氢氧化物组成,故总碱度可被视为这些成分浓度的总和。但水中的硼酸盐、磷酸盐或硅酸盐对总碱度亦有贡献。废水及其他复杂体系的水体中,总碱度还包括有机碱类、金属水解性盐类等。因此,碱度成为一种水质的综合性指标,常用于评价水体的缓冲能力及金属在其中的溶解性和毒性。

碱度的测定值因使用的指示剂指示终点 pH 的不同而有很大的差异,只有当试样中的化学组成已知时,才能解释为具体的物质。对于天然水和未受污染的地表水,以酚酞为指示剂,用酸滴定至 pH 为 8.3,得到的碱度为酚酞碱度;以甲基橙为指示剂,用酸滴定至 pH 为 4.4~4.5,得到的碱度为甲基橙碱度。通过计算,可求出相应的碳酸盐、重碳酸盐和氢氧根离子的含量。但对于组分复杂的废水和污水,由于水中物质的组分难以确定,这种计算无实际意义。

用标准酸滴定,是各种测定水中碱度方法的基础。水中碱度的测定方法有酸碱指示剂滴定法和电位滴定法。指示剂判断滴定终点的方法简便快速,适用于天然水和未受污染水的例行分析。电位滴定法根据电位滴定曲线在终点时的突跃,确定特定 pH 对应的碱度,不受水样浊度、色度的影响,适用范围较广。

3.7.2 样品的采集与保存

水样采集于干净塑料瓶中,于 4 ℃下保存,分析前不应打开瓶塞。水样不能过滤、稀释或浓缩。样品应于采集后当天进行分析,尤其是样品含有可水解盐类或含氧化还原物质时,应及时分析。

3.7.3 酸碱指示剂滴定法

3.7.3.1 方法原理

水样用标准盐酸溶液滴定,其终点可根据加入的酸碱指示剂在规定的 pH 下颜色的变化来判断。

使用酚酞指示剂,溶液颜色由紫红色变为无色时,pH 为 8.3,此时水中氢氧根离子(OH^-)被中和,碳酸盐(CO_3^{2-})均转化为重碳酸盐(HCO_3^-),反应如下:

$$OH^- + H^+ =\!=\!= H_2O \qquad\qquad (式 3.7.1)$$

$$CO_3^{2-} + H^+ =\!=\!= HCO_3^- \qquad\qquad (式 3.7.2)$$

使用甲基橙指示剂,溶液颜色由橘黄色变为橘红色时,pH 为 4.4~4.5,此时水中的重碳酸盐(包括水中原有的和由碳酸盐转化成的)被中和,反应如下:

$$HCO_3^- + H^+ =\!=\!= H_2O + CO_2 \qquad\qquad (式 3.7.3)$$

根据到达终点时所消耗的盐酸标准溶液的量,可以计算出水中碳酸盐、重碳酸盐及总碱度。

酸碱指示剂滴定法不适用于污水,水样浑浊、有颜色或含有能使指示剂褪色的氧化还原性物质,均会干扰测定,此时可采用电位滴定法测定。

3.7.3.2 仪器与器皿

(1)酸式滴定管(50 mL);锥形瓶(250 mL)。

(2)实验室常备的其他玻璃器皿和小型仪器。

3.7.3.3 试剂

(1)无二氧化碳实验用水:制备和稀释标准溶液用。临用前将纯水煮沸 15 min,冷却至室温;pH 应高于 6.0;电导率低于 2 μS/cm。

(2)碳酸钠标准溶液,$c(Na_2CO_3) = 0.0125$ mol/L:将碳酸钠(Na_2CO_3)基准试剂于 250 ℃烘 4 h,干燥器中冷却至空温;准确称取 1.3249 g,溶于少量无二氧化碳水中,定容至 1000 mL;贮于聚乙烯瓶中,保存时间不得超过 1 周。

(3)甲基橙指示剂,$c(甲基橙) = 0.05\%(m/V)$:称取 0.05 g 甲基橙($C_{14}H_{14}N_3SO_3Na$)溶于 100 mL 无二氧化碳水中,贮存在棕色瓶中,4 ℃下可稳定数月。

(4)盐酸标准溶液,$c(HCl)$ 约为 0.025 mol/L,贮存在试剂瓶中,可长期稳定。准确浓度由标定结果确定:吸取 2.1 mL 浓盐酸($HCl,\rho = 1.19$ g/mL),稀释至 1000 mL,用碳酸钠标准溶液标定,步骤如下:

取 0.0125 mol/L 碳酸钠标准溶液 25.00 mL 置于 250 mL 锥形瓶中,加无二氧化碳水至 100 mL。加入 3 滴甲基橙指示剂,用盐酸溶液滴定至橘黄色刚好变成橘红色,记录用量。按下式计算盐酸溶液浓度:

$$c(HCl, mol/L) = \frac{25.00 \times 0.0125 \times 2}{V} \qquad\qquad (式 3.7.4)$$

式中,V 为滴定碳酸钠标准溶液所消耗的盐酸溶液体积,mL;2 为盐酸对碳酸钠的化学计量比(参见式 3.7.2 和式 3.7.3)。

(5)酚酞指示剂,c(酚酞)$=0.5\%(m/V)$:称取 0.5 g 酚酞,溶于 50 mL 95%(V/V)的乙醇(C_2H_5OH)中,用无二氧化碳水稀释至 100 mL,贮存在棕色瓶中,4 ℃下可稳定数月。

3.7.3.4 测定步骤

(1)取 100 mL 水样,置于 250 mL 锥形瓶中,加入 4 滴酚酞指示剂,摇匀。如果溶液呈紫红色,用盐酸标准溶液滴定至刚好无色,记录所消耗的盐酸标准溶液体积。如果加酚酞指示剂后溶液呈无色,即不存在碳酸盐,则不需用盐酸标准溶液滴定,直接进行下述操作。

(2)向上述锥形瓶中加入 3 滴甲基橙指示剂,摇匀。继续用盐酸标准溶液滴定至溶液由橘黄色刚刚变为橘红色,记录所消耗的盐酸标准溶液体积。

后续的计算见章节 3.7.5。

3.7.3.5 注意事项

当水样中总碱度小于 20 mg/L 时,可改用 0.01 mol/L 盐酸标准溶液滴定,或改用 10 mL 容量的微量滴定管,以提高测定精度。

3.7.4 电位滴定法

3.7.4.1 方法原理

以玻璃电极为指示电极,甘汞电极为参比电极;或采用复合电极。水样用盐酸标准溶液滴定,其终点通过 pH 计或电位滴定仪指示。

以 pH$=8.3$ 表示水样中氢氧化物被中和及碳酸盐转化为重碳酸盐时的终点,其与酚酞指示剂刚褪色时的 pH 相当。以 pH$=4.4\sim4.5$ 表示水中重碳酸盐(包括原有重碳酸盐和滴定过程中由碳酸盐转成的重碳酸盐)被中和的终点,其与甲基橙指示剂刚变为橘红色的 pH 相当。

亦可绘制滴定曲线,即滴定过程中 pH 对盐酸标准溶液用量的曲线,利用曲线上的突跃点来确定滴定终点。

3.7.4.2 仪器与器皿

(1)pH 计(±0.01 pH,最好带有自动温度补偿功能)(参见附录 F-2);配备玻璃电极和甘汞电极,一般采用复合电极;磁力搅拌器和搅拌子。

(2)滴定管(50 mL);高型烧杯(200 mL)。

(2)实验室常备的其他玻璃器皿和小型仪器。

3.7.4.3 试剂

(1)无二氧化碳实验用水。

(2)碳酸钠标准溶液,$c(Na_2CO_3)=0.0125$ mol/L。

(3)盐酸标准溶液,$c(HCl)$约为 0.025 mol/L,准确浓度由标定结果确定。

上述 3 种试剂的制备,见章节 3.7.3.3。

3.7.4.4 测定步骤

(1)准备好 pH 计和电极,按使用说明书(参见附录 F-2),用 pH 标准缓冲溶液进行校准。

(2)由 pH 确定终点：取 100 mL 水样，置于 200 mL 高型烧杯中，放入磁力搅拌子，置于磁力搅拌器上；小心地放入电极，开启磁力搅拌器，用盐酸标准溶液滴定；当滴定至 pH＝8.3 时，到达第一个终点，即酚酞指示的终点，记录所消耗的盐酸标准溶液体积；继续用盐酸标准溶液滴定，当滴定至 pH＝4.4～4.5，到达第二个终点，即甲基橙指示的终点，记录所消耗的盐酸标准溶液体积。

(3)由滴定曲线确定终点：取 100 mL 水样，置于 200 mL 高型烧杯中，放入磁力搅拌子，置于磁力搅拌器上；小心地放入电极，开启磁力搅拌器，用盐酸标准溶液滴定。滴定时，每滴加一定体积的盐酸标准溶液，记录一次 pH，当 pH 临近 8.3 和 4.4～4.5 时，滴加盐酸的量应减少，控制在 0.1 mL 以内，pH 到达 3.5 附近时停止滴定。以记录的消耗盐酸标准溶液的体积(V)对 pH 绘制(V-pH)滴定曲线，曲线上的转折点对应的 V 即为滴定终点。亦可以记录的消耗盐酸标准溶液的体积(V)对 $\Delta pH/\Delta V$ 绘制(V-$\Delta pH/\Delta V$)滴定曲线，曲线上呈现尖峰极大的点对应的 V 即为滴定终点。记下各滴定终点对应的盐酸标准溶液体积。

后续的计算见章节 3.7.5。

3.7.4.5 注意事项

(1)脂肪酸、油状物质、悬浮固体或沉淀物会覆盖在玻璃电极表面导致其响应迟缓。但由于这些物质亦可能对碱度有所贡献，因此不能用过滤的方法除去。为消除其干扰，可减慢滴定剂加入速度或延长滴定剂滴入的间歇时间，并充分搅拌至反应达到平衡后再增加滴定剂。搅拌应采用磁力搅拌器或机械法，不能通气搅拌。

(2)组分复杂的水样，可能由于某些盐类水解反应较慢，不易达到电极反应平衡，导致滴定曲线突跃点不明显。可减慢滴定剂加入速度或延长滴定剂滴入的间歇时间，并充分搅拌以加快达到平衡。

(3)工业废水或组分复杂的水样，可以 pH＝3.7 指示总碱度的滴定终点。

3.7.5 计算

3.7.5.1 碱度的组成

对于多数天然水样，碱性化合物在水中所产生的碱度有 5 种情形。为说明方便，以酚酞为指示剂时滴定至颜色变化所消耗标准酸溶液的体积为 P(mL)；在此基础上，再以甲基橙为指示剂，滴定至颜色变化时标准酸溶液的消耗体积为 M(mL)，则标准酸溶液总消耗体积为 T(mL)。

$$T = P + M \qquad \text{(式 3.7.5)}$$

以下讨论几种情况：

(1)$P＝T$，即 $M＝0$。此处 $M＝0$，仅有酚酞指示的终点，说明原水样中不含有碳酸盐和重碳酸盐，P 对应水中所含氢氧化物的量。

(2)$P＞\frac{1}{2}T$。此处 $M＞0$，表明有碳酸盐存在，碳酸盐的量为 $2M＝2(T-P)$(2 为盐酸对碳酸盐的化学计量比，参见式 3.7.2 和式 3.7.3。下同。)。由于 $P＞M$，即滴定至酚酞终点所需的标准酸体积大于在酚酞终点上再滴至甲基橙终点所需的标准酸体积，说明原水样中有氢氧化物存在,氢氧化物的量为 $T-2M=T-2(T-P)=2P-T$。

(3)$P=\dfrac{1}{2}T$,即 $P=M$。此处滴定至酚酞终点所需的标准酸体积等于在酚酞终点上再滴至甲基橙终点所需的标准酸体积,说明水中仅有碳酸盐。M 对应碳酸盐的量的一半,碳酸盐的量为 $2P=2M=T$。

(4)$P<\dfrac{1}{2}T$。此处 $M>P$,滴定至酚酞终点所需的标准酸体积小于在酚酞终点上再滴至甲基橙终点所需的标准酸体积,说明重碳酸盐的量比较大;M 为水样中原有的重碳酸盐和滴定过程中由碳酸盐转化成的重碳酸盐之和。碳酸盐的量对应于 $2P$,重碳酸盐的量则为 $T-2P$。

(5)$P=0$。此处 $T=M$,仅有甲基橙指示的终点,说明水中只有重碳酸盐存在。

以上 5 种情形的碱度,示于表 3-7-1 中。

表 3-7-1 碱度的组成

滴定结果	氢氧化物 (OH^-)	碳酸盐 (CO_3^{2-})	重碳酸盐 (HCO_3^-)
$P=T$	P	0	0
$P>\dfrac{1}{2}T$	$2P-T$	$2(T-P)$	0
$P=\dfrac{1}{2}T$	0	$2P$	0
$P<\dfrac{1}{2}T$	0	$2P$	$T-2P$
$P=0$	0	0	T

3.7.5.2 总碱度、碳酸盐和重碳酸盐含量

$$总碱度(以\ CaO\ 计,mg/L)=\frac{c\times(P+M)\times28.04\times1000}{V} \qquad (式\ 3.7.6)$$

$$总碱度(以\ CaCO_3\ 计,mg/L)=\frac{c\times(P+M)\times50.05\times1000}{V} \qquad (式\ 3.7.7)$$

式中,c 为盐酸标准溶液浓度,mol/L;V 为水样体积,一般取 100 mL;P 为酚酞指示剂对应的盐酸标准溶液体积;M 为在酚酞终点上再滴至甲基橙终点所需的盐酸标准溶液体积(注意:不是滴定至甲基橙终点所需的盐酸标准溶液的总体积!),mL;28.04 和 50.05 分别为氧化钙和碳酸钙摩尔质量的 1/2(1∶2 为氧化钙或碳酸钙对盐酸的化学计量比,参见式 3.7.2 和式 3.7.3),g/mol;1000 为单位换算系数。

式 3.7.6 和式 3.7.7 为总碱度的通用计算公式。下面分析 5 种情形下的各种碱度,式 3.7.8 至式 3.7.24 中的符号标识和数字说明同上。

(1)当 $P=T$ 时,$M=0$,总碱度仅由氢氧化物产生。

$$总碱度(以\ CaO\ 计,mg/L)=\frac{c\times P\times28.04\times1000}{V} \qquad (式\ 3.7.8)$$

$$总碱度(以\ CaCO_3\ 计,mg/L)=\frac{c\times P\times50.05\times1000}{V} \qquad (式\ 3.7.9)$$

碳酸盐浓度 $c(CO_3^{2-}) = 0$

重碳酸盐浓度 $c(HCO_3^-) = 0$

(2)当 $P > \frac{1}{2}T$ 时,总碱度为碳酸盐碱和氢氧化物产生的碱度之和。

$$碳酸盐碱度(以 CaO 计,mg/L) = \frac{c \times 2(T-P) \times 28.04 \times 1000}{V}$$

(式 3.7.10)

$$碳酸盐碱度(以 CaCO_3 计,mg/L) = \frac{c \times 2(T-P) \times 50.05 \times 1000}{V}$$

(式 3.7.11)

$$碳酸盐碱度(以 \tfrac{1}{2}CO_3^{2-} 计,mol/L) = \frac{c \times 2(T-P) \times 1000}{V}$$ (式 3.7.12)

重碳酸盐浓度 $c(HCO_3^-) = 0$

(3)当 $P = \frac{1}{2}T$ 时,$P = M$,总碱度仅包含碳酸盐碱度。

$$碳酸盐碱度(以 CaO 计,mg/L) = \frac{c \times 2P \times 28.04 \times 1000}{V}$$ (式 3.7.13)

$$碳酸盐碱度(以 CaCO_3 计,mg/L) = \frac{c \times 2P \times 50.05 \times 1000}{V}$$ (式 3.7.14)

$$碳酸盐碱度(以 \tfrac{1}{2}CO_3^{2-} 计,mol/L) = \frac{c \times 2P \times 1000}{V}$$ (式 3.7.15)

重碳酸盐浓度 $c(HCO_3^-) = 0$

(4)当 $P < \frac{1}{2}T$ 时,总碱度为碳酸盐碱度和重碳酸盐碱度之和。

$$碳酸盐碱度(以 CaO 计,mg/L) = \frac{c \times 2P \times 28.04 \times 1000}{V}$$ (式 3.7.16)

$$碳酸盐碱度(以 CaCO_3 计,mg/L) = \frac{c \times 2P \times 50.05 \times 1000}{V}$$ (式 3.7.17)

$$碳酸盐碱度(以 \tfrac{1}{2}CO_3^{2-} 计,mol/L) = \frac{c \times 2P \times 1000}{V}$$ (式 3.7.18)

$$重碳酸盐碱度(以 CaO 计,mg/L) = \frac{c \times (T-2P) \times 28.04 \times 1000}{V}$$

(式 3.7.19)

$$重碳酸盐碱度(以 CaCO_3 计,mg/L) = \frac{c \times (T-2P) \times 50.05 \times 1000}{V}$$

(式 3.7.20)

$$重碳酸盐碱度(以 HCO_3^- 计,mol/L) = \frac{c \times (T-2P) \times 1000}{V}$$ (式 3.7.21)

(5)当 $P = 0$ 时,$T = M$,总碱度仅包含重碳酸盐碱度。

碳酸盐浓度 $c(CO_3^{2-}) = 0$

$$重碳酸盐碱度(以 CaO 计,mg/L) = \frac{c \times T \times 28.04 \times 1000}{V}$$ (式 3.7.22)

$$重碳酸盐碱度(以 CaCO_3 计,mg/L) = \frac{c \times T \times 50.05 \times 1000}{V} \quad (式\ 3.7.23)$$

$$重碳酸盐碱度(以 HCO_3^- 计,mg/L) = \frac{c \times T \times 1000}{V} \quad (式\ 3.7.24)$$

3.7.6 思考题

(1)为什么要用无二氧化碳的水配制和稀释标准溶液？能否将其用于稀释水样？为什么？

(2)比较 pH＝8.3 和 pH＝4.5 对应的标准酸体积与滴定曲线突跃点对应的标准酸体积。两者有差别吗？为什么？

(3)比较水样的 pH 与碱度的定义。在什么情况下水样的 pH 等同于碱度？

参考文献

中国环境监测总站.水和废水无机及综合指标监测分析方法[M].北京:中国环境出版集团,2022:46-51.

(执笔:李权龙　袁东星)

3.8　溶解氧的测定(氧化还原滴定法)

3.8　Determination of Dissolved Oxygen (with redox titration)

实验目的:掌握溶解氧样品的采集和固定技术;掌握溶解氧的碘量法测定方法。

3.8.1　概述

溶解氧(dissolved oxygen,DO)指的是溶解在水中的分子态氧,其含量与空气中氧的分压、大气压力、水温、水质有密切关系,故成为水质的重要指标之一。洁净地表水的溶解氧一般接近饱和,约为 9 mg/L。水中如果有藻类生长,因光合作用而释放出氧,溶解氧可能过饱和。海水中溶解氧一般约为地表水中的 80%。水中过量生长的藻类死亡、腐败,或水体受还原性物质污染,可消耗溶解氧。废水中溶解氧的含量一般较低,差异较大。

溶解氧的测定常采用碘量法及其修正法、膜电极法和溶解氧仪测定法。碘量法属于氧化还原滴定法,本节介绍此法。

3.8.2　方法原理

水样中分别加入硫酸锰和碱性碘化钾,水中溶解氧将低价锰氧化成高价锰,生成四价锰的氢氧化物棕色沉淀。加酸溶解沉淀,碘离子与四价锰反应,释放出与溶解氧含量相当的游离碘。以淀粉为指示剂,用硫代硫酸钠滴定释出的碘,换算溶解氧的含量。相关反应式如下:

$$MnSO_4 + 2NaOH = Na_2SO_4 + Mn(OH)_2 \downarrow (白色) \qquad (式 3.8.1)$$

$$2Mn(OH)_2 + O_2 = 2MnO(OH)_2 \downarrow (棕色) \qquad (式 3.8.2)$$

$$MnO(OH)_2 + 2H_2SO_4 = Mn(SO_4)_2 + 3H_2O \qquad (式 3.8.3)$$

$$Mn(SO_4)_2 + 2KI = MnSO_4 + K_2SO_4 + I_2 \qquad (式 3.8.4)$$

$$I_2 + 2Na_2S_2O_3 = 2NaI + Na_2S_4O_6 \qquad (式 3.8.5)$$

3.8.3　水样的采集与保存

用溶解氧瓶装盛水样。将乳胶管的一端接上玻璃管,另一端接在采水器的出水口或插入其中;利用虹吸或重力,先放出少量水样冲洗溶解氧瓶;然后将玻璃管插到瓶底部,沿瓶壁慢慢引入水样;待水样装满并溢流出溶解氧瓶容积的 1/2 后,将玻璃管慢慢抽出。采样时避免水样暴露于空气中,不得引入气泡。

为防止溶解氧变化,水样采集后应立即加固定剂(见测定步骤)、密封、冷藏,有效保存时间为 24 h。

注意采集平行样。同时记录水温和大气压力。

3.8.4 仪器与器皿

(1)溶解氧瓶或碘量瓶(250～300 mL);玻璃管(直径 5～6 mm,长约 10 cm);乳胶管(直径同玻璃管,长 50～70 cm)。

(2)移液管、滴定管、锥形瓶等实验室常备玻璃器皿和分析天平等小型仪器。

3.8.5 试剂

(1)硫酸锰溶液,$c(MnSO_4)=2.15$ mol/L:称取硫酸锰(480 g $MnSO_4 \cdot 4H_2O$ 或 364 g $MnSO_4 \cdot H_2O$)溶于纯水中,定容至 1000 mL。将此溶液加至酸化的碘化钾溶液中,遇淀粉不得产生蓝色,即不得析出碘。

(2)碱性碘化钾溶液,$c(NaOH)=12.5$ mol/L,$c(KI)=0.90$ mol/L:称取 500 g 氢氧化钠(NaOH)溶解于 300～400 mL 纯水中,冷却;另称取 150 g 碘化钾(KI)溶于 200 mL 纯水中;将两溶液合并,混匀,用纯水定容至 1000 mL,贮于具橡皮塞的棕色瓶或包有铝箔纸的聚乙烯瓶中,避光保存。如有沉淀,则放置过夜后,取上清液。此溶液酸化后,遇淀粉不应呈蓝色。

(3)硫酸溶液,$c(H_2SO_4)=16\%(V/V)$:将 16 mL 浓硫酸(H_2SO_4,$\rho=1.84$ g/mL)缓慢倒入 84 mL 纯水中,搅拌均匀。

(4)淀粉溶液,$c(淀粉)=1\%(m/V)$:称取 1.0 g 可溶性淀粉,用少量纯水调成糊状,在不断搅拌下,用刚煮沸过的纯水冲稀至 100 mL;冷却后加入 0.1 g 水杨酸($C_7H_6O_3$)或 0.4 g 氯化锌($ZnCl_2$)防腐。

(5)重铬酸钾标准溶液,$c(K_2Cr_2O_7)=0.002083$ mol/L:将重铬酸钾($K_2Cr_2O_7$)于 120 ℃ 烘 1 h,至恒重;准确称取 0.6129 g 溶于纯水中,移入 1000 mL 容量瓶中,定容。

(6)硫代硫酸钠溶液,$c(Na_2S_2O_3)$ 约为 0.0065 mol/L,准确浓度由标定结果确定:称取 1.6 g 五水合硫代硫酸钠($Na_2S_2O_3 \cdot 5H_2O$)溶于煮沸冷却的纯水中,加入 0.2 g 碳酸钠(Na_2CO_3),用纯水稀释至 1000 mL,贮于棕色瓶中,使用前用 0.002083 mol/L 重铬酸钾标准溶液标定。方法如下:

于 250 mL 碘量瓶中,依次加入 100 mL 纯水、1 g 碘化钾、10.00 mL 重铬酸钾标准溶液、5 mL 16%(V/V)硫酸溶液,密塞,摇匀。于暗处静置 5 min 后,用待标定的硫代硫酸钠溶液滴定至溶液呈淡黄色,加入 1 mL 淀粉溶液,继续滴定至蓝色刚好褪色为止,记录用量。按下式计算浓度:

$$c(Na_2S_2O_3, mol/L) = \frac{10.00 \times 0.002083 \times 6}{V} \qquad (式 3.8.6)$$

式中,0.002083 为重铬酸钾标准溶液浓度,mol/L;6 为硫代硫酸钠对重铬酸钾的化学计量比(参见式 3.8.5 和式 3.8.7);V 为滴定重铬酸钾标准溶液所消耗的硫代硫酸钠溶液体积,mL。

注:滴定约消耗硫代硫酸钠溶液 20 mL。

相关反应式如下：

$$K_2Cr_2O_7 + 6KI + 7H_2SO_4 \xrightarrow{\hspace{1cm}} 4K_2SO_4 + Cr_2(SO_4)_3 + 7H_2O + 3I_2 \quad （式 3.8.7）$$

进一步，碘与硫代硫酸钠的反应，见式 3.8.5。

3.8.6 测定步骤

（1）溶解氧的固定。取样后在现场立即固定。将加液管管尖插入溶解氧瓶的液面下，慢慢加入 1 mL 硫酸锰溶液、2 mL 碱性碘化钾溶液，盖好瓶塞（瓶内不得有气泡），按住瓶塞将瓶颠倒混合至少 10 次，静置。待棕色沉淀物沉降至溶液体积的一半时，再颠倒混合至少 10 次，静置使沉淀物沉降至瓶底。在瓶塞处加水，形成水封。

（2）析出碘。轻轻打开瓶塞，立即把加液管管尖插入液面下，加入 2.0 mL 16%(V/V)硫酸溶液。盖好瓶塞，颠倒混合摇匀至沉淀物全部溶解，于暗处静置 5 min。如果沉淀物中含泥沙或藻类，则沉淀不会完全溶解。

（3）滴定。取 100.0 mL 上述澄清溶液于 250 mL 锥形瓶中，用硫代硫酸钠溶液滴定至溶液呈淡黄色，加入 1 mL 淀粉溶液，再缓慢滴定至蓝色刚好褪去为止；待 20 s 后，如果试液不再次呈现淡蓝色，即为终点，否则再滴加硫代硫酸钠溶液至蓝色褪去。记录硫代硫酸钠溶液用量。

3.8.7 计算

$$溶解氧(O_2, mg/L) = \frac{c \times V \times 8 \times 1000}{100} \quad （式 3.8.8）$$

式中，c 为硫代硫酸钠标准溶液浓度，mol/L；V 为滴定时消耗的硫代硫酸钠溶液体积，mL；8 为氧气摩尔质量的 1/4(1∶4 即氧气对硫代硫酸钠的化学计量比，参见式 3.8.2 至式 3.8.5)，g/mol；1000 为单位换算系数；100 为取样体积，mL。

3.8.8 注意事项

（1）水样有颜色或含氧化性及还原性物质、藻类、悬浮物等，会干扰测定，此时需要采用修正的碘量法。修正法包括叠氮化钠修正法、高锰酸钾修正法、明矾絮凝修正法、硫酸铜-氨基磺酸絮凝修正法等，请参阅有关标准和本节参考文献。

（2）水样中含有氧化性物质，如游离氯大于 0.1 mg/L，应进行硫代硫酸钠滴定体积的校正。即用两个溶解氧瓶取平行水样，在其中一瓶加入 5 mL 16%(V/V)硫酸溶液和 1 g 碘化钾，摇匀，此时生成的游离碘以淀粉为指示剂，用硫代硫酸钠溶液滴定至蓝色褪色，记下用量，此值相当于游离氯消耗的硫代硫酸钠体积。另一瓶水样按测定步骤测定。计算时校正游离氯所消耗的硫代硫酸钠体积。

（3）如果水样呈强酸性或强碱性，则可用氢氧化钠溶液或硫酸溶液调至中性后测定。

3.8.9 思考题

（1）水样有颜色，或含氧化性及还原性物质、藻类、悬浮物等，分别如何干扰溶解氧的测定？

（2）标明溶解氧测定过程化学反应式（式 3.8.2 至式 3.8.7）中的电子转移情况。

（3）采样后固定溶解氧时产生的沉淀是什么？

（4）在析出碘的步骤中，沉淀为什么溶解了？生成了什么？

（5）滴定至蓝色已经褪去，为什么再放置一会儿，试液又可能呈现蓝色？

（6）碘量法的滴定终点，除了目测，还可以用什么其他方法？

（7）在水样固定和析出碘的步骤中，添加了一定体积的试剂，即改变了总体积。此时会不会影响水样的溶解氧浓度？需要校正吗？

参考文献

［1］中国环境监测总站.水和废水无机及综合指标监测分析方法［M］.北京：中国环境出版集团，2022：19-22.

［2］BAIRD R B，EATON A D，RICE E W. Standard methods for the examination of water and wastewater［M］. 23ʳᵈ Edition. Washington，DC：American Public Health Association，American Water Works Association，Water Environment Federation，2017.

（执笔：袁东星）

3.9　化学需氧量的测定
（重铬酸钾消解-返滴定法）

3.9　Determination of Chemical Oxygen Demand (digestion with potassium dichromate-back titration)

实验目的:了解化学需氧量的含义,掌握其测定方法;掌握样品预处理的氧化消解法。

3.9.1　概述

化学需氧量(chemical oxygen demand,COD),指在一定条件下,用某种强氧化剂处理水样时所消耗氧化剂的量,以氧(mg/L)表示。化学需氧量反映水中还原性物质,如有机物、亚硝酸盐、亚铁盐、硫化物等的总量,其中有机物为主要成分,故化学需氧量反映有机物的相对含量,成为水质监测的关键指标之一。化学需氧量无法辨别具体的物质,亦无法区分这些物质源自天然或人为污染。

水样的化学需氧量,可受加入氧化剂的种类及浓度、反应溶液的酸度、反应温度和时间,以及催化剂的有无,而获得不同的结果。因此,化学需氧量是条件性指标,必须严格按操作步骤进行测定。

对于地表水和污水,我国国家标准规定采用重铬酸钾法,测得的值称为COD_{Cr};对于大洋和近岸海水及河口水,我国海洋监测规范规定采用碱性高锰酸钾法,测得的值称为COD_{Mn}。本节介绍重铬酸钾法。

酸性重铬酸钾的氧化性很强,可氧化大部分有机物。加入硫酸银作为催化剂,直链脂肪族化合物可被完全氧化,而芳香族和吡啶类化合物由于结构稳定,不易被氧化。氯离子亦能被重铬酸钾氧化,且能与硫酸银作用产生沉淀,影响测定结果。

3.9.2　方法原理

在强酸性溶液中,以硫酸银为催化剂,用一定量的重铬酸钾氧化水样中的还原性物质,以试亚铁灵为指示剂,用硫酸亚铁铵返滴水样中未作用的过量重铬酸钾。根据重铬酸钾用量,计算出水样中还原性物质消耗氧的质量浓度。

相关反应式如下:

$$2K_2Cr_2O_7 + 8H_2SO_4 + 3C(代表有机物) \longrightarrow 2K_2SO_4 + 2Cr_2(SO_4)_3 + 8H_2O + 3CO_2$$

（式3.9.1）

77

$$K_2Cr_2O_7 + 7H_2SO_4 + 6(NH_4)_2Fe(SO_4)_2 \Longrightarrow$$
$$3Fe_2(SO_4)_3 + Cr_2(SO_4)_3 + 6(NH_4)_2SO_4 + K_2SO_4 + 7H_2O \qquad （式3.9.2）$$

3.9.3　样品的采集与保存

水样采集于干净玻璃瓶中。采样后应尽快分析,如不能及时分析,应加入硫酸溶液至水样 pH<2,于 4 ℃下保存,保存时间不超过 5 d。

3.9.4　仪器与器皿

(1)加热回流装置:电热板或电热套;带磨口锥形瓶(250 mL)的全玻璃回流装置,风冷或水冷。当化学需氧量较高(>80 mg/L)时,亦可用快速消解仪(参见附录 F-9)和相应的耐酸耐压消解管替代。

(2)酸式滴定管(25 mL);锥形瓶(250 mL)。

(3)实验室常备的天平等小型仪器和其他常用的玻璃器皿。

3.9.5　试剂

(1)重铬酸钾标准溶液,$c(K_2Cr_2O_7)=0.04167$ mol/L:将基准或优级纯重铬酸钾($K_2Cr_2O_7$)于 120 ℃烘 1 h,至恒重;称取 12.259 g 溶于纯水中,定容至 1000 mL;贮于试剂瓶中,可稳定数月。

(2)硫酸亚铁铵溶液,$c[(NH_4)_2Fe(SO_4)_2]$约为 0.1 mol/L,准确浓度由标定结果确定:称取 39.5 g 六水合硫酸亚铁铵[$(NH_4)_2Fe(SO_4)_2 \cdot 6H_2O$]溶于纯水中,边搅拌边缓慢加入 20 mL 浓硫酸(H_2SO_4,$\rho=1.84$ g/mL),冷却后,纯水定容至 1000 mL,贮于试剂瓶中。临用前,用重铬酸钾标准溶液标定,步骤如下:

取 5.00 mL 重铬酸钾标准溶液于 250 mL 锥形瓶中,加纯水稀释至 50 mL 左右,缓慢加入 15 mL 浓硫酸,混匀。冷却后,加入 3 滴试亚铁灵指示液(约 0.15 mL),用硫酸亚铁铵溶液滴定,溶液的颜色由黄色经蓝绿色至红褐色即为终点,记录所消耗的硫酸亚铁铵溶液体积。按下式计算浓度:

$$c[(NH_4)_2Fe(SO_4)_2,mol/L] = \frac{5.00 \times 0.04167 \times 6}{V} \qquad （式3.9.3）$$

式中,0.04167 为重铬酸钾标准溶液浓度,mol/L;6 为硫酸亚铁铵对重铬酸钾的化学计量比(参见式 3.9.2);V 为滴定重铬酸钾标准溶液所消耗的硫酸亚铁铵溶液体积,mL。

(3)试亚铁灵指示剂溶液:称取 1.5 g 邻菲啰啉($C_{12}H_8N_2 \cdot H_2O$),0.7 g 七水合硫酸亚铁($FeSO_4 \cdot 7H_2O$)溶于纯水中,稀释至 100 mL,贮于棕色试剂瓶中,可稳定数月。

(4)硫酸-硫酸银溶液,$c(Ag_2SO_4)=10$ g/L:于 1000 mL 浓硫酸中加入 10 g 硫酸银(Ag_2SO_4),放置 1~2 d,不时摇动使其溶解,贮于试剂瓶中,可稳定 1 年。

(5)硫酸汞($HgSO_4$):结晶或粉末。(注意:硫酸汞用于去除氯离子干扰,但其为剧毒化学品,学生实验不建议使用!)

(6)重铬酸钾混合消解液(用于快速消解法),$c(K_2Cr_2O_7)=0.06662$ mol/L:称取

19.600 g 重铬酸钾,50.0 g 硫酸铝钾[$KAl(SO_4)_2$],10.0 g 钼酸铵[$(NH_4)_2MoO_4$],溶于 500 mL 纯水中,加入 200 mL 浓硫酸,冷却后转移定容至 1000 mL,贮于试剂瓶中,可稳定 1 年。该溶液中的硫酸铝钾和钼酸铵为助催化剂。

3.9.6　测定步骤

3.9.6.1　水样的消解

(1)回流法。取 10.00 mL 混合均匀的水样(或取适量水样以纯水稀释至 10.0 mL)置于 250 mL 带磨口的回流锥形瓶中,准确加入 5.00 mL 重铬酸钾标准溶液及数粒小玻璃珠或沸石,连接磨口回流冷凝管,从冷凝管上口慢慢地加入 15 mL 硫酸-硫酸银溶液,轻轻摇动锥形瓶使溶液混匀,加热回流。自开始沸腾时计时,加热回流 2 h。

水样中氯离子含量超过 30 mg/L 时,应先往水样中加入硫酸汞(质量比,硫酸汞∶氯离子≥20∶1),摇匀。后续操作同上。

冷却后,用 45 mL 纯水冲洗冷凝管内壁,溶液总体积应控制在 70 mL 左右。取下锥形瓶。

详细的操作步骤和注意事项,见本节参考文献。

测定水样的同时,取 10.00 mL 纯水按同样操作步骤做空白试验。

(2)消解仪法。消解仪法取样量少,适用于化学需氧量较高的试样。该法简单快捷,消解效率高,但对消解管的防漏防爆性能要求高。

取 3.00 mL 水样置入 10 mL 消解管中,依次加入 5.00 mL 硫酸-硫酸银溶液和 1.00 mL 重铬酸钾混合消解液,必要时加入适量硫酸汞(慎用!),在快速消解仪上,165 ℃下消解 15 min。冷却后,用 20 mL 纯水将消解液转移入锥形瓶中。

同时,取 3.00 mL 纯水按同样操作步骤做空白试验。

实验前应仔细检查消解管,尤其是消解管管盖不得变形、漏气,否则将极大影响消解效果,甚至造成安全事故。

3.9.6.2　滴定

在装有试样的锥形瓶中加 3 滴试亚铁灵指示液,用硫酸亚铁铵标准溶液滴定,溶液的颜色由黄色经蓝绿色至红褐色即为终点,记录硫酸亚铁铵标准溶液的用量。

同上步骤滴定空白样,记录硫酸亚铁铵标准溶液的用量。

3.9.7　计算

$$COD_{Cr}(O_2,mg/L) = \frac{c \times (V_0 - V_1) \times 8 \times 1000}{V} \qquad (式 3.9.4)$$

式中,c 为硫酸亚铁铵标准溶液的浓度,mol/L;V_0 为滴定空白样时所消耗硫酸亚铁铵标准溶液体积,mL;V_1 为滴定水样时所消耗硫酸亚铁铵标准溶液体积,mL;V 为水样体积,mL;8 为氧(O_2)摩尔质量的 1/4(1∶4 为氧气对硫酸亚铁铵的化学计量比),g/mol;1000 为单位换算系数。

3.9.8　注意事项

(1)本法适用于地表水和污水中化学需氧量的测定,不适用于氯离子含量高的水样。

对于大洋和近岸海水,宜按海洋监测规范规定,采用碱性高锰酸钾法。

(2)如果水样的化学需氧量较低(<50 mg/L),则滴定时需要浓度较稀的硫酸亚铁铵,此时应以定量稀释的重铬酸钾重新标定稀释的硫酸亚铁铵溶液。如果水样的化学需氧量较高,则须用纯水稀释水样后进行测定,并在结果计算中校正稀释体积。

(3)COD_{Cr}的测定结果应保留 3 位有效数字。

(4)每次实验前,应对硫酸亚铁铵标准溶液进行重新标定,室温较高时尤其应注意其浓度的变化。

(5)本实验产生的废液要按规定慎重处理。

3.9.9　思考题

(1)在与本实验相关的化学反应(式 3.9.1 和式 3.9.2)中,并无氧的参与。为什么最后在计算水样化学需氧量的式 3.9.4 中,出现"8 为氧(O_2)摩尔质量的 1/4",提示与氧有关?(提示:深刻理解化学需氧量的定义,参见式 3.9.1,考虑氧与有机物的反应。)

(2)本实验采用了返滴定法。为什么不采用直接滴定法?

(3)对化学需氧量高的水样进行稀释测定时,为什么要逐级稀释而不能一次性稀释?

(4)综述快速消解法的利弊。

参考文献

[1]中国环境监测总站.水和废水无机及综合指标监测分析方法[M].北京:中国环境出版集团,2022:269-273.

[2]李花粉,万亚男.环境监测[M].2 版.北京:中国农业大学出版社,2022:54-57.

(执笔:袁东星　郭小玲)

3.10　五日生化需氧量的测定
（稀释与接种-滴定法）

3.10　Determination of Biochemical Oxygen Demand
（with dilution and seeding-titration）

实验目的：了解生化需氧量的含义，掌握其测定方法和生化培养方法。

3.10.1　概述

生活污水与工业废水中含有大量各类有机物。水体中的有机物成分复杂，难以一一测定其成分。人们通常利用水中有机物在一定条件下分解时所消耗的氧，来间接表示水体中有机物的含量。生化需氧量（biochemical oxygen demand，BOD），是指有溶解氧存在时，好氧微生物分解水中的某些可氧化物质特别是有机物的生物化学过程中消耗溶解氧的量。它是表征水中有机物相对含量的重要指标，亦是评估废水的可生化降解性和生化处理效果的重要参数。

微生物彻底分解有机物所需的时间很长，通常要 100 多天。目前国内外广泛采用的是 20 ℃五日培养法，即将水样在（20±1）℃培养 5 d±4 h 前后的溶解氧之差定义为 BOD_5，以 mg/L 表示。

依据样品是否稀释与接种，生化需氧量的经典测定方法分为非稀释法、非稀释接种法、稀释法和稀释接种法 4 种，各方法的细分要点及适用范围参见表 3-10-1。此外，还有微生物电极法等。本节基于国家环境保护标准 HJ 505—2009《水质　五日生化需氧量（BOD_5）的测定　稀释与接种法》，介绍稀释与接种-滴定法。

表 3-10-1　BOD_5 的测定方法

方　法	非稀释法	非稀释接种法	稀释法	稀释接种法
适用范围	有机物含量少，BOD_5 质量浓度小于 6 mg/L，水样中有足够的微生物	有机物含量少，BOD_5 质量浓度小于 6 mg/L，水样中无足够的微生物	有机物含量多，BOD_5 质量浓度大于 6 mg/L，水样中有足够的微生物	有机物含量多，BOD_5 质量浓度大于 6 mg/L，水样中无足够的微生物
水样来源	地表水、污水处理厂排水	微生物少的工业废水，如酸碱、重金属废水、有毒废水	污染的地表水、生活污水和大多数工业废水	

水样采集后须在 24 h 内测定 BOD_5，而 5 d 的分析周期很长，实际工作中无法保存水

样供日后复测;5 d 后一旦发现水样剩余的溶解氧不在规定范围内,数据不可信,此时已经无法弥补。由于水样多为污染的地表水、生活污水和有机类工业废水,其中的 BOD_5 质量浓度均较高,稀释是必要的,选择合适的稀释倍数成为实验成败的关键环节。

3.10.2　方法原理

溶解氧瓶中充满水样,完全密闭,在 20 ℃下的暗处培养 5 d,其间微生物氧化有机物需要消耗一定量的溶解氧,通过测定培养前后水样中溶解氧的质量浓度,间接反映水样中有机物的含量。

若水样中含较多有机物,BOD_5 高于 6 mg/L,则需要对水样进行适当稀释后再培养测定,以降低其浓度并保证有充足的溶解氧。稀释的程度应确保培养过程中所消耗的溶解氧大于 2 mg/L,且最终水样剩余的溶解氧在 2～6 mg/L 之间。溶解氧低于 2 mg/L,说明供给微生物的溶解氧量不足;溶解氧高于 6 mg/L,说明稀释倍数太高,微生物实际耗氧太少,这两种情况下的数据均不宜采纳。

为保证水样稀释后有足够的溶解氧,通常要往稀释水中通入空气进行曝气或通入氧气,使稀释水中溶解氧接近饱和。稀释水中还应加入一定量的无机营养盐和缓冲溶液(磷酸盐、钙、镁和铁盐等),以保证微生物生长的需要。

对于不含或少含微生物的工业废水,包括酸性废水、碱性废水、高温废水或经过氯化处理的废水,在测定 BOD_5 时应进行接种,以引入能分解有机物的微生物。当废水中存在难以被一般生活污水中的微生物正常降解的有机物或剧毒物质时,应将驯化后的微生物引入水样中进行接种。

3.10.3　样品的采集、保存与处理

采集用于测定生化需氧量的水样时,应使水样充满采样瓶并密封,在 0～4 ℃下保存。一般应在 6 h 内进行分析,贮存时间不应超过 24 h。

水样或稀释后的水样的 pH 若不在 6～8 范围内,则可用 0.5 mol/L 稀盐酸溶液或 0.5 mol/L 稀氢氧化钠溶液将 pH 调节至 6～8,但用量不要超过水样体积的 0.5%。

水样中含有铜、铅、锌、镉、铬、砷、氰等有毒物质时,可使用含有经驯化的微生物接种液的稀释水进行稀释,或提高稀释倍数以减少毒物的浓度。

水样中含有少量游离氯,一般放置 1～2 h 后游离氯即可消失。如果游离氯在短时间内不能自然消除,则可加入亚硫酸钠溶液去除之,详见本节参考文献。

对于含有较大颗粒物、需要较高稀释倍数的水样或经过冷冻保存的水样,测定前均需要充分搅拌,使之均质化。

若水样中有大量藻类,则会导致测定结果偏高。在分析结果的精度要求较高时,须用孔径 1.6 μm 的滤膜过滤水样,并在分析报告中注明。

若水样的含盐量低,未经稀释样品的电导率低于 125 μS/cm,则需要加入适量盐类。详见本节参考文献。

3.10.4　仪器与器皿

(1)恒温培养箱[(20±1) ℃](参见附录 F-11);曝气装置,选用多通道空气泵或其他

曝气装置,如鱼缸曝气小泵。

(2)细口玻璃瓶(5~20 L);稀释容器,量筒或容量瓶(1000~2000 mL);溶解氧瓶(250~300 mL,带有水封装置);虹吸管,供分取水样和添加稀释水用。

(3)实验室常备的天平等小型仪器和其他常用的玻璃器皿。

3.10.5　试剂

(1)磷酸盐缓冲溶液,$c(PO_4^{3-})=0.312$ mol/L,pH 为 7.2:将 8.5 g 磷酸二氢钾(KH_2PO_4),21.75 g 磷酸氢二钾(K_2HPO_4),33.4 g 七水合磷酸氢二钠($Na_2HPO_4 \cdot 7H_2O$)和 1.7 g 氯化铵(NH_4Cl)溶于纯水中,稀释至 1000 mL,贮存于试剂瓶中,4 ℃下可稳定 6 个月。

(2)硫酸镁溶液,$c(MgSO_4)=11.0$ g/L:将 22.5 g 七水合硫酸镁($MgSO_4 \cdot 7H_2O$)溶于纯水中,稀释至 1000 mL,贮存于试剂瓶中,4 ℃下可稳定数月。

(3)氯化钙溶液,$c(CaCl_2)=27.6$ g/L:将 27.6 g 无水氯化钙($CaCl_2$)溶于纯水中,稀释至 1000 mL,贮存于试剂瓶中,4 ℃下可稳定数月。

(4)氯化铁溶液,$c(FeCl_3)=0.15$ g/L:将 0.25 g 六水合氯化铁($FeCl_3 \cdot 6H_2O$)溶于纯水中,稀释至 1000 mL,贮存于试剂瓶中,4 ℃下可稳定数月。

(5)盐酸溶液,$c(HCl)=0.5$ mol/L:将 42 mL 浓盐酸($HCl,\rho=1.19$ g/mL)溶于纯水中,稀释至 1000 mL,贮存于试剂瓶中,可长期稳定。

(6)氢氧化钠溶液,$c(NaOH)=0.5$ mol/L:将 20 g 氢氧化钠($NaOH$)溶于纯水中,稀释至 1000 mL,贮存于聚乙烯瓶中,可长期稳定。

(7)亚硫酸钠溶液,$c(Na_2SO_3)=0.0125$ mol/L:将 1.575 g 亚硫酸钠(Na_2SO_3)溶于纯水中,稀释至 1000 mL。此溶液不稳定,临用前配制。

(8)葡萄糖-谷氨酸标准溶液,$BOD_5=(210\pm20)$ mg/L:将葡萄糖($C_6H_{12}O_6$)和谷氨酸($C_5H_9NO_4$)在 103 ℃干燥 1 h 后,各称取 150 mg 溶于纯水中,定容至 1000 mL。此标准溶液临用前配制。

(9)稀释水:在 5~20 L 玻璃瓶内装入一定量的纯水,控制水温(20±1) ℃。用曝气装置通入空气曝气至少 1 h,使稀释水中的溶解氧接近于饱和(8 mg/L)。亦可引入适量纯氧。曝气过程中可在瓶口盖以两层经洗涤晾干的纱布防尘,以防止粉尘污染。临用前每升稀释水中加入上述磷酸盐缓冲溶液、硫酸镁溶液、氯化钙溶液、氯化铁溶液各 1.0 mL,混合均匀,20 ℃保存,须在 24 h 内使用。

该稀释水的 pH 应为 7.2,其 BOD_5 应小于 0.2 mg/L。稀释水中溶解氧不能过饱和,可在使用前开口放置 1 h。剩余的稀释水应弃去。

(10)接种液:可选择以下任一种方法获得适用的接种液。

①城市污水:一般采用生活污水,在室温下放置 24 h,取上清液供用。

②表层土壤浸出液:取 100 g 植物生长土壤,加入 1 L 纯水,混合并静置 10 min,取上清液供用。

③含城市污水的河水或湖水。

④污水处理厂的出水。

⑤测定含有难降解物质的废水时,可在其排污口下游 3～8 km 处取水样作为废水的驯化接种液。若无此种水源,则可取经中和或适当稀释后的废水进行连续曝气,每天新加少量该种废水,同时加入适量表层土壤浸出液或生活污水,使适应该种废水的微生物大量繁殖。当水中出现大量絮状物,或检查发现其化学需氧量的降低值出现突变时,即表明适用的微生物已进行繁殖,可作为接种液。驯化过程一般需要 3～8 d。

(11)接种稀释水:取适量接种液,加入稀释水中,混匀。每升稀释水中接种液的加入量为:生活污水 1～10 mL;表层土壤浸出液 20～30 mL;河水、湖水 10～100 mL。接种稀释水的 pH 应为 7.2,BOD_5 值在 0.3～1.0 mg/L 之间为宜,应低于 1.5 mg/L。接种稀释水配制后应立即使用。

(12)丙烯基硫脲硝化抑制剂,$c(C_4H_8N_2S) = 1.0$ g/L:将 0.20 g 丙烯基硫脲 ($C_4H_8N_2S$)溶解于 200 mL 纯水中,贮存于试剂瓶中,4 ℃下可稳定 14 d。

(13)其他用于测定溶解氧的试剂,见章节 3.8.5。

3.10.6　测定步骤

3.10.6.1　非稀释法与非稀释接种法

(1)溶解氧含量较高、有机物含量较少、BOD_5 浓度不超过 6 mg/L 的水样,可不经稀释而测定。若水样的溶解氧含量低,则需用曝气装置通入空气曝气 15 min,再充分振摇赶走气泡;若水样的溶解氧过饱和,则可在容器中装入水样至容器体积的 2/3,用力振荡,使过饱和氧逸出。将水样温度调整到 20 ℃左右。

(2)根据水样中微生物的含量确定采用非稀释法或非稀释接种法。微生物含量高的水样采用非稀释法,即水样不必接种,直接测定。酸碱废水、高温废水、冷冻保存的废水、经过氯化等处理的废水,水中的微生物不足,采用非稀释接种法,需要加入适量的接种液接种。若水中含有硝化菌,则需在每升水样中加入 2 mL 丙烯基硫脲硝化抑制剂。

(3)通过虹吸作用,将约 20 ℃的混匀水样转移至 2 个溶解氧瓶(容积差<1 mL)内,转移过程中不应产生气泡。2 个溶解氧瓶充满水样后溢出少许,加塞。瓶内不应留有气泡,瓶口加水封。

(4)15 min 后测定其中一瓶水样的溶解氧(见章节 3.8)。另一瓶水样放入培养箱中,在(20±1) ℃培养 5 d。在培养过程中注意添加封口水。从开始放入培养箱算起,经过 5 d 后,弃去封口水,测定溶解氧。

(5)如果采用非稀释接种法,则需要同步采用 2 个空白样做空白试验。在每升稀释水中加入与水样所加的等量接种液作为空白试样。如果水样中加入了丙烯基硫脲硝化抑制剂,则空白样也需同样添加。

3.10.6.2　稀释法与稀释接种法

有机物含量较高、BOD_5 浓度超过 6 mg/L、微生物充足的水样,可采用稀释法测定。有机物含量较高、BOD_5 浓度超过 6 mg/L 但微生物不足的水样,则采用稀释接种法。

(1)将水样温度调整到 20 ℃左右,若水样的溶解氧含量低,则需用曝气装置通入空气曝气 15 min,再充分振摇赶走气泡;若水样的溶解氧过饱和,则可在容器中装入水样至容器体积的 2/3,用力振荡,使过饱和氧逸出。

（2）确定稀释倍数。水样稀释程度应使培养过程中消耗的溶解氧和培养后剩余的溶解氧均大于 2 mg/L,但不宜超过 6 mg/L;剩余溶解氧为初始溶解氧的 1/3～2/3 为佳。可采用以下方法确定稀释倍数:

设水样稀释后 BOD_5 的期望值(mg/L)为 ρ,即

$$\rho = R \times Y \tag{式 3.10.1}$$

式中,Y 为水样的总有机碳(total organic carbon,TOC)或高锰酸盐指数(I_{Mn})或化学需氧量(COD_{Cr})的测定值,mg/L;R 为经验值,与水样的类型有关,可从表 3-10-2 中选择。

表 3-10-2　典型的比值 R

水样类型	总有机碳 R (BOD$_5$/TOC)	高锰酸盐指数 R (BOD$_5$/I_{Mn})	化学需氧量 R (BOD$_5$/COD$_{Cr}$)
未处理废水	1.2～2.8	1.2～1.5	0.35～0.65
生化处理废水	0.3～1.0	0.5～1.2	0.20～0.35

由式 3.10.1 和表 3-10-2,估算出 BOD_5 的期望值 ρ,再根据表 3-10-3 确定水样的稀释倍数。

表 3-10-3　BOD$_5$ 测定的稀释倍数

BOD$_5$ 的期望值 ρ/(mg/L)	稀释倍数	水样类型
6～12	2	河水、生物净化的城市污水
10～30	5	河水、生物净化的城市污水
20～60	10	生物净化的城市污水
40～120	20	澄清的城市污水或轻度污染的工业废水
100～300	50	轻度污染的工业废水或原城市污水
200～600	100	轻度污染的工业废水或原城市污水
400～1200	200	重度污染的工业废水或原城市污水
1000～3000	500	重度污染的工业废水
2000～6000	1000	重度污染的工业废水

在实际工作中,为了保证测定结果的可靠性,往往需要同时分析几个不同稀释倍数的水样,令其测定结果涵盖估算的 BOD_5 的期望值范围。例如,有一未处理的废水水样,快速测定化学需氧量的结果为 40 mg/L;从表 3-10-2 中,选择 R 为 0.35～0.65;据式 3.10.1 估算 ρ 为 14～26 mg/L;从表 3-10-3 中,可选的稀释倍数为 5 和 10。仔细探讨表 3-10-3,再根据工作经验,将水样分别稀释 3 倍、5 倍、8 倍,最终 BOD_5 的测定结果为 24 mg/L,在期望值的范围内。

（3）用虹吸管沿容器内壁将部分稀释水或接种稀释水引入稀释容器,按照确定的稀释倍数,用虹吸管沿容器内壁加入需要量的均匀水样,再引入稀释水或接种稀释水至刻度,用带胶板的玻棒小心上下搅匀,避免气泡残留,待测。如稀释倍数超过 100 倍,则可分两步或多步稀释。若水中含有硝化菌,则需在每升水样中加入 2 mL 丙烯基硫脲硝化抑

制剂。

（4）见章节 3.10.6.1 中的步骤（3）和（4），以相同操作步骤，进行装瓶，测定培养前的溶解氧和培养 5 d 后的溶解氧。

（5）采用 2 个空白样同步做空白试验。根据水样处理方法，以稀释水或接种稀释水作为空白样。如果水样中加入了丙烯基硫脲硝化抑制剂，则空白样也需同样添加。

3.10.7　计算

（1）非稀释法：

$$BOD_5(O_2, mg/L) = c_1 - c_2 \qquad (式\ 3.10.2)$$

式中，c_1 为培养前水样的溶解氧浓度，mg/L；c_2 为培养后水样的溶解氧浓度，mg/L。

（2）非稀释接种法：

$$BOD_5(O_2, mg/L) = (c_1 - c_2) - (c_3 - c_4) \qquad (式\ 3.10.3)$$

式中，c_1、c_2 分别为培养前、培养后的接种水样溶解氧浓度，mg/L；c_3、c_4 分别为培养前、培养后空白样的溶解氧浓度，mg/L。

（3）稀释与稀释接种法：

对于稀释与稀释接种的水样，式 3.10.3 转化为

$$BOD_5\ f_2 = (c_1 - c_2) - (c_3 - c_4) f_1 \qquad (式\ 3.10.4)$$

移项，得

$$BOD_5(O_2, mg/L) = \frac{(c_1 - c_2) - (c_3 - c_4)\, f_1}{f_2} \qquad (式\ 3.10.5)$$

式 3.10.4 和式 3.10.5 中，c_1、c_2 分别为培养前、培养后稀释或稀释接种水样的溶解氧浓度，mg/L；c_3、c_4 分别为培养前、培养后空白样的溶解氧浓度，mg/L；f_1 为稀释水或接种稀释水在培养液中所占比例；f_2 为原水样在培养液中所占比例。

如果有几个不同稀释倍数的水样测定结果均满足要求，则取它们的平均值作为最终结果。

3.10.8　注意事项

（1）水中有机物的生物氧化过程可分为 2 个阶段：第一阶段为碳化阶段，有机物中的碳氢被氧化成二氧化碳和水，在 20 ℃约需 20 d；第二阶段为硝化阶段，含氮物质被氧化为亚硝酸盐及硝酸盐，在 20 ℃时约需 100 d。因此，在测定水样 BOD_5 的 5 d 过程中，硝化作用很不显著。但生物处理池的水样，因其中含有大量硝化细菌，BOD_5 测定结果也包括了部分含氮化合物的需氧量。对于这样的水样，如果只需测定有机物降解的需氧量，则可加入硝化抑制剂如丙烯基硫脲，以抑制硝化过程。

（2）本方法适用于测定 BOD_5 在 2～6000 mg/L 之间的水样。当水样 BOD_5 高于 6000 mg/L 时，会因稀释带来一定的误差。

（3）如果同一原水样有数个稀释倍数的试样，凡消耗溶解氧大于 2 mg/L 和剩余溶解氧在 2～6 mg/L 之间，结果均有效，应取其平均值。若剩余的溶解氧低于 2 mg/L，甚至为零时，则应加大稀释比。

(4)测定结果小于 100 mg/L,保留 1 位小数;测定结果在 100～1000 mg/L 之间,取整数;测定结果大于 1000 mg/L,以科学计数法报结果。

(5)为检查稀释水和接种液的质量及实验人员的操作水平,可将 20 mL 葡萄糖-谷氨酸标准溶液用接种稀释水稀释至 1000 mL,按步骤测定 BOD_5,结果应在 180～230 mg/L 之间,否则应检查接种液、稀释水的质量和操作技术是否存在问题。

(6)稀释法空白样的 BOD_5 测定值不得超过 0.5 mg/L,非稀释接种法和稀释接种法空白样的测定结果不得超过 1.5 mg/L,否则应检查可能的污染源。

(7)如果水样中含有微生物毒性物质,此时水样稀释和接种的详细事项,可参考相关国家环境保护标准或其他参考资料。

3.10.9　思考题

(1)为什么说测定 BOD_5 时,选择正确的稀释倍数很重要?

(2)稀释水中的溶解氧应接近饱和,否则将如何影响测定结果?

(3)稀释水是否必须为纯水? 为什么?

(4)测得的溶解氧消耗量小于 2 mg/L,可能原因是什么?

(5)为什么水样中有大量藻类时会导致测定结果偏高?

参考文献

[1]中国环境监测总站.水和废水无机及综合指标监测分析方法[M].北京:中国环境出版集团,2022:288-294.

[2]李花粉,万亚男.环境监测[M].2 版.北京:中国农业大学出版社,2022:59-64.

(执笔:袁东星　李权龙

致谢福建省厦门环境监测中心站梁榕源)

3.11 亚硝酸盐氮的测定
（重氮偶联-分光光度法）
3.11 Determination of Nitrite (with diazo coupling-spectrophotometry)

实验目的：掌握亚硝酸盐氮的测定方法和分光光度计的使用。

3.11.1 概述

亚硝酸盐是氮循环的中间产物，可被氧化成硝酸盐，也可被还原为铵盐。其在水中不稳定，易受微生物等影响。亚硝酸盐进入人体后，可将血液中正常的低铁血红蛋白氧化成高铁血红蛋白，使血红蛋白失去在体内的输氧能力，还可与仲胺类化合物反应生成致癌性的亚硝胺类化合物。因此，亚硝酸盐是污染指标之一。亚硝酸盐氮，指的是以氮（N）计量的亚硝酸盐。

天然水中亚硝酸盐氮的含量较低。常用的分析方法有离子色谱法、气相分子吸收光谱法、重氮偶联-分光光度法等。本节基于国标 GB/T 12763.4—2007《海洋调查规范 第 4 部分：海水化学要素调查》和 GB 7493—87《水质 亚硝酸盐氮的测定 分光光度法》，介绍重氮偶联-分光光度法。

3.11.2 方法原理

在 pH 为 1.8 的磷酸介质中，亚硝酸根离子与对 4-氨基苯磺酰胺起重氮化反应，再与 N-(1-萘基)-乙二胺偶合，生成玫瑰红色偶氮染料，在 540 nm 处有最大吸收。用分光光度法测定，吸光值与亚硝酸根离子含量成正比。

3.11.3 样品的采集、保存与处理

采样瓶为容积约 250 mL 的玻璃瓶或聚乙烯瓶，经 2 mol/L 盐酸浸泡、纯水清洗，事先干燥或采样时用水样清洗数遍。

水样采集后于 2～5 ℃冷藏保存，24 h 内进行分析。若无法及时分析，则应在 −20 ℃下速冻保存并尽快分析。

水样 pH≥11 时，可加入 1 滴酚酞指示剂溶液，边搅拌边逐滴加入磷酸溶液，至红色刚消失。水样如有颜色或悬浮物，则可于每 100 mL 水样中加入 2 mL 氢氧化铝悬浮液，搅拌、静置、过滤，弃去 25 mL 初滤液后再测定。具体参见相关国家标准。

3.11.4 仪器与器皿

（1）分光光度计（参见附录 F-15）。

（2）比色管（25 mL）。

（3）实验室常备的天平等小型仪器和其他常用的玻璃器皿。

3.11.5 试剂

（1）亚硝酸盐氮标准贮备溶液，$c(N)=100.0$ mg/L：将亚硝酸钠（$NaNO_2$）于 110 ℃干燥 1 h，干燥器中冷却至室温。称取 0.4926 g 亚硝酸钠溶于纯水中，用纯水稀释并定容至 1000 mL；加 1 mL 三氯甲烷（$CHCl_3$），混匀。置于棕色试剂瓶中，4 ℃下可稳定数月。亦可购置市售有证亚硝酸盐氮标准溶液代之。

（2）亚硝酸盐氮标准使用液，$c(N)=1.00$ mg/L：吸取 1.00 mL 亚硝酸盐氮标准贮备溶液于 100 mL 容量瓶中，用纯水定容；使用当天配制。注意：浓度以氮（N）的质量计。

（3）磺胺溶液，$c(C_6H_8N_2O_2S)=10$ g/L：称取 5.0 g 磺胺（$C_6H_8N_2O_2S$），溶于 350 mL 盐酸溶液（1.7 mol/L）中，用纯水稀释至 500 mL，贮存在棕色试剂瓶中，4 ℃下可稳定数月。

（4）盐酸萘乙二胺溶液，$c(C_{12}H_{14}N_2 \cdot 2HCl)=1.0$ g/L：称取 0.50 g 盐酸萘乙二胺（$C_{12}H_{14}N_2 \cdot 2HCl$），溶于 500 mL 纯水中，贮存在棕色试剂瓶中，4 ℃下可稳定 1 个月。

（5）盐酸溶液，$c(HCl)=1.7$ mol/L：吸取 71 mL 浓盐酸（HCl，$\rho=1.19$ g/mL），加纯水稀释至 500 mL，混匀，贮存在试剂瓶中，可长期稳定。

3.11.6 测定步骤

（1）校准曲线的建立。系列标准溶液配制：取 7 支 25 mL 比色管，分别加入亚硝酸盐氮标准使用液 0 mL、0.25 mL、0.50 mL、1.25 mL、2.50 mL、3.75 mL、5.00 mL，加纯水至 25.00 mL，得到亚硝酸盐氮浓度（以 N 计）分别为 0 mg N/L、0.0100 mg N/L、0.0200 mg N/L、0.0500 mg N/L、0.100 mg N/L、0.150 mg N/L、0.200 mg N/L 的系列标准溶液。

显色：向各试样中分别加入 0.5 mL 磺胺溶液，混匀，放置 5 min；再加入 0.5 mL 盐酸萘乙二胺溶液，混匀，放置 15 min。

吸光度测定：用 1 cm 比色皿，于 540 nm 波长处，以纯水为参比，测定各试样的吸光度。

校准曲线绘制：作图，横坐标为标样氮浓度或加入的亚硝酸盐氮标准使用液的体积，纵坐标为吸光度。计算校准曲线方程和可决系数（R^2）。

（2）样品测定。取 25.00 mL 水样，按建立校准曲线的步骤进行显色和吸光度测定。如果水样的亚硝酸盐氮含量超过校准曲线的线性范围，则用纯水稀释原水样后再行测定，计算时应进行体积校正。

3.11.7 计算

从一次曲线的通式 $y=ax+b$，衍生得到校准曲线（参见章节 1.3.6）为

$$A = ac + b \qquad \text{(式 3.11.1)}$$

式中，A 为纵坐标，吸光度；c 为横坐标，试样中亚硝酸盐氮的浓度，mg N/L；a 为曲线斜率；b 为曲线截距。

移项得

$$c(\text{亚硝酸盐氮，mg N/L}) = \frac{A - b}{a} \qquad \text{(式 3.11.2)}$$

如果以加入的亚硝酸盐氮标准使用液的体积（mL）为横坐标，则计算所得的 c 为对应的亚硝酸盐氮标准使用液的体积（mL）。

浓度换算为

$$1 \text{ mg N/L（亚硝酸盐氮）} = 0.0714 \text{ mmol/L NO}_2^- = 71.4 \ \mu\text{mol/L NO}_2^-$$

3.11.8　注意事项

（1）氯胺、氯、硫代硫酸盐、聚磷酸钠和三价铁离子有明显干扰。

（2）浑浊水样需经 $0.45 \ \mu\text{m}$ 滤膜过滤。

（3）亚硝酸盐氮标准加入量为零的校准曲线试样（空白样）的吸光度应控制在 0.010 之内。空白过高提示实验用的纯水或显色剂溶液受到污染，应检查污染来源并进行处理。显色剂溶液会吸收空气中的氮氧化物，容易导致较高的试剂空白。

3.11.9　思考题

（1）显色时需向各试样中加入显色剂溶液，其体积需准确吗？为什么？能否在标样稀释至将近比色管刻度线前先加入显色剂溶液，再加纯水定容？说明原因。

（2）如果校准曲线的截距大大低于空白样吸光度，说明什么？

（3）为什么不采用亚硝酸盐氮标准加入量为零的校准曲线试样作为分光光度检测的参比？参比和空白有什么区别？

（执笔：袁东星）

3.12　硝酸盐氮的测定
（镉柱还原-分光光度法）
3.12　Determination of Nitrate (with cadmium reduction-spectrophotometry)

实验目的：掌握硝酸盐氮的测定方法和分光光度计的使用；了解硝酸盐的还原。

3.12.1　概述

硝酸盐是有氧水环境中最稳定的氮化合物，也是含氮有机物无机化的最终阶段的分解产物。硝酸盐氮，指的是以氮（N）计量的硝酸盐。硝酸盐含量因水体的不同相差很大，从几微克每升到几十毫克每升不等。洁净地表水中的硝酸盐含量较低，受污染水体和一些深层地下水的硝酸盐含量较高。某些工业废水、生化处理设施出水、农田排水中含有大量的硝酸盐。因硝酸盐进入人体消化道后会转化为亚硝酸盐和亚硝胺而出现毒性作用，所以饮用水中的硝酸盐被认为是有害物质。

硝酸盐氮的分析方法有离子色谱法、气相分子吸收光谱法、紫外分光光度法、酚二磺酸-分光光度法等；常用的还有将硝酸盐氮还原成亚硝酸盐氮后再用分光光度法测定的还原-分光光度法。还原方法包括锌镉还原法、镉柱还原法和氯化钒还原法等。本节基于国标 GB/T 17378.4—2007《海洋监测规范 第 4 部分：海水分析》，介绍镉柱还原-分光光度法。

3.12.2　方法原理

水样中的硝酸盐氮经镉柱，被还原为亚硝酸盐氮；所生成的亚硝酸根离子经过重氮-偶联反应，生成玫瑰红色偶氮染料，用分光光度法测定。

由于此法测得的是水样中原有的亚硝酸盐氮和硝酸盐氮的总量，故需在测定结果中减去水样原有的亚硝酸盐氮的含量，方能得到硝酸盐氮的含量。

3.12.3　样品的采集、保存与处理

采样瓶为容积约 250 mL 的玻璃瓶或聚乙烯瓶，经 2 mol/L 盐酸浸泡、纯水清洗，事先干燥或采样时用水样清洗数遍。

水样采集后于 2~5 ℃冷藏保存，24 h 内进行分析。若无法及时分析，则应在－20 ℃下速冻保存并尽快分析。

3.12.4　仪器与器皿

(1)分光光度计(参见附录 F-15)。

(2)容量瓶(50 mL);具塞锥形瓶(125 mL);刻度比色管(50 mL);锥形分液漏斗(150 mL)。

(3)玻璃还原柱(玻璃管),内径 4 mm,长 15 cm,下端装一截乳胶管并配备止水夹。

(4)实验室常备的天平等小型仪器和其他常用的玻璃器皿。

3.12.5　试剂

(1)硝酸盐氮标准贮备溶液,$c(N)=100.0$ mg/L:将硝酸钾(KNO_3)于 110 ℃干燥 1 h,干燥器中冷却至室温。称取 0.7218 g 硝酸钾溶于纯水中,用纯水稀释并定容至1000 mL;加 1 mL 三氯甲烷($CHCl_3$),混匀。置于棕色试剂瓶中,4 ℃下可稳定 6 个月。亦可购置市售有证硝酸盐氮标准溶液代之。

(2)硝酸盐氮标准使用液,$c(N)=10.00$ mg/L:吸取 10.00 mL 硝酸盐氮标准贮备溶液于 100 mL 容量瓶中,用纯水定容;使用当天配制。注意:浓度以氮(N)的质量计。

(3)镉屑或镉粒:直径 1 mm。

(4)盐酸溶液,$c(HCl)=2.0$ mol/L:量取 83.5 mL 浓盐酸($HCl,\rho=1.19$ g/mL),加纯水稀释至 500 mL,混匀,贮存于试剂瓶中,可长期稳定。

(5)硫酸铜溶液,$c(CuSO_4 \cdot 5H_2O)=10$ g/L:称取 10 g 五水合硫酸铜($CuSO_4 \cdot 5H_2O$)溶于纯水中并稀释至 1000 mL,混匀,贮存于试剂瓶中,可稳定数月。

(6)氯化铵缓冲溶液,$c(NH_4Cl)=10$ g/L:称取 10 g 氯化铵(NH_4Cl)溶于 1000 mL 纯水中,用约 1.5 mL 氨水($NH_3 \cdot H_2O,\rho=0.9$ g/mL)调节 pH 至 8.5。此溶液用量较大,可一次配制 5 L 备用。

(7)镉柱活化溶液:吸取 14 mL 硝酸盐氮标准贮备溶液于 1000 mL 容量瓶中,以氯化铵缓冲溶液定容,贮存于试剂瓶中,可稳定数月。

(8)磺胺溶液,$c(C_6H_8N_2O_2S)=10$ g/L:称取 5.0 g 磺胺($C_6H_8N_2O_2S$),溶于 300 mL 盐酸(2.0 mol/L)溶液中,用纯水稀释至 500 mL,贮存于棕色试剂瓶中,4 ℃下可稳定数月。

(9)盐酸萘乙二胺溶液,$c(C_{12}H_{14}N_2 \cdot 2HCl)=1.0$ g/L:称取 0.50 g 盐酸萘乙二胺($C_{12}H_{14}N_2 \cdot 2HCl$),溶于 500 mL 纯水中,贮存于棕色试剂瓶中,4 ℃下可稳定 1 个月。

3.12.6　测定步骤

3.12.6.1　镉柱的制备

(1)镉屑镀铜:称取 40 g 镉屑或镉粒于 150 mL 锥形分液漏斗中,用盐酸溶液洗涤,除去表面氧化层,弃去酸液,用纯水洗至中性;加入 100 mL 硫酸铜溶液,振摇约 3 min,弃去废液,用纯水洗至不含有胶体铜为止;加纯水淹没镀铜镉屑上层界面,防止其接触空气被氧化。

(2)装柱:在玻璃还原柱底部塞入少许玻璃纤维,注满纯水,将镀铜镉屑装入还原柱中,有效长度为 5～10 cm,在还原柱上部塞入少许玻璃纤维。

(3)活化:用 250 mL 镉柱活化溶液以 7～10 mL/min 的流速通过还原柱,再用氯化铵缓冲溶液过柱洗涤还原柱 3 次。

注意：还原柱中的任何溶液液面，在任何操作步骤中不得低于镉屑上层界面！

（4）镉柱还原率 R 的测定：配制 $c(N)=0.100$ mg/L 的硝酸盐氮溶液，取 50.0 mL 试样双份，按以下建立校准曲线的步骤（除了配制溶液），添加氯化铵缓冲溶液、过还原柱、显色、测定吸光度，取平均值，记为 $A(NO_3^-)$。同时测定双份空白，平均吸光度记为 $A_b(NO_3^-)$。

配制 $c(N)=0.100$ mg/L 的亚硝酸盐氮溶液，取 50.0 mL 试样双份，除了不通过还原柱，其他的各步骤均按硝酸盐氮的测定进行，双份试样的平均吸光度记为 $A(NO_2^-)$。同时测定双份空白，平均吸光度记为 $A_b(NO_2^-)$。

镉柱还原率 R 按式 3.12.1 计算：

$$R = \frac{A(NO_3^-) - A_b(NO_3^-)}{A(NO_2^-) - A_b(NO_2^-)} \times 100 \qquad \text{（式 3.12.1）}$$

如果 $R < 95\%$，则说明还原柱效率不能满足要求，必须重新活化或重新装柱。

3.12.6.2　校准曲线的建立

（1）配制校准曲线溶液：取 7 个 50 mL 容量瓶，分别加入硝酸盐氮标准使用液 0 mL、0.50 mL、1.00 mL、2.50 mL、5.00 mL、7.50 mL、10.00 mL，以纯水定容，得到硝酸盐氮浓度（以 N 计）分别为 0 mg N/L、0.100 mg N/L、0.200 mg N/L、0.500 mg N/L、1.00 mg N/L、1.50 mg N/L、2.00 mg N/L 的系列标准溶液。

（2）添加氯化铵缓冲溶液：将各容量瓶中的试样全量倒入相应的 125 mL 具塞锥形瓶中；分别量取 50.0 mL 氯化铵缓冲溶液，部分用于洗涤对应的容量瓶，合并所有氯化铵溶液于对应的锥形瓶中，混匀。

（3）过还原柱：逐个将约 30 mL 混合溶液分批倒入还原柱，以 6～8 mL/min 流速过柱，直至溶液液面接近镉屑上层界面，弃去流出液。重复上述操作，接取 25.0 mL 流出液于 50 mL 刻度比色管中，用纯水定容至 50 mL。

（4）显色：向各试样中分别加入 1.0 mL 磺胺溶液，混匀，放置 5 min；再加入 1.0 mL 盐酸萘乙二胺溶液，混匀，放置 15 min。

（5）测定吸光度：用 1 cm 比色皿于 540 nm 波长处，以纯水为参比，测定各试样的吸光度。

（6）绘制校准曲线：作图，横坐标为标样氮浓度或加入的硝酸盐氮标准使用液的体积，纵坐标为吸光度。计算校准曲线方程和可决系数（R^2）。

3.12.6.3　样品测定

量取 50.0 mL 水样于 125 mL 具塞锥形瓶中，加入 50.0 mL 氯化铵缓冲溶液，混匀；其余步骤，包括过还原柱、显色、测定吸光度，按建立校准曲线的步骤进行。如果水样的硝酸盐氮含量超过校准曲线的线性范围，则用纯水稀释原水样再行还原和测定，计算时应进行体积校正。

3.12.7　计算

从章节 3.11 亚硝酸盐氮的测定的式 3.11.1 和式 3.11.2 得

$$c(硝酸盐氮 + 亚硝酸盐氮,mg\ N/L) = \frac{A-b}{a} \qquad (式\ 3.12.2)$$

式中,A 为吸光度;a 为校准曲线斜率;b 为校准曲线截距。

$c(硝酸盐氮,mg\ N/L) = c(硝酸盐氮 + 亚硝酸盐氮,mg\ N/L) -$

$c(根据章节\ 3.11\ 亚硝酸盐氮的测定测得的亚硝酸盐氮,mg\ N/L)$

$$(式\ 3.12.3)$$

如果以加入的硝酸盐氮标准使用液的体积(mL)为横坐标,则计算所得的 c 为对应的硝酸盐氮标准使用液的体积(mL)。

浓度换算为

$1\ mg\ N/L(硝酸盐氮) = 0.0714\ mmol/L\ NO_3^- = 71.4\ \mu mol/L\ NO_3^-$

3.12.8 注意事项

(1)还原步骤为本实验的关键。应经常清洗、活化镉柱,检查镉柱的还原率。

(2)参见章节 3.11.8 注意事项。

3.12.9 思考题

(1)查阅资料,从还原效率、使用的方便程度、试剂毒性等方面,比较硝酸盐氮测定中的各种还原方法。

(2)在章节 3.12.6.1 镉柱的制备步骤中,采用了含有硝酸盐的活化溶液。为什么该活化溶液中含有硝酸盐?

(3)参见章节 3.11.9 思考题。

(执笔:袁东星　马　剑)

3.13   铵盐氮的测定(靛酚蓝-分光光度法)

3.13   Determination of Ammonium (with indophenol blue-spectrophotometry)

实验目的:掌握铵盐氮的测定方法和分光光度计的使用。

3.13.1   概述

铵盐包括游离氨(NH_3)和铵离子(NH_4^+),水体中这两者的组成比例取决于水温和pH,水温高时铵离子的比例高;pH高时游离氨的比例高。生活污水中含氮有机物生化降解产物的随水排放、某些工业废水如焦化废水和合成氨废水的排放、施放化肥的农田排水等,均是水体中铵盐的主要来源。此外,在无氧环境中,水中亚硝酸盐在微生物作用下可还原为铵盐;在有氧环境中,水中铵盐可转变为亚硝酸盐,甚至继续转变为硝酸盐。铵盐氮,指的是以氮(N)计量的铵盐。

鱼虾类对水中的铵盐很敏感,铵盐含量高时会导致鱼虾死亡。因此,铵盐氮是水污染指标之一。

天然水中铵盐氮的含量较低。常用的分析方法有纳氏试剂-分光光度法、水杨酸-次氯酸盐分光光度法、靛酚蓝-分光光度法、邻苯二甲醛-荧光光度法、气相分子吸收光谱法、蒸馏-中和滴定法等。本节基于国标GB/T 17378.4—2007《海洋监测规范 第4部分:海水分析》,介绍靛酚蓝-分光光度法。

3.13.2   方法原理

在弱碱性介质中,以亚硝酰铁氰化钠为催化剂,铵盐氮与苯酚和次氯酸盐反应生成靛酚蓝,其在640 nm有最大吸收。用分光光度法测定,吸光值与铵盐氮含量成正比。

3.13.3   样品的采集、保存与处理

采样瓶为容积约250 mL的玻璃瓶或聚乙烯瓶,经2 mol/L盐酸浸泡、纯水清洗,事先干燥或采样时用水样清洗数遍。

水中的氨易挥发,大气中的氨也会溶解于水中,故铵盐氮的水样保存条件比较苛刻。水样采集后于3 h内进行分析。若无法及时分析,应在一20 ℃下速冻保存,样品融化后立即分析。

3.13.4   仪器与器皿

(1)分光光度计(参见附录F-15)。

（2）比色管（25 mL）。

（3）实验室常备的天平等小型仪器和其他常用的玻璃器皿。

3.13.5 试剂

（1）铵盐氮标准贮备溶液，$c(N)=100.0$ mg/L：将硫酸铵 $[(NH_4)_2SO_4]$ 于 110 ℃ 干燥 1 h，干燥器中冷却至室温。称取 0.4716 g 硫酸铵溶于纯水中，定容至 1000 mL；加 1 mL 三氯甲烷（$CHCl_3$），振摇混合。贮存于棕色试剂瓶中，4 ℃ 下可稳定 6 个月。亦可购置市售有证铵盐氮标准溶液代之。

（2）铵盐氮标准使用溶液，$c(N)=1.00$ mg/L：吸取 1.00 mL 铵盐氮标准贮备溶液，用纯水定容于 100 mL 容量瓶中；使用当天配制。注意：浓度以氮（N）的质量计。

（3）柠檬酸钠溶液，$c(Na_3C_6H_5O_7 \cdot 2H_2O)=480$ g/L：称取 240 g 二水合柠檬酸三钠（$Na_3C_6H_5O_7 \cdot 2H_2O$）溶于 500 mL 纯水中，加入 0.5 mol/L 氢氧化钠溶液 20 mL，再加数粒防爆沸石，煮沸除氨至溶液体积小于 500 mL；冷却，用纯水稀释至 500 mL；贮存于聚乙烯瓶中，可稳定数月。

（4）氢氧化钠溶液，$c(NaOH)=0.50$ mol/L：称取 10.0 g 氢氧化钠（NaOH）溶于 500 mL 纯水中，贮存于聚乙烯瓶中，可长期稳定。

（5）苯酚溶液，$c(C_6H_5OH)=38$ g/L：称取 38 g 苯酚（C_6H_5OH）和 400 mg 二水合亚硝酰铁氰化钠 $[Na_2Fe(CN)_5NO \cdot 2H_2O]$，溶于少量纯水中，稀释至 1000 mL，贮存于棕色试剂瓶中，可稳定数月。

（6）硫代硫酸钠溶液，$c(Na_2S_2O_3 \cdot 5H_2O)=0.10$ mol/L：称取 25.0 g 五水合硫代硫酸钠（$Na_2S_2O_3 \cdot 5H_2O$）溶于纯水中，稀释至 1000 mL；加入 1 g 碳酸钠（Na_2CO_3），溶解、混匀；贮存于棕色试剂瓶中，可稳定数日。

（7）淀粉指示剂，$c(淀粉)=5.0$ g/L：称取 1.0 g 可溶性淀粉，加少量纯水搅拌成糊状，缓慢加入 100 mL 沸（纯）水，在不断搅拌下继续煮沸至溶液澄清。冷却后加 1 mL 冰醋酸（CH_3COOH），用纯水稀释至 200 mL，贮存于试剂瓶中，4 ℃ 下可稳定数周。

（8）次氯酸钠（NaClO）溶液：取 0.5 mol/L 硫酸溶液 50 mL 于 100 mL 锥形瓶中，加入 0.5 g 碘化钾（KI），混匀。加入 1.0 mL 市售的有效氯含量不低于 5.2% 的次氯酸钠溶液，以硫代硫酸钠溶液滴定至淡黄色，再加入淀粉指示剂 1 mL，继续滴定至蓝色消失，记录所消耗的硫代硫酸钠体积。1 mL 硫代硫酸钠相当于 3.54 mg 有效氯。贮存于聚乙烯瓶中，4 ℃ 下可稳定数月。

（9）次氯酸钠使用液，$c(有效氯)=1.50$ mg/mL：用 0.50 mol/L 的氢氧化钠溶液稀释一定量的次氯酸钠溶液，使其有效氯含量为 1.50 mg/mL，贮存于聚乙烯瓶中，4 ℃ 下可稳定数周。

（10）硫酸溶液，$c(H_2SO_4)=0.5$ mol/L：吸取 28 mL 浓硫酸（H_2SO_4，$\rho=1.84$ g/mL）缓慢加入 1000 mL 纯水中，混匀，贮存于试剂瓶中，可长期稳定。

3.13.6 测定步骤

3.13.6.1 校准曲线的建立

系列标准溶液配制：取 7 支 25 mL 比色管，分别加入铵盐氮标准使用液 0 mL、

0.25 mL、0.50 mL、1.25 mL、2.50 mL、3.75 mL、5.00 mL，加纯水定容至 25.00 mL，得到铵盐氮浓度（以 N 计）分别为 0 mg N/L、0.0100 mg N/L、0.0200 mg N/L、0.0500 mg N/L、0.100 mg N/L、0.150 mg N/L、0.200 mg N/L 的系列标准溶液。

显色：向各试样中分别依次加入 1 mL 柠檬酸钠溶液、1 mL 苯酚溶液、1 mL 次氯酸钠使用液，充分混匀。淡水样品放置 3 h 以上，海水样品放置 6 h 以上。

吸光度测定：用 1 cm 或 3 cm 比色皿，于 640 nm 波长处，以纯水为参比，测定各试样的吸光度。

校准曲线绘制：作图，横坐标为标样氮浓度或加入的铵盐氮标准使用液的体积，纵坐标为吸光度。计算校准曲线方程和可决系数（R^2）。

3.13.6.2 样品测定

取 25.00 mL 水样，按建立校准曲线的步骤进行显色和吸光度测定。如果水样的铵盐氮含量超过校准曲线的线性范围，则用纯水稀释原水样后再行测定，计算时应进行体积校正。

3.13.7 计算

从一次曲线的通式 $y = ax + b$，衍生得到校准曲线（参见章节 1.3.6）为

$$A = ac + b \qquad \text{（式 3.13.1）}$$

式中，A 为纵坐标，吸光度；c 为横坐标，试样中铵盐氮的浓度，mg N/L；a 为曲线斜率；b 为曲线截距。

移项得

$$c(铵盐氮, \text{mg N/L}) = \frac{A - b}{a} \qquad \text{（式 3.13.2）}$$

如果以加入的铵盐氮标准使用液的体积（mL）为横坐标，则计算所得的 c 为对应的铵盐氮标准使用液的体积（mL）。

浓度换算为

$$1 \text{ mg N/L}(铵盐氮) = 0.0714 \text{ mmol/L } NH_3 = 71.4 \text{ } \mu\text{mol/L } NH_3$$

3.13.8 注意事项

(1)浑浊水样需经 0.45 μm 滤膜过滤。

(2)如果采用纯水基底来配制校准曲线的系列标准溶液，而测定的是海水或河口水样，则由式 3.13.2 所得值还应根据水样的盐度乘以相应的盐效应校正系数，方为测定结果。校正系数见表 3-13-1。

表 3-13-1 盐效应校正系数

盐度 S	≤8	11	14	17	20	23	27	30	33	36
校正系数 f	1.00	1.01	1.02	1.03	1.04	1.05	1.06	1.07	1.08	1.09

(3)空气中的氨容易溶入水和试剂。如果空白过高，则提示实验用的纯水或显色试剂

溶液受到污染,应检查污染来源并进行处理。如果水样受到空气中氨的污染,造成测定结果正偏差,则可以通过设置现场空白来监控。

3.13.9 思考题

(1)在次氯酸钠溶液的配制中,为什么滴定所消耗的 1 mL 硫代硫酸钠相当于 3.54 mg有效氯?

(2)同样是分光光度法,纳氏试剂-分光光度法与本方法对比,在应用中有何不同?

(3)参见章节3.11.9思考题。

(执笔:袁东星)

3.14　磷(总磷和磷酸盐)的测定
(氧化消解-分光光度法)

3.14　Determination of Phosphorus (Total Phosphorus and Phosphate) (with oxidative digestion-spectrophotometry)

实验目的:掌握正磷酸盐的测定方法及样品预处理的氧化消解法;掌握分光光度计的使用。

3.14.1　概述

在自然界,磷存在于溶液中、腐殖质粒子中或水生生物中,以各种磷酸盐的形式存在,包括正磷酸盐、缩合磷酸盐(焦磷酸盐、偏磷酸盐和多磷酸盐)及有机结合的磷酸盐。

天然水中的磷酸盐含量不高。化肥、冶炼、合成洗涤剂等行业的工业废水及生活污水中常含有较大量磷。磷是生物生长的必需元素之一,但水体中磷含量过高(超过 0.2 mg/L),可造成藻类的过度繁殖,有时含量甚至达到有害的程度,造成湖泊、河流透明度降低、水质变坏。

磷是评估水质的重要指标之一。水中的磷,按其存在形式通常可分为总磷、溶解性正磷酸盐和溶解性总磷。水样经强氧化剂氧化消解后可测定总磷;水样经 0.45 μm 微孔滤膜过滤,其滤液可供溶解性正磷酸盐的测定;滤液经氧化剂氧化消解,可供测溶解性总磷。水中各种磷的存在形态及分析路线如图 3-14-1 所示。

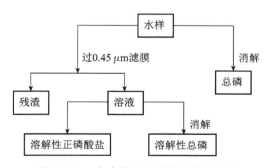

图 3-14-1　水中各种形态磷的分析路线

正磷酸盐的测定,常采用离子色谱法、钼酸铵分光光度法、孔雀绿-磷钼杂多酸分光光度法、流动分析-钼酸铵分光光度法。本节基于国标 GB/T 12763.4—2007《海洋调查规范 第 4 部分:海水化学要素调查》和 GB 11893—89《水质 总磷的测定 钼酸铵分光光度法》,介绍钼酸铵分光光度法。

3.14.2 水样的采集、保存与处理

采样瓶为容积约 250 mL 的玻璃瓶或聚乙烯瓶,经 2 mol/L 盐酸浸泡、纯水清洗,事先干燥或采样时用水样清洗数遍。

用于总磷测定的水样经采集后,加硫酸酸化至 pH≤1,可保存 1 个月。用于溶解性正磷酸盐测定的水样,不加任何试剂,于 2~5 ℃冷藏保存,24 h 内进行分析。若无法及时分析,则应在 −20 ℃下速冻保存并尽快分析。

水样经 0.45 μm 微孔滤膜过滤,滤液用于测定溶解性正磷酸盐。滤液经氧化消解,测定得溶解性总磷。混合水样(包括悬浮物)经氧化消解,测定得水中总磷含量。现行的氧化消解法有 3 种,分别是过硫酸钾消解法、硝酸-硫酸消解法和硝酸-高氯酸消解法。

本节介绍过硫酸钾消解法和过硫酸钾快速消解法。

3.14.2.1 过硫酸钾消解法

(1)仪器与器皿:高压灭菌器(参见附录 F-10)或一般民用压力锅,压力范围 98~147 kPa;带螺旋盖的聚四氟乙烯瓶或聚丙烯瓶(60 mL);实验室常备的天平等小型仪器和其他常用的玻璃器皿。

(2)试剂:过硫酸钾溶液,$c(K_2S_2O_8)=50$ g/L:溶解 5.0 g 过硫酸钾($K_2S_2O_8$)于 100 mL 纯水中,贮存于棕色试剂瓶中,4 ℃下可稳定数月。

(3)消解步骤:取 20.0 mL 混匀水样于 60 mL 聚四氟乙烯瓶中(如果水样的含磷量超过 1.2 mg/L,则对水样进行适当稀释,计算结果时注意进行体积校正),加过硫酸钾溶液 4 mL,混匀,旋紧瓶盖。将聚四氟乙烯瓶置于不锈钢丝筐中,放入高压容器中加热,压力达 107.8 kPa(相应温度 120 ℃)时,保持 30 min 后停止加热。待压力降至常压,取出放冷,将消解液移入比色管中,定容至 25 mL 刻度,供分光光度分析用。

如果消解液浑浊,则可用滤纸过滤,用少量纯水洗涤滤纸,合并滤液和洗涤液,定容至 25 mL。

取纯水作为空白样,经同样的消解操作。

3.14.2.2 过硫酸钾快速消解法

(1)仪器与器皿:快速消解仪(参见附录 F-9);耐酸耐压消解管(10 mL);比色管(25 mL);实验室常备的天平等小型仪器和其他常用的玻璃器皿。

(2)试剂:过硫酸钾溶液,$c(K_2S_2O_8)=50$ g/L:溶解 5.0 g 过硫酸钾($K_2S_2O_8$)于 100 mL 纯水中,贮存于棕色试剂瓶中,4 ℃下可稳定数月。

(3)消解步骤:取 2.5 mL 混匀水样于 10 mL 消解管中(如果水样的含磷量超过 1.2 mg/L,则对水样进行适当稀释,计算结果时注意进行体积校正),加过硫酸钾溶液 2 mL,加盖盖紧,置于快速消解仪中于 160 ℃消解 15 min,取出放冷。移入比色管中,定

容至 25 mL,供分光光度分析用。

取纯水作为空白样,经同样的消解操作。

实验前应仔细检查消解管,尤其是管盖不得变形、漏气,否则将极大影响消解效果。

当不具备压力消解条件时,亦可在常压下进行消解,具体操作步骤详见本节参考文献。

3.14.3　钼酸铵分光光度测定

3.14.3.1　方法原理

在酸性介质中,以锑盐作为催化剂,正磷酸盐与钼酸铵反应,生成磷钼杂多酸,其被还原剂抗坏血酸还原,生成蓝色络合物,即通常所称的磷钼蓝。其在 700~900 nm 之间有最大吸收,吸光值与磷含量成正比。

3.14.3.2　仪器与器皿

(1)分光光度计(参见附录 F-15)。

(2)比色管(25 mL)。

(3)实验室常备的天平等小型仪器和其他常用的玻璃器皿。

3.14.3.3　试剂

(1)磷酸盐标准贮备溶液,$c(P)=50.0$ mg/L:将磷酸二氢钾(KH_2PO_4)于 110 ℃ 干燥 4 h,干燥器中冷却至室温。称取 0.2197 g 磷酸二氢钾溶于纯水中,转移至 1000 mL 容量瓶中;加约 800 mL 纯水后加 50%(V/V)硫酸溶液 10 mL,用纯水稀释至刻度。贮存于试剂瓶中,4 ℃ 下可稳定 6 个月。亦可购置市售有证磷酸盐标准溶液代之。

(2)磷酸盐标准使用液,$c(P)=1.00$ mg/L:吸取 5.00 mL 磷酸盐标准贮备溶液于 250 mL 容量瓶中,用纯水定容;使用当天配制。注意:浓度以磷(P)的质量计。

(3)硫酸溶液,$c(H_2SO_4)=50\%(V/V)$:将 150 mL 浓硫酸(H_2SO_4,$\rho=1.84$ g/mL)缓慢加入 150 mL 纯水中,混匀。

(4)抗坏血酸溶液,$c(C_6H_8O_6)=10\%(m/V)$:溶解 10 g 抗坏血酸($C_6H_8O_6$)于纯水中,稀释至 100 mL,贮存于棕色试剂瓶中,4 ℃ 下可稳定数周。如颜色变黄,则弃去重配。

(5)显色剂溶液:溶解 13 g 一水合钼酸铵[$(NH_4)_6Mo_7O_{24} \cdot H_2O$]于 100 mL 纯水中;溶解 0.35 g 水合酒石酸锑氧钾[$K(SbO)C_4H_4O_6 \cdot 1/2H_2O$]于 100 mL 纯水中。在不断搅拌下,将钼酸铵溶液徐徐加到 300 mL 50%(V/V)硫酸溶液中,再加酒石酸锑氧钾溶液并混合均匀。试剂贮存在棕色试剂瓶中,4 ℃ 下可稳定数月。

3.14.3.4　测定步骤

(1)校准曲线(试液未经消解)的建立。

系列标准溶液配制:取 7 支 25 mL 比色管,分别加入磷酸盐标准使用液 0 mL、0.10 mL、0.25 mL、0.50 mL、1.50 mL、2.50 mL、5.00 mL,加纯水至 25.00 mL;得到磷浓度分别为 0 mg P/L、0.0040 mg P/L、0.0100 mg P/L、0.0200 mg P/L、0.060 mg P/L、0.100 mg P/L、0.200 mg P/L 的系列标准溶液。

显色:向各试样中分别加入 1 mL 抗坏血酸溶液,混匀,30 s 后加 2 mL 显色剂溶液,充分混匀,放置 15 min。

吸光度测定:用 1 cm 或 3 cm 比色皿,于 700 nm(或 880 nm,根据分光光度计的波长范围选择)波长处,以纯水为参比,测定吸光度。

校准曲线绘制:作图,横坐标为标样磷浓度或加入的磷酸盐标准使用液的体积,纵坐标为吸光度。计算校准曲线方程和可决系数(R^2)。

(2)样品测定。取 25.00 mL 水样,按建立校准曲线的步骤进行显色和吸光度测定。如果水样的含磷量超过校准曲线的线性范围,则用纯水稀释原水样再行消解和测定,计算时应进行体积校正。

3.14.3.5 计算

从一次曲线的通式 $y = ax + b$,衍生得到校准曲线(参见章节 1.3.6)为

$$A = ac + b \qquad \text{(式 3.14.1)}$$

式中,A 为纵坐标,吸光度;c 为横坐标,试样中磷的浓度,mg P/L;a 为曲线斜率;b 为曲线截距。

移项得

$$c(\text{mg P/L}) = \frac{A - b}{a} \qquad \text{(式 3.14.2)}$$

如果以加入的磷酸盐标准使用液的体积(mL)为横坐标,则计算所得的 c 为对应的磷酸盐标准使用液的体积(mL)。

浓度换算为

$$1 \text{ mg P/L} = 0.0323 \text{ mmol/L PO}_4^{3-} = 32.3 \text{ } \mu\text{mol/L PO}_4^{3-}$$

3.14.4 注意事项

(1)砷含量大于 2 mg/L 有干扰,用硫代硫酸钠去除。硫化物含量大于 2 mg/L 有干扰,在酸性条件下通氮气去除。六价铬含量大于 50 mg/L 有干扰,用亚硫酸钠去除。亚硝酸盐含量大于 1 mg/L 有干扰,用氧化消解或加氨磺酸均可去除。海水中大多数离子对显色的影响可以忽略。具体参见相关国家标准和本节参考文献。

(2)室温低于 13 ℃时,可在 20~30 ℃水浴中显色 15 min。

(3)如果采样时水样曾使用酸固定,则消解前应将水样调至中性。

(4)测定复杂水样时的其他具体注意事项,详见本节参考文献。

(5)为减少过硫酸钾和钼酸铵等试剂中的杂质含量以降低空白值,建议购置高纯试剂。

3.14.5 思考题

(1)水样中含磷过高,不加稀释就直接消解或直接测定,对结果会有什么影响?

(2)如果测定的是总磷,系列标准溶液中即使不含有机磷,但亦需要经过消解步骤,为什么?

(3)显色时需向各试样中加入抗坏血酸溶液和显色剂溶液,这些试剂的体积需准确吗? 为什么?

（4）显色时需向各试样中依序加入抗坏血酸溶液和显色剂溶液，如果顺序颠倒可行吗？鼓励动手尝试，进行比较。

（5）根据参比和空白的定义，说明为什么空白的吸光值通常高于零。

（6）如果本实验要求绘制工作曲线而不仅仅是标准曲线，该如何进行？

参考文献

中国环境监测总站.水和废水无机及综合指标监测分析方法［M］.北京：中国环境出版集团，2022：162-167.

（执笔：马　剑　袁东星）

3.15 油类的测定(萃取-荧光光度法)

3.15 Determination of Oils
(with extraction-fluorescence spectrophotometry)

实验目的:掌握油类的测定方法;了解样品预处理的液-液萃取法;掌握分光光度计和荧光光度计的使用;比较紫外法和荧光法对油类测定的结果。

3.15.1 概述

水中的油类物质主要有矿物油和动植物油两大类。矿物油主要来自原油的开采、炼制和运输,主要成分为各种烷烃和芳烃的混合物。矿物油中的芳烃虽然比烷烃少得多,但其毒性要大得多。动植物油主要来自动植物及其加工厂和生活污水,含有各种三酰甘油酯及少量低级脂肪酸酯、磷酸酯等。油漂浮于水面,影响空气和水体界面间的氧交换。分散于水中及吸附于悬浮颗粒上或以乳化状态存在于水中的油,影响空气与水体的氧交换,抑制水中生物的生命活动。油被微生物氧化分解时将消耗大量的溶解氧,使水质恶化。

油类的测定方法有重量法、红外光谱法、紫外分光光度法、荧光分光光度法、色谱法等。本节基于国家环境保护标准 HJ 970—2018《水质 石油类的测定 紫外分光光度法(试行)》,介绍紫外分光光度法;基于国标 GB/T 17378.4—2007《海洋监测规范 第 4 部分:海水分析》,介绍荧光分光光度法。需要指出的是,紫外分光光度法虽然是标准方法之一,但实际应用中受干扰较大,本节采纳之,主要是为了与荧光分光光度法进行比较。

3.15.2 方法原理

3.15.2.1 紫外分光光度法原理

油类化合物在紫外光区有特征吸收。含苯环芳香族化合物的主要吸收波长为 $250\sim260$ nm,含共轭双键化合物的主要吸收波长为 $215\sim230$ nm。一般原油的吸收波长为 225 nm 和 254 nm。燃料油、润滑油等石油产品的吸收峰与原油相近。因此,波长的选择应视实际情况而定,原油和重质油可选 254 nm,而轻质油及炼油厂的油品可选 225 nm。

水样用有机溶剂萃取后,可根据吸光度来测定有机相中微量油的含量。萃取液经硅酸镁吸附处理,去除动植物油等极性物质,获得含矿物油的试样。

3.15.2.2 荧光分光光度法原理

油类化合物在紫外光照射下产生荧光。当水样中含油量很低时,荧光强度与含油量成正比。水样用有机溶剂萃取后,可根据荧光强度来测定有机相中微量油的含量;但油品成分的芳烃数目不同,所产生的荧光强度差别很大。

3.15.3　水样的采集与保存

采集的水样必须有代表性。当只测定水中乳化状态和溶解性油时,要避开漂浮在水表面的油膜。一般在水表面以下 20～50 cm 处取样。若要与油膜一起采集,则要注意水的深度、油膜的厚度和覆盖的面积。

测定矿物油要单独采样,不得在实验室再分样。

为保存样品,采集水样前,可向采集瓶内加硫酸溶液,每升水样加 4.5 mol/L 硫酸溶液 10 mL,以抑制微生物活动。若不能当天分析,则置于 4 ℃下保存,尽快分析。

3.15.4　仪器与器皿

(1)紫外分光光度计(参见附录 F-15),具 215～256 nm 波长,配 1 cm 石英比色皿;荧光分光光度计(参见附录 F-16),具激发波长 310 nm、发射波长 360 nm,配 1 cm 石英比色皿。

(2)水样采集瓶,棕色广口的清洁玻璃瓶(500 mL);分液漏斗(250 mL);刻度比色管(25 mL)。(不得有有机物残留。)

(3)实验室常备的天平等小型仪器和其他常用的玻璃器皿。

3.15.5　试剂

(1)正己烷(C_6H_{14}),重蒸;或用酸、碱分别洗过的活性炭净化(详见国标 GB/T 17378.4—2007《海洋监测规范 第 4 部分:海水分析》);或以浓硫酸萃洗(详见国家环境保护标准 HJ 970—2018《水质 石油类的测定 紫外分光光度法(试行)》)。以纯水为参比,用 1 cm 比色皿于波长 225 nm 处测定,其透射率应≥90％方可使用。

(2)油标准贮备溶液,c(油)＝1000 mg/L:称取标准油品 0.100 g 溶于正己烷中,用正己烷转移、定容至 100 mL,贮存于试剂瓶中,4 ℃下可稳定半年。

推荐直接购买市售正己烷体系的有证标准物质/溶液。

(3)油标准使用液,c(油)＝100 mg/L:吸取 10.00 mL 油标准贮备溶液于 100 mL 容量瓶中,以正己烷定容;使用当天配制。

(4)无水硫酸钠(Na_2SO_4):于 550 ℃烘 4 h,冷却后装瓶备用。

(5)硫酸溶液,c(H_2SO_4)＝4.5 mol/L:取适量浓硫酸(H_2SO_4,ρ＝1.84 g/mL)缓慢倒入 3 倍量纯水中,贮于试剂瓶中,可长期稳定。

(6)氯化钠(NaCl)。

3.15.6　测定步骤

3.15.6.1　水样的萃取

注意:进行萃取之前,须将采集瓶中的水样使劲振摇,混合均匀!

(1)振摇采样瓶后,用量筒快速量取 100 mL 水样,倒入分液漏斗中。加入 1.0 mL 硫酸溶液和 2.0 g 氯化钠。如果水样在采集时已经酸化，则萃取时不需加酸，必要时进行体积校正。

（2）用 5 mL 正己烷清洗量筒后，并入分液漏斗中，振荡萃取 3 min，静置使之分层；将下层的水相收集至原水样量筒中，将正己烷相收集至 25 mL 刻度比色管中。

（3）将经过一次萃取的水样再次倒入分液漏斗中，重复（2）的萃取步骤，弃去水相，合并萃取液于 25 mL 刻度比色管中。

（4）用正己烷将萃取液定容到 10 mL，加入约 1 g 无水硫酸钠，振荡，观察硫酸钠是否分散。如果硫酸钠板结，则应再加入硫酸钠至不板结为止；或将溶液进行离心处理。

（5）以纯水代替水样作为方法空白样，重复步骤（1）～（4）。

3.15.6.2 校准曲线溶液的配制

取 6 支 25 mL 刻度比色管，分别加入油标准使用溶液 0 mL、0.10 mL、0.25 mL、0.50 mL、0.75 mL、1.00 mL，用正己烷定容至 10 mL，得到油浓度分别为 0 mg/L、1.00 mg/L、2.50 mg/L、5.00 mg/L、7.50 mg/L、10.0 mg/L 的系列标准溶液。

注意：试样溶液和标准曲线系列溶液将同时用于紫外分光光度法和荧光分光光度法的测定。由于试样量少，仪器分析时使用干燥的比色皿，不要用试样润洗。第一种仪器（紫外或荧光）分析后，试样不要弃去，宜倒回比色管用于第二种仪器分析。

3.15.6.3 紫外分光光度法测定和校准曲线绘制

测定吸光度：用 1 cm 洁净干燥石英比色皿，于 225 nm 波长（或根据工作经验和前期测定选择波长）处，以正己烷为参比，测定各试样的吸光度。

绘制校准曲线：作图，横坐标为标样油浓度，纵坐标为吸光度。计算校准曲线方程和可决系数（R^2）。

3.15.6.4 荧光分光光度法测定和校准曲线绘制

测定荧光值：设置激发波长 310 nm、发射波长 360 nm，用 1 cm 洁净干燥石英比色皿，以正己烷为参比，测定各试样的荧光值。

绘制校准曲线：作图，横坐标为标样油浓度，纵坐标为荧光值。计算校准曲线方程和可决系数（R^2）。

3.15.7 计算

从一次曲线的通式 $y = ax + b$，衍生得到校准曲线（参见章节 1.3.6）为

$$A = ac + b \qquad\qquad （式 3.15.1）$$

式中，A 为纵坐标，吸光度或荧光值；c 为横坐标，试样中油的浓度，mg/L；a 为曲线斜率；b 为曲线截距。

移项得

$$c(试样油，mg/L) = \frac{A - b}{a} \qquad\qquad （式 3.15.2）$$

原水样中的油含量为

$$c'(原样油，mg/L) = \frac{c(试样油) \times 10}{100} \qquad\qquad （式 3.15.3）$$

式中，c(试样油)为从校准曲线中得到萃取液试样中油的浓度，mg/L；10 为试样体积，mL；100 为水样体积，mL。

3.15.8　注意事项

(1)不同油品的特征吸收峰不同，如欲精准确定测定波长，则可向 10 mL 容量瓶中移入成分与被测样相近的标准油使用溶液 4～5 mL，用正己烷稀释至标线，用 1 cm 石英比色皿，在波长 215～300 nm 范围内测定，获得以吸光度为纵坐标、波长为横坐标的吸光度曲线，得到的最大吸收峰位置即为最佳测定波长，一般在 220～225 nm 之间。

(2)使用的器皿应彻底清洗干净，避免有机物的污染。

(3)分液漏斗的活塞不能涂抹凡士林或润滑脂。

(4)正己烷废液要回收，不能直接倒入下水道。

(5)由于正己烷易挥发，仪器分析时，盛装试样的比色皿须加盖。

(6)本节从学生实验的角度出发，尽量减少有机溶剂的使用。实际工作中，可适当增加原水样的体积和有机溶剂的体积，详见国家环境保护标准 HJ 970—2018《水质 石油类的测定 紫外分光光度法（试行）》。

3.15.9　思考题

(1)用塑料桶采集或保存水样，会引起测定结果偏低，为什么？

(2)在水样的萃取步骤中，用正己烷清洗量取水样的量筒，并将正己烷移入分液漏斗中。为什么把萃取用的正己烷先拿去洗量筒？

(3)如果水样的萃取液发生严重乳化现象，说明什么？此时可能引入什么样的测定误差？应该如何去除？

(4)本实验的紫外分光光度测定和荧光光度测定中，均采用正己烷为参比。如果采用纯水为参比，测定值可能有何不同？鼓励进行试验。

（执笔：袁东星　郭小玲）

第四章 大气环境监测实验

Chapter 4 Atmospheric Environmental Monitoring Experiments

4.1 气象参数的测量

4.1 Measurement of Meteorological Parameters

实验目的:掌握不同气象监测仪器的结构、工作原理及使用与校正方法。

4.1.1 概述

气温是衡量空气冷热程度的物理量,反映空气分子运动平均动能的大小,通常用摄氏温标(℃)来表示,以水银(或酒精)温度计测量。空气的湿度是表示空气中的水汽含量和潮湿程度的物理量,分别以水汽压(hPa)和相对湿度(%)来表示。风速是空气在单位时间内移动的水平距离(m/s);风向指的是风吹来的方向,用8方位或16方位来描述。降雨量指的是12 h或24 h内降雨(雪)量的总和,也可指从天空降落到地面上的液态或固态(经融化后)水,未经蒸发、渗透、流失,在水平面上积聚的深度(mm)。

4.1.2 仪器与测量原理

4.1.2.1 干球温度表(普通温度表)

干球温度表根据水银热胀冷缩的特性制成,包括感应球部、毛细管、刻度磁板、外套管等部分,如图4-1-1所示。

4.1.2.2 百叶箱干湿表

百叶箱干湿表由一对型号完全一样的水银(或酒精)温度计组成,如图4-1-2所示。一支温度计测量空气温度,称为干球温度表;另一支包裹纱布,纱布用纯水浸湿,并保持湿润状态,称为湿球温度表。在空气未饱和时,湿球纱布上的水分蒸发,蒸发消耗的热量直接

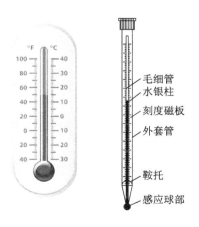

图 4-1-1 干球温度表

来自湿球本身及周围的薄层空气;当湿球蒸发所消耗的热量和周围空气中获得的热量相平衡时,湿球温度不再下降。因此,干湿球的温度差值,即干湿差。空气湿度越小,湿球纱布水分蒸发越快,消耗的热量越多,干湿差越大;反之,干湿差越小。根据干、湿球温度表的示数,通过查表或计算,可以得到各个空气湿度参量值。

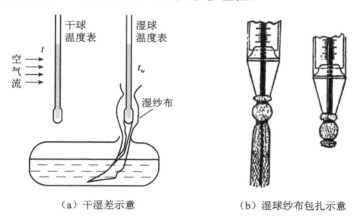

（a）干湿差示意　　　　（b）湿球纱布包扎示意

图 4-1-2　百叶箱干湿表

4.1.2.3　轻便风向风速表

轻便风向风速表为测量风向和 1 min 内平均风速的仪器,由风向部分(包括风向标、方位盘、方位盘制动部件)、风速部分(包括护杯环、风杯、风速表主机体)和手柄 3 部分组成,如图 4-1-3 所示。风杯可以自由转动,其转速与风速有固定关系。在风速指示盘内置有秒表,在打开启动开关后,秒表和风速指针一起走动,1 min 后风速指针和秒表自动停止,此时风速读数盘上的指针指向的数字即风速。

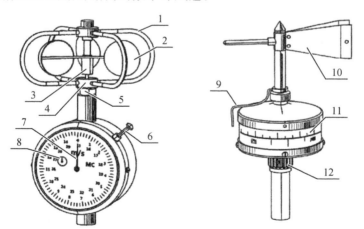

1—护杯环;2—风杯;3—风杯转动轴;4—风杯组;5—风杯组固定螺丝;6—启动杆
7—风速指针;8—秒表;9—风向指针;10—风向标;11—方位盘;12—方位盘制动部件。

图 4-1-3　轻便风向风速表

4.1.2.4 雨量器

雨量器由接水的漏斗、储水瓶和圆柱形金属外套筒组成,并配有与其口径成比例的专用雨量杯,如图 4-1-4 所示。雨量器口径通常为 20 cm,雨量杯的刻度单位为 mm,雨量观测时间通常有 6 h、8 h、12 h 或 24 h。

4.1.3 测量步骤

4.1.3.1 温度和湿度的测量

百叶箱干湿表安置的高度规定为距地面 1.5 m。干球温度表每天观测 4 次(02 时、08 时、14 时和 20 时)。温度在 0 ℃ 以下时,应加符号(一)。观测时,应保证视线和水

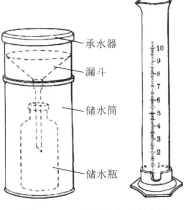

图 4-1-4　雨量筒和雨量杯

银柱顶端平行,以避免视差。读数要迅速,不要对着温度计呼吸,避免头、手和灯接近球部,以免影响温度示度。温度表读数须精确到 0.1 ℃,读完一遍后再复读一遍,避免发生误读。

百叶箱干湿表安装在百叶箱内,干球温度表和湿球温度表垂直悬挂在温度表支架的两侧,感应球部向下,干球温度表在东侧,湿球温度表在西侧,感应球部距地面 1.5 m 高。湿球的感应球部包扎着纱布,纱布的下部浸到一个带盖的小水杯内,杯中盛纯水,使湿球的感应球部保持湿润状态。杯口距湿球感应球部约 3 cm。为了保证湿球纱布处于良好的蒸发状态,必须使纱布保持清洁、柔软和湿润,且必须使用纯水。湿球纱布应经常更换,一般每周一次。如遇到沙尘天气使纱布明显沾有灰尘,应立即更换。根据干、湿球温度表的示数,通过计算或查表,可以获得相应的各种空气湿度参量的数值。

根据干球和湿球温度表测量水汽压时所依据的半经验公式,得到测湿公式:

$$e_{\mathrm{td}} = E_{\mathrm{tw}} - Ap(t_{\mathrm{d}} - t_{\mathrm{w}}) \tag{式 4.1.1}$$

$$E_{\mathrm{tw}} = e_0 \cdot 10^{at/(b+t)} \tag{式 4.1.2}$$

式中,e_{td} 为干球温度下的实际水汽压(计算值,hPa);E_{tw} 为湿球温度下的饱和水汽压(观测和计算值,hPa);A 为干湿表常数(经验值,参见表 4-1-1),在特定通风条件下测定获得;p 为气压(观测值,hPa);t_{d} 为干球温度(观测值,℃);t_{w} 为湿球温度(观测值,℃);e_0 为 0 ℃ 时的饱和水汽压(6.11 hPa);t 为蒸发面温度(℃);a 和 b 为经验参数(水平面 $a=7.45$,$b=237.3$;平冰面 $a=9.5$,$b=265.0$)。

相对湿度 $f(\%)$ 为干球温度下的实际水汽压与湿球温度下的饱和水汽压之比,即

$$f = \frac{e_{\mathrm{td}}}{E_{\mathrm{tw}}} \times 100\% \tag{式 4.1.3}$$

表 4-1-1　与风速有关的系数 A 的取值($\times 10^{-3}$ ℃$^{-1}$)

干湿表类别	湿球未结冰	湿球结冰
百叶箱干湿表(球状,自然通风 0.4 m/s)	0.857	0.756
百叶箱干湿表(柱状,自然通风 0.4 m/s)	0.815	0.719
通风干湿表(机械通风,2.5 m/s)	0.662	0.584
百叶箱电动通风(3.5 m/s)	0.667	0.588

将观测结果记录于表 4-1-2 中。

表 4-1-2　温度湿度观测记录

记录时间	气温计/℃	干球温度计/℃	湿球温度计/℃	备　注
示例	示例	示例	示例	示例
2023.12.1 9:40	12.5	12.2	13.5	小雨
…	…	…	…	…

4.1.3.2　风向和风速的测量

观测时将仪器带至空旷处,由观测者手持仪器,高出头部并保持垂直,方位盘保持水平。向下拉方位盘的制动小套,并向右转一角度,则方位盘可以自由旋转并按照地磁子午线方向稳定下来。注视风向标约 2 min,记录其摆动范围的中间位置,风向指针与方位盘对应的度数即风向。在观测风向时,待风杯转动约 0.5 min 后,按下启动杆,秒表开始倒计时。计时结束时,读取风速指针的风速值,单位 m/s,取一位小数,每 0.5 h 测量一次。测量完毕,将方位盘制动部件向左旋转一角度并松开,则方位盘被固定。

风向指的是风吹来的方向,一般用 8 个方位(北、东北、东、东南、南、西南、西和西北)表示,或 16 个方位(在 8 方位基础上,增加北东北、东东北、东东南、南东南、南西南、西西南、西西北和北西北)表示。图 4-1-5 的左图为方位图,右图为风向玫瑰图。统计观测结果,制作风向风速玫瑰图,填写表 4-1-3。

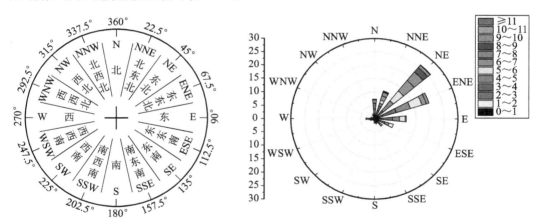

图 4-1-5　风向方位与风向玫瑰图

表 4-1-3　风向风速观测记录

记录时间	风　向	风速/(m/s)	备　注
示例	示例	示例	示例
2023.12.1 9:40	北东北	4.2	小雨
…	…	…	…

4.1.3.3 降雨量的测量

采样点的选择。根据国标 GB 13580.2—92《大气降水样品的采集与保存》的规定,采样点应尽可能远离局部污染源,四周无遮挡雨、雪的高大树木或建筑物。一定区域的站点布设应兼顾城区、农村和清洁对照点,要尽可能考虑到气象、地形和地貌等特征。

用雨量器观测降水量,一般采用分段定时观测,即把一天分成几个等长度的时段,如分成 4 段(每段 6 h)或 8 段(每段 3 h),分段数目根据需要和可能性而定。一般采用2段制进行观测,即每日 8 时及 20 时各观测一次,雨季时增加观测段次,雨量大时还需加测。日雨量以每天上午 8 时作为分界,即将本日 8 时至次日 8 时的降水量作为本日的降水量。

观测时,将雨量器里的储水瓶迅速取出,换上空的储水瓶,然后用特制的雨量杯测量储水瓶中收集的雨水,分辨率为 0.1 mm。当降雪时,仅用雨量器金属外筒作为承雪器具,待雪融化后再计算降水量。填写记录表 4-1-4。

表 4-1-4 降雨量观测记录

记录时间(始)	记录时间(终)	降雨量/mm	备注
示例	示例	示例	示例
2023.12.1 9:40	2023.12.2 8:00	5.5	有杂物
...	...	...	...

4.1.4 注意事项

(1)地面气象观测场的选址一般要求场地平坦开阔,四周没有高大建筑、树木和大水池。观测场地的边缘与四周孤立障碍物的距离,至少是该障碍物高度的 3 倍以上;如果是成排的障碍物,则距离至少是障碍物高度的 10 倍以上,以保持气流的畅通。观测场地大小应为 25 m×25 m,场地内保持均匀草层,草层高度不应超过 20 cm,不能种植其他作物;场地内设 0.3~0.5 m 宽的小路,作为观测通道。

(2)在测量温度时,须注意温度计的精度和灵敏度,以及环境因素对温度计读数的影响。

(3)在首次使用气温计或改变使用环境时,可先将其放置在当前使用环境中一段时间,让其完全感应当前环境的温湿度后方可正常使用。

(4)将气温计悬挂在开阔的空间中,确保通风良好,这样测量值才会更接近环境实际值。气温计不宜放置在靠近热源或冷源的位置。

(5)在测量风向风速时,如果附近有障碍物,则需按照要求保持一定距离,安置高度应高于障碍物至少 6 m 以上。

(6)安装雨量器时,器口一般距地面 70 cm,筒口保持水平。

4.1.5 思考题

(1)绘制风向风速玫瑰图时,采用 8 方位和 16 方位,哪种方式更好?为什么?

(2)根据实测温度和湿度数据,分析两者之间存在的关联性,并解释原因。

(3)如果还欲分析酸雨的电导率、pH 和化学成分,则在降雨收集过程中需要注意什么?

参考文献

[1]《空气和废气监测分析方法》编委会.空气和废气监测分析方法[M].北京:中国环境出版集团,2003:
　　284-315.

[2]包云轩,王翠花.气象学实习指导[M].北京:中国农业出版社,2016:9-33.

[3]唐慧强,张自嘉,刘佳.气象仪器基础[M]北京:科学出版社,2013:105-112,138-143.

[4]姜世中.气象学与气候学[M].北京:科学出版社,2010:54-57,102-105,127-130.

（执笔:吴水平）

4.2 酸雨组成的测定(离子色谱法)

4.2 Determination of Acid Rain Composition (with ion chromatography)

实验目的:了解酸雨的酸度贡献来源和离子色谱仪的使用。

4.2.1 概述

酸雨形成主要与大气中的酸性物质(如 SO_2、NO_x 等)有关。通过测定酸雨的 pH,以及其中各种离子(如 SO_4^{2-}、NO_3^- 等)的浓度,可以了解大气中酸性污染物的排放情况,及时发现生态系统可能受到的威胁和预测古建筑的损害程度。本节基于国家环境保护标准 HJ 800—2016《环境空气 颗粒物中水溶性阳离子(Li^+、Na^+、NH_4^+、K^+、Ca^{2+}、Mg^{2+})的测定 离子色谱法》和 HJ 799—2016《环境空气 颗粒物中水溶性阴离子(F^-、Cl^-、Br^-、NO_2^-、NO_3^-、PO_4^{3-}、SO_3^{2-}、SO_4^{2-})的测定 离子色谱法》,介绍离子色谱法。

4.2.2 方法原理

酸雨的 pH 和电导率的测定原理,参考章节 3.2 和 3.3。水溶性离子的测定采用离子色谱法。采集的降雨样品经阴离子或阳离子色谱柱交换分离后,用抑制型或非抑制型电导检测器检测。根据不同离子的保留时间定性,峰高或峰面积定量。

4.2.3 样品的采集与保存

采样点的选择。国标 GB 13580.2—92《大气降水样品的采集与保存》的规定,采样点应尽可能地远离局部污染源,四周无遮挡雨、雪的高大树木或建筑物。一定区域的站点布设应兼顾城区、农村和清洁对照点,要尽可能考虑到气象、地形和地貌等特征。

降雨样品采集后,立即测定其 pH 和电导率。测定化学组分的样品,采集后应尽快使用微孔滤膜(0.45 μm 孔径)过滤除去颗粒物,将滤液保存于白色聚乙烯塑料瓶中,不加添加剂,密封后于冰箱中冷藏保存,以减缓可能的气体挥发/溶解(如 SO_2)、化学转化(如 SO_2/SO_4^{2-}、NO_2/NO_3^-)、生物作用(如 NH_4^+、NO_3^-),尽量保持样品中的待测成分不变。

4.2.4 仪器与器皿

pH 计(参见附录 F-2);电导率仪(参见附录 F-3);过滤器,配 0.22 μm 微孔滤膜;离子色谱仪(参见附录 F-18),配备阴离子和阳离子交换柱;实验室常备的天平等小型仪器和常用的玻璃器皿。

4.2.5　试剂

（1）氯化钾标准溶液，$c(KCl)=0.0100$ mol/L：称取 0.745 g 氯化钾（KCl），用纯水溶解，定容至 1000 mL，贮存于试剂瓶中，可稳定数月。

（2）阴离子淋洗液，$c(KOH)=0.0200$ mol/L：称取 1.12 g 氢氧化钾（KOH），用纯水溶解，定容至 1000 mL，贮存于聚乙烯试剂瓶中，可稳定数月。

（3）阳离子淋洗液：$c(CH_3SO_3H)=0.0200$ mol/L：称取 1.92 g 甲烷磺酸（CH_3SO_3H），用纯水溶解，定容至 1000 mL，贮存于试剂瓶中，可稳定数月。

（4）阴离子（F^-、Cl^-、NO_2^-、NO_3^-、SO_4^{2-}）标准贮备溶液，c（各阴离子）$=100$ mg/L，推荐购买市售的有证固体标准物质或混合标准溶液。

（5）阳离子（Na^+、NH_4^+、K^+、Mg^{2+}、Ca^{2+}）标准贮备溶液，c（各阳离子）$=100$ mg/L，推荐购买市售的有证固体标准物质或混合标准溶液。

（6）阴离子和阳离子标准工作溶液，c（各离子）$=10.0$ mg/L：取 2 个 50 mL 容量瓶，分别加入阴离子和阳离子标准贮备溶液 5.00 mL，以纯水稀释、定容至 50 mL，临用前配制。

4.2.6　测定步骤

4.2.6.1　降水样品预处理与基本参数的测定

（1）记录降水样品收集的地点、起止时间、雨量等信息。

（2）移取部分降水样品，通过过滤器（配 0.22 μm 微孔滤膜）过滤至洁净白色聚乙烯塑料瓶中，贴上标签，冷藏保存。

（3）另移取部分降水样品，无需过滤，参照章节 3.2 和 3.3 的方法，直接测定 pH 和电导率。

4.2.6.2　无机离子组成的测定

（1）校准曲线的建立。

系列标准溶液配制：取 7 支 50 mL 的容量瓶，分别加入阴离子和阳离子标准工作液 0 mL、0.125 mL、0.250 mL、0.500 mL、2.50 mL、5.00 mL 和 10.0 mL，以纯水定容至 50 mL，得到浓度分别为 0 mg/L、0.0250 mg/L、0.0500 mg/L、0.100 mg/L、0.500 mg/L、1.00 mg/L 和 2.00 mg/L 的系列标准溶液。

保留时间与信号峰面积确定：分别分析各标准溶液中的阳离子和阴离子，确定不同离子的保留时间与峰面积。峰面积可采用自动积分或手动积分来获取。通常情况下，阴离子的出峰顺序为 F^-、Cl^-、NO_2^-、NO_3^- 和 SO_4^{2-}，阳离子的出峰顺序为 Na^+、NH_4^+、K^+、Mg^{2+} 和 Ca^{2+}。

校准曲线绘制：横坐标为标样中某离子的浓度（mg/L），纵坐标为该离子的峰面积，绘制散点图，按照线性回归-最小二乘法进行拟合，得到相应的校准曲线方程及可决系数（R^2）。

（2）样品测定：取 2 支离子色谱仪的进样管，分别移入约 5 mL 过滤后的降水样品，按照建立校准曲线的方法步骤，测定阴离子和阳离子，对各离子的峰面积进行积分。

4.2.7 计算

根据标准溶液中某一离子的峰面积与浓度之间建立的校准曲线,对试样中的相应离子进行定量。根据样品中不同离子的浓度(μg/mL),计算阴、阳离子的当量浓度(摩尔质量浓度×电荷数)(μeq/mL);将所有阴离子或阳离子的当量浓度相加,得到阴、阳离子的总当量浓度:

$$阴离子当量浓度(\mu eq/mL) = \frac{[F^-]}{19} \times 1 + \frac{[Cl^-]}{35.5} \times 1 + \frac{[NO_3^-]}{46} \times 1 + \frac{[NO_3^-]}{62} \times 1 + \frac{[SO_4^{2-}]}{96} \times 2$$

$$（式4.2.1）$$

$$阳离子当量浓度(\mu eq/mL) = \frac{[Na^+]}{23} \times 1 + \frac{[NH_4^+]}{18} \times 1 + \frac{[Mg^{2+}]}{24} \times 2 + \frac{[K^+]}{39} \times 1 + \frac{[Ca^{2+}]}{40} \times 2$$

$$（式4.2.2）$$

式中,[某离子]为酸雨中测得的某离子的浓度,g/mL;分母的数值为该离子的摩尔质量,g/mol;系数为该离子的电荷数。

可以根据阴、阳离子总当量浓度之差,来间接估算[H^+]浓度,并与实测 pH 进行比较。

4.2.8 注意事项

(1)微孔滤膜在加工过程中可能会沾污少量 F^-、Cl^-、K^+ 等离子,因此滤膜使用前需在纯水中浸泡 24 h,再用纯水洗涤数次备用。

(2)过滤器在首次使用前,需用 10%(V/V)盐酸溶液浸泡过夜,用自来水洗至中性,再用纯水清洗;以离子色谱法检测水中的氯离子,其含量与纯水相当,方认为合格。

(3)保留时间相近的 2 种阴离子或阳离子,当其浓度相差较大而影响低浓度离子的测定时,可通过稀释、调节流速、改变淋洗液配比等方式消除干扰。

4.2.9 思考题

(1)如将 pH 小于 5.65 的降水定义为酸雨,根据实测的降雨样品 pH,判断其是否为酸雨。

(2)分析降水的电导率与阴、阳离子当量浓度之间的相关性,以及 pH 与阴/阳离子当量浓度比之间的相关性,并解释原因。

(执笔:吴水平)

4.3 环境空气颗粒物($PM_{2.5}$和PM_{10})的测定（称量法）

4.3 Measurement of Atmospheric Particulate Matter ($PM_{2.5}$ and PM_{10})(with weighing method)

实验目的：了解空气颗粒物的分类；掌握可吸入颗粒物的监测方法、采样器和切割器的具体应用。

4.3.1 概述

环境空气颗粒物(particulate matter，PM)是大气中悬浮的固体和液体颗粒物，按照颗粒物空气动力学当量直径(aerodynamic diameter，Da)的大小可划分为总悬浮颗粒物(total suspended particle，TSP，$Da \leqslant 100 \ \mu m$)、可吸入颗粒物或飘尘(inhalable particle，PM_{10}，$Da \leqslant 10 \ \mu m$)、细颗粒(fine particle，$PM_{2.5}$，$Da \leqslant 2.5 \ \mu m$)和超细颗粒物($PM_{0.1}$，$Da \leqslant 0.1 \ \mu m$)。其中，PM_{10}对人体健康影响较大，是室内外环境空气质量的重要监测指标。$PM_{2.5}$也称为可入肺颗粒物，其粒径小，富含大量的有毒有害物质且在大气中的停留时间长，输送距离远，因而对人体健康和大气环境质量的影响更大。

测定$PM_{2.5}$和PM_{10}的质量浓度通常采用称量法、β射线吸收法和微量振荡天平法。其中称量法最为常用，本节基于国家环境保护标准 HJ 618—2011《环境空气 PM_{10} 和 $PM_{2.5}$的测定 重量法》、HJ 664—2013《环境空气质量监测点位布设技术规范（试行）》和 HJ 194—2017《环境空气质量手工监测技术规范》及其修改单，介绍此法。

4.3.2 方法原理

分别采用具有一定切割特性的采样器，以恒速抽取定量体积的空气，使环境空气中$PM_{2.5}$和PM_{10}被截留在已知质量的滤膜上，根据采样前后滤膜的质量差和采样体积，计算出 $PM_{2.5}$ 和 PM_{10} 的浓度。

4.3.3 仪器与器皿

(1)切割器。

PM_{10}切割器：切割粒径 $Da_{50} = (10 \pm 0.5) \mu m$，捕集效率的几何标准差 $\sigma_g = (1.5 \pm 0.1) \mu m$。其中，$Da_{50}$表示 50% 切割粒径(50% cutpoint diameter)，指切割器对颗粒物的捕集效率为 50% 时所对应的粒子空气动力学当量直径。

$PM_{2.5}$切割器：切割粒径 $Da_{50} = (2.5 \pm 0.2) \mu m$，捕集效率的几何标准差 $\sigma_g = (1.2 \pm 0.1) \mu m$。

（2）空气采样器（参见附录 F-13）。

大流量采样器：量程 $0.8 \sim 1.4 \text{ m}^3/\text{min}$，仪器设定一般为 $1.0 \text{ m}^3/\text{min}$，误差≤2%。

中流量采样器：量程 $60 \sim 125 \text{ L/min}$，仪器设定一般为 100 L/min，误差≤2%。

小流量采样器：量程 $<30 \text{ L/min}$，仪器设定一般为 16.67 L/min，误差≤2%。

（3）分析天平：感量 0.1 mg（适合大流量采样器采用的滤膜）（参见附录 F-1）或 0.01 mg（适合中、小流量采样器采用的滤膜）。

（4）恒温恒湿箱（室）：箱（室）内空气温度在 15～30 ℃范围内可调，控温精度±1 ℃。箱（室）内空气的相对湿度控制在(50±5)%。

（5）滤膜：所用滤膜必须是空气采样专用滤膜。

4.3.4 分析步骤

4.3.4.1 空白滤膜准备

根据样品采集目的，可选玻璃纤维滤膜、石英滤膜等无机滤膜或聚氯乙烯、聚丙烯、混合纤维素等有机滤膜。滤膜对 $0.3 \mu m$ 标准粒子的截留效率不低于99%。滤膜使用前需经过光照检查，确认滤膜完好无破损。如果需要分析 PM 的化学成分，玻璃纤维滤膜和石英滤膜须分别在 450 ℃和 800 ℃马弗炉（参见附录 F-8）内焙烧 4 h 以上去除有机杂质，冷却后置于恒温恒湿箱（室）内平衡 24 h，聚氯乙烯等有机滤膜，则直接在恒温恒湿箱（室）内平衡 24 h，记录平衡温度和湿度。在上述平衡条件下，用分析天平称量滤膜，放入已编号的滤膜盒中，避光干燥保存。

4.3.4.2 样品采集

布设采样点。针对环境空气质量评价，监测点采样口周围至少三面开阔，没有污染源和高大障碍物，采样口距离地面高度在 1.5～15.0 m 范围内，距支撑物表面 1 m 以上。采样不宜在风速大于 8 m/s 的天气条件下进行。如果多个大流量采样在同一站点平行采样，则采样器之间的距离至少在 2 m 以上。若测定交通枢纽处的 $PM_{2.5}$ 和 PM_{10}，则采样点应布置在距离人行道边缘外侧 1 m 处。

按照仪器操作手册（参见附录 F-13），检查连接管的密封性和流量无误后，安装滤膜，设定采样开始时间和结束时间（采样时长一般为 24 h），记录环境气象条件（温度、湿度、风向、风速、降雨等），同时对采样点周围 8 方位环境进行拍照。采样结束后，记录采样工况体积，取下滤膜放入原滤膜盒中。

4.3.4.3 样品滤膜称量

样品滤膜送回实验室后，置于恒温恒湿箱（室）中平衡 24 h，平衡条件尽量与空白滤膜的平衡条件一致。如无法保持两次平衡条件完全一致，则分别记录两次平衡时的温度和湿度。在上述平衡条件下，用感量为 0.1 mg 或者 0.01 mg 的分析天平称量样品滤膜，记录质量。同一滤膜在恒温恒湿箱（室）中相同条件下再平衡 1 h 后称量。对于 PM_{10} 和 $PM_{2.5}$ 样品滤膜，两次质量差分别小于 0.4 mg（8 英寸×10 英寸滤膜）或 0.04 mg（直径

90 mm 或 47 mm 滤膜)方满足恒重要求。如超过要求范围,则需继续恒重 24 h 后再次称量。每张滤膜采样前后尽量使用同一台天平称量,以减少误差。

样品滤膜称量完成后,后续如果需要测定化学成分,则应在 −18 ℃冷冻保存。

4.3.5　计算

$PM_{2.5}$ 或 PM_{10} 浓度 ρ,按照式 4.3.1 计算:

$$\rho(\mathrm{mg/m^3}) = \frac{W_2 - W_1}{V} \times 1000 \qquad (式 4.3.1)$$

式中,W_2 为采样后滤膜的质量,g;W_1 为采样前滤膜的质量,g;V 为监测时大气温度和压力下的采样体积,即工况体积,m^3;1000 为单位换算系数。

4.3.6　注意事项

(1)采样前,应检查采样系统各连接管之间的 O 形圈是否老化变形,采样泵的工作流量是否快速稳定在设定流量处。采样泵开启后,噪声是否稳定,是否有烧焦气味逸出。

(2)样品采集后,如果滤膜上积尘区与周边空白区的界线模糊,则表明存在漏气,采样滤膜作废,需检查 O 形圈是否变形损坏,重新采样。

(3)标准滤膜的称量。从空白滤膜中,任意取出两张滤膜,按照同样的条件平衡 24 h 后,非连续地称量 10 次,计算平均值作为该滤膜的原始质量。这两张滤膜作为"标准滤膜"。"标准滤膜"不参与采样,在与采样滤膜进行同样的恒重、称量后,若"标准滤膜"的质量在原始质量±5 mg(8 英寸×10 英寸滤膜)或±0.5 mg(直径 90 mm 和 47 mm 滤膜)范围内,则认为该批样品滤膜称量合格,数据可用;否则,检查称量条件是否符合要求,并重新称量该批样品滤膜。

4.3.7　思考题

(1)为什么本实验需要恒速抽取定量气体?

(2)实验过程中,哪些因素对 $PM_{2.5}$ 和 PM_{10} 质量浓度的准确计算有影响?如何保证测定值的准确性?

(3)查阅《环境空气质量标准》(GB 3095—2012)及其修改单,依据环境空气功能区质量要求,判断测定值是否满足相应的浓度限值,并计算测定值对应的空气质量指数(air quality index,AQI)。

(执笔:吴水平)

4.4 环境空气中氮氧化物的测定
（重氮偶联-分光光度法）

4.4 Determination of Nitrogen Oxides (NO_x) in Air
（with diazo coupling-spectrophotometry）

实验目的：掌握氮氧化物的测定方法；了解空气采样方法之一——溶液吸收法；掌握分光光度计的使用。

4.4.1 概述

空气中的氮氧化物包括一氧化氮（NO）、二氧化氮（NO_2）、三氧化二氮（N_2O_3）等。其中一氧化氮和二氧化氮为主要形态，通常用 NO_x 表示。氮氧化物在对流层中危害大，是形成酸雨的主要物质。天然源有闪电、森林火灾、大气中氮的氧化及土壤微生物的硝化作用；人为来源有硝酸厂、氮肥厂、染料厂、炸药厂等工业排放，以及汽车和各种内燃机的废气排放。

氮氧化物的测定方法有盐酸萘乙二胺分光光度法、化学发光法和恒电流滴定法等。其中，盐酸萘乙二胺分光光度法的采样与显色同时进行，简便、灵敏，为国内普遍采用。本节介绍此法。

4.4.2 方法原理

两支吸收瓶，盛装吸收液（对氨基苯磺酸-盐酸萘乙二胺溶液）；一支氧化瓶，盛装氧化剂（酸性高锰酸钾溶液）；按吸收瓶—氧化瓶—吸收瓶的顺序串联。空气中的二氧化氮被第一支吸收瓶中的吸收液吸收并反应生成亚硝酸（参见式 4.4.1），进一步发生重氮-偶联反应生成粉红色偶氮染料。空气中的一氧化氮不与第一支吸收瓶的吸收液反应，但通过氧化瓶时被高锰酸钾氧化为二氧化氮和三氧化二氮，被第二支吸收瓶中的吸收液吸收后，其中的亚硝酸根反应生成粉红色偶氮染料。生成的偶氮染料在波长 540 nm 处有最大吸收，吸光度与二氧化氮的含量成正比。分别测定第一支和第二支吸收瓶中样品的吸光度，计算两支吸收瓶内二氧化氮和一氧化氮的质量浓度，两者之和即为氮氧化物的质量浓度（以 NO_2 计）。

$$2NO_2 + H_2O \Longrightarrow HNO_2 + HNO_3 \qquad （式 4.4.1）$$

从式 4.4.1 可见，吸收液吸收二氧化氮后，并非 100% 生成亚硝酸，故实验结果需要用 Saltzman 实验系数进行换算。

空气中的一氧化氮通过氧化瓶后，也并非 100% 被高锰酸钾氧化为二氧化氮，实验结果也需要用氧化系数进行换算。

4.4.3　样品的采集、运输与保存

采样系统示意如图 4-4-1 所示。采样前应检查系统的气密性,用皂膜流量计进行流量校准。采样流量的相对误差应小于±5%。

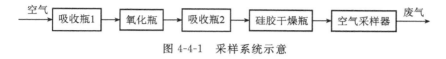

图 4-4-1　采样系统示意

4.4.3.1　短时间采样(1 h 以内)

取两支内装 10.0 mL 吸收液的多孔玻板吸收瓶和一支内装 5~10 mL 酸性高锰酸钾溶液的氧化瓶(液柱高度不低于 80 mm),按图 4-4-1 所示,用尽量短的硅橡胶管将氧化瓶串联在两支吸收瓶之间,以 0.4 L/min 流量避光采样 6~24 L,至吸收液呈淡红色为止。

4.4.3.2　长时间采样(24 h)

取两支大型多孔玻板吸收瓶,均装入 25.0 mL 或 50.0 mL 吸收液(液柱高度不低于 80 mm),标记液面位置。取一支内装 50 mL 酸性高锰酸钾溶液的氧化瓶,按图 4-4-1 所示接入采样系统,将吸收液恒温在(20±4)℃,以 0.2 L/min 流量采气 288 L。

4.4.3.3　现场空白

现场空白样指的是与样品在相同的条件下放置、保存、运输的吸收液。将装有吸收液的吸收瓶带到采样现场,在采样的同时放置在一边,再与样品一同保存和运输,直至送交实验室分析。要求每次采样至少做两个现场空白样。

4.4.3.4　采样注意事项

采样系统中的瓶子应避光,可外罩黑色避光罩;采样前应标记液面位置。

采样的同时,测量并记录现场的气温和大气压。

氧化瓶中有明显的沉淀物析出时,应及时更换。

一般情况下,内装 50 mL 酸性高锰酸钾溶液的氧化瓶可使用 15~20 d(隔日采样)。采样过程中应注意观察吸收液颜色变化,颜色过深时应停止采样,更换氧化瓶。

采样结束时,为防止溶液倒吸,应在采样泵停止抽气之前,关闭采样系统中的阀门。

4.4.3.5　样品的运输与保存

样品运输与保存过程应避免阳光照射。气温超过 25 ℃时,长时间(8 h 以上)运输和存放样品应采取降温措施。运输过程中要防止吸收瓶破裂和吸收液溅洒。

样品采集后应尽快分析。若不能及时测定,则将样品于低温暗处存放,样品在 30 ℃暗处可稳定 8 h,在 20 ℃暗处可稳定 24 h,于 0~4 ℃冷藏可稳定至少 3 d。

4.4.4　仪器与器皿

(1)分光光度计(参见附录 F-15)。

(2)空气采样器:流量范围 0.1~1.0 L/min;采样流量为 0.4 L/min 时,相对误差小于±5%(参见附录 F-12)。

(3)恒温、半自动连续空气采样器:采样流量为 0.2 L/min 时,相对误差小于±5%;能将吸收液温度保持在(20±4) ℃;空气入口朝下;连接管为硼硅玻璃管、不锈钢管、聚四氟乙烯管或硅橡胶管,内径约为 6 mm,尽可能短,任何情况下不得超过 2 m。

(4)吸收瓶:可装 10 mL、25 mL 或 50 mL 吸收液的多孔玻板吸收瓶,液柱高度不低于80 mm。瓶子经 50%(V/V)盐酸溶液浸泡 24 h 以上,用纯水洗净。内装 10 mL 吸收液的多孔玻板吸收瓶,以 0.4 L/min 流量采样时,玻板阻力应在 4~5 kPa;内装 50 mL 吸收液的大型多孔玻板吸收瓶,以 0.2 L/min 流量采样时,玻板阻力应在 5~6 kPa。通过玻板后的气泡应分散均匀,玻板边缘无气泡溢出。

图 4-4-2 所示为适用的两种多孔玻板吸收瓶。使用棕色吸收瓶或采样过程中外罩黑色避光罩。

(5)氧化瓶:可装 5 mL、10 mL 或 50 mL 酸性高锰酸钾溶液的洗气瓶,液柱高度不低于80 mm。使用后,用盐酸羟胺溶液(0.2~0.5 g/L)浸泡洗涤。图 4-4-3 所示为适用的两种氧化瓶。

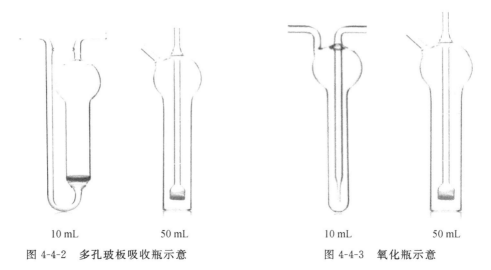

| 10 mL | 50 mL | 10 mL | 50 mL |

图 4-4-2　多孔玻板吸收瓶示意　　　　图 4-4-3　氧化瓶示意

(6)实验室常备的天平等小型仪器和常用的玻璃器皿。

4.4.5　试剂

(1)硫酸溶液,$c(H_2SO_4)$＝0.54 mol/L:将 15 mL 浓硫酸(H_2SO_4,ρ＝1.84 g/mL)缓慢倒入 500 mL 纯水中,搅拌均匀,贮存于试剂瓶中,可长期稳定。

(2)酸性高锰酸钾溶液,$c(KMnO_4)$＝25 g/L:称取 25 g 高锰酸钾($KMnO_4$)于 1000 mL烧杯中,加入 500 mL 纯水,稍微加热使其全部溶解,然后加入 0.54 mol/L 硫酸溶液 500 mL,搅拌均匀,贮于棕色试剂瓶中,可稳定数月。

(3)盐酸萘乙二胺贮备溶液,c(盐酸萘乙二胺)＝1.00 g/L:称取 0.50 g 盐酸萘乙二胺($C_{12}H_{14}N_2 \cdot 2HCl$)用纯水溶解、定容至 500 mL,贮存在棕色试剂瓶中,4 ℃下可稳定数月。

(4)显色液,c(对氨基苯磺酸)＝5.0 g/L,c(盐酸萘乙二胺)＝0.050 g/L:称取 5.0 g 对氨基苯磺酸($NH_2C_6H_4SO_3H$)溶解于约 200 mL 40～50 ℃热(纯)水中,冷却至室温,全部移入 1000 mL 容量瓶中,加入 50 mL 盐酸萘乙二胺贮备溶液和 50 mL 冰醋酸(CH_3COOH),用纯水定容,贮存在棕色玻璃瓶中,4 ℃下可稳定数月。若溶液呈现淡红色,则应弃之重配。

(5)吸收液,c(对氨基苯磺酸)＝4.0 g/L,c(盐酸萘乙二胺)＝0.040 g/L:将显色液和纯水按 4:1(V/V)比例混合,即为吸收液。吸收液的吸光度不得超过 0.005(参见章节 4.4.6 的实验室空白)。使用时现配。

(6)亚硝酸盐标准贮备溶液,c(NO_2^-)＝250 mg/L:将亚硝酸钠($NaNO_2$)于 110 ℃干燥 1 h,干燥器中冷却。称取 0.3750 g 亚硝酸钠溶于纯水中,用纯水稀释、定容至 1000 mL,贮存在棕色玻璃瓶中,4 ℃下可稳定数月。亦可购置市售有证亚硝酸盐标准溶液代之。

(7)亚硝酸盐标准工作溶液,c(NO_2^-)＝2.5 mg/L:准确吸取亚硝酸盐标准贮备溶液 1.00 mL,用纯水稀释、定容至 100 mL。使用时现配。

4.4.6　测定步骤

4.4.6.1　空白试验

实验室空白:取新配制的吸收液,用 1 cm 比色皿,在波长 540 nm 处,以纯水为参比测定吸光度。使用同一台分光光度计,在样品分析的同日重复多次测定实验室空白,其波动范围不应超过±15%,取平均值记为 A_0,其不应超过 0.005。若达不到要求,则应检查实验用水、试剂质量及排除来自空气的污染,重新配制吸收液。

现场空白:测定现场空白样的吸光度,取平均值。将现场空白样和实验室空白样的测定结果进行比较,若现场空白大大高于实验室空白,则说明采样或运输储存过程中受到污染,应查找原因,重新采样。

4.4.6.2　校准曲线的建立

系列标准溶液配制:取 6 支 10 mL 具塞比色管,分别加入亚硝酸盐标准使用液 0 mL、0.40 mL、0.80 mL、1.20 mL、1.60 mL、2.00 mL,再依次分别加入 2.00 mL、1.60 mL、1.20 mL、0.80 mL、0.40 mL、0 mL 纯水,各管加入显色液 8.00 mL,混匀,得亚硝酸盐质量分别为 0 mg/L、0.10 mg/L、0.20 mg/L、0.30 mg/L、0.40 mg/L、0.50 mg/L 的系列标准溶液。于暗处放置 20 min,室温低于 20 ℃时放置 40 min 以上。

吸光度测定:用 1 cm 比色皿,于 540 nm 波长处,以纯水为参比,测定各样品的吸光度。

校准曲线绘制:作图,横坐标为亚硝酸盐浓度,纵坐标为吸光度,计算校准曲线方程和可决系数(R^2)。

4.4.6.3　样品测定

样品采集后放置 20 min(室温低于 20 ℃时放置 40 min)以上,用纯水将采样瓶中吸收液的体积补充至标线,混匀。用 1 cm 比色皿,在波长 540 nm 处,以纯水为参比测定吸光度。

若样品溶液的吸光度超过标准曲线的线性范围,可用吸收液稀释后再测定吸光度,但稀释倍数不得大于 6。计算时应做稀释倍数校正。

4.4.7　计算

从一次曲线的通式 $y = ax + b$，衍生得到校准曲线（参见章节 1.3.6）为

$$A = ac + b \qquad\qquad （式 4.4.2）$$

式中，A 为纵坐标，吸光度；c 为横坐标，样品中亚硝酸盐的浓度，mg/L；a 为曲线斜率；b 为曲线截距。

移项得

$$c_{NO_2^-}(mg/L) = \frac{A - b}{a} \qquad\qquad （式 4.4.3）$$

注意：这里得到的是试样中的亚硝酸盐浓度，乘以采样用的吸收液体积（mL），可得到样品中的亚硝酸盐的质量（μg）。

（1）空气中二氧化氮质量浓度，按式 4.4.4 计算。

$$c_{NO_2}(mg/m^3 \text{ 或 } \mu g/L) = \frac{(A_1 - A_0 - b) \times V \times D}{a \times f \times V_r} \qquad （式 4.4.4）$$

式中，A_1 为第一支吸收瓶中样品的吸光度；A_0 为实验室空白样的吸光度（参见章节 4.4.6 的实验室空白及章节 4.4.8 的注意事项）；V 为采样吸收液体积，mL；V_r 为换算成参比状态（温度 298.15 K，压力 1013.25 hPa）下的采样体积，L；a 为曲线斜率；b 为曲线截距；D 为样品的稀释倍数；f 为 Saltzman 实验系数，为 0.88，但当空气中二氧化氮质量浓度高于 0.72 mg/m³ 时，f 取值 0.77。

（2）空气中一氧化氮质量浓度以二氧化氮（NO_2）计，按式 4.4.5 计算。

$$c_{NO}(mg/m^3 \text{ 或 } \mu g/L) = \frac{(A_2 - A_0 - b) \times V \times D}{a \times f \times V_r \times K} \qquad （式 4.4.5）$$

式中，A_2 为第二支吸收瓶中样品的吸光度；K 为一氧化氮氧化成二氧化氮的氧化系数，0.68；其余同式 4.4.4。

以一氧化氮（NO）计，按式 4.4.6 计算。

$$c'_{NO}(mg/m^3 \text{ 或 } \mu g/L) = \frac{c_{NO} \times 30}{46} \qquad\qquad （式 4.4.6）$$

式中，30 为一氧化氮的摩尔质量；46 为二氧化氮的摩尔质量。

（3）空气中氮氧化物的质量浓度 NO_x 以二氧化氮（NO_2）计，按式 4.4.7 计算。

$$c_{NO_x}(mg/m^3 \text{ 或 } \mu g/L) = c_{NO_2} + c_{NO} \qquad\qquad （式 4.4.7）$$

方法检出限为 0.12 μg/10 mL 吸收液。吸收液总体积为 10 mL，采样体积 24 L，空气中氮氧化物的检出限为 0.005 mg/m³；吸收液总体积 50 mL，采样体积 288 L，检出限为 0.003 mg/m³；吸收液总体积 10 mL，采样体积 12～24 L，测定范围为 0.020～2.5 mg/m³。

4.4.8　注意事项

（1）空气中过氧乙酰硝酸酯（peroxyacetyl nitrate，PAN）对二氧化氮的测定产生正干扰。在一般环境空气中，PAN 浓度甚低，不会导致显著误差。

（2）空气中臭氧质量浓度超过 0.25 mg/m³ 时，对二氧化氮的测定产生负干扰。采样时在采样系统入口端串接一段 15～20 cm 长的硅橡胶管，可排除干扰。

(3)配制吸收液时,应避免溶液在空气中长时间暴露,以防其吸收空气中氮氧化物。日光照射能使吸收液显色,因此在采样、运送及存放过程中,都应采取避光措施。

(4)在式 4.4.4 和式 4.4.5 中,扣除的 A_0 为实验室空白样的吸光度,并非现场空白(全程空白)的吸光度。

4.4.9 思考题

(1)如果所用的大气采样器没有自动换算功能,则如何将现场的采样体积换算成参比状态(298.15 K,1013.25 hPa)的采样体积 V_r?

(2)现场空白和实验室空白有何异同?为什么一般情况下现场空白会略高于实验室空白?

(3)实验室空白除了来自实验用水及试剂,还可能来自实验室空气中的氮氧化物。如何抑制实验室空气的污染?

(4)为什么要使用同一台分光光度计重复多次测定实验室空白,再取其平均值?重复测定多少次是比较合理的?

4.4.10 说明

本实验的关键部分是采样,这里特指将环境空气中的 NO_x 采集至吸收溶液中的方法和步骤。国家标准 GB/T 8969—1988《空气质量 氮氧化物的测定 盐酸萘乙二胺比色法》中,采用三氧化铬氧化管将一氧化氮氧化成二氧化氮,后者被吸收液吸收、反应后,用分光光度法测定。三氧化铬属于固体氧化剂,气体经过氧化管后仍为气态,对后续吸收液的吸收和测定干扰较小,但铬的毒性较强。1995 年发布的国家标准 GB/T 15436—1995《环境空气 氮氧化物的测定 Saltzman 法》中,保留了三氧化铬氧化-吸收液吸收-分光光度法,同时提出了酸性高锰酸钾溶液作为一氧化氮氧化剂的氧化-吸收液吸收-分光光度法。2009年,上述两个标准被废止,由国家环境保护标准 HJ 479—2009《环境空气 氮氧化物(一氧化氮和二氧化氮)的测定 盐酸萘乙二胺分光光度法》取代。该现行标准仅保留酸性高锰酸钾溶液氧化-吸收液吸收-分光光度法。本节基于该标准方法。同时还参考了中华人民共和国生态环境部、国家市场监督管理总局发布的《〈环境空气 氮氧化物(一氧化氮和二氧化氮)的测定 盐酸萘乙二胺分光光度法〉(HJ 479—2009)修改单》和《〈环境空气质量标准〉(GB 3095—2012)修改单》。

教学实践中发现,气体通过氧化瓶中的高锰酸钾氧化剂溶液时,会将高锰酸钾溶液吹扫成细小液滴,部分带入吸收瓶 2 中。由于高锰酸钾溶液及吸收了二氧化氮的吸收液均为紫红色,前者无疑会干扰后者的测定。降低采样的气体流速、增加氧化瓶的高度、在出气口装填少量玻璃棉或串联硅胶柱,均能在一定程度上减轻上述现象,但无法完全避免。

美国环境保护署采用的测定烟道气中氮氧化物的方法[①],先用 3 个串联的碱性高锰酸钾溶液氧化瓶氧化氮氧化物,将生成的亚硝酸盐和硝酸盐保留在溶液里,接着加过量还

---

① 美国环境保护署(US EPA),Method 7C-Determination of Nitrogen Oxide Emissions from Stationary Sources(Alkaline Permanganate/Colorimetric Method).

原剂草酸还原高锰酸根,再调高 pH 使之生成氢氧化锰沉淀,最后取滤液经镉柱还原后用盐酸萘乙二胺分光光度法测定。这种方法虽然烦琐,但可避免氮氧化物的损失及高锰酸钾对测定的影响。

目前,国内外的环境空气监测大多采用在线仪器测定氮氧化物。为锻炼学生的动手能力和思考能力,本章节保留酸性高锰酸钾溶液氧化-吸收-分光光度法,并做此说明。

参考文献

李花粉,万亚男.环境监测[M].2 版,北京:中国农业大学出版社,2022:156-159.

（执笔:袁东星　郭小玲）

4.5 环境空气中二氧化硫的测定
（甲醛吸收-分光光度法）
4.5 Determination of Sulfur Dioxide in Air
（with formaldehyde absorption-spectrophotometry）

实验目的：掌握二氧化硫的测定方法；了解空气采样的溶液吸收法；掌握分光光度计的使用。

4.5.1 概述

二氧化硫是一种无色、有刺激性、能溶于水的气体，是形成酸雨的主要物质，其危害在大气污染物中居首位。火山爆发是二氧化硫的主要天然源。人为来源主要是含硫燃料的燃烧、硫化矿物的冶炼、硫酸厂炼油厂等化工工业生产过程的排放。

空气中二氧化硫的测定方法有分光光度法、紫外荧光法、电导法、恒电流滴定法、气相色谱法等。其中，分光光度法根据吸收液的不同，又可分为四氯汞盐吸收-副玫瑰苯胺分光光度法和甲醛吸收-副玫瑰苯胺分光光度法。分光光度法的采样与显色同时进行，简便、灵敏，为国内普遍采用。但因汞盐毒性大，甲醛吸收-副玫瑰苯胺分光光度法更为常用，本节基于国家环境保护标准 HJ 482—2009《环境空气 二氧化硫的测定 甲醛吸收-副玫瑰苯胺分光光度法》和中华人民共和国生态环境部、国家市场监督管理总局发布的《〈环境空气质量标准〉(GB 3095—2012)修改单》，介绍该法。

4.5.2 方法原理

二氧化硫被甲醛缓冲液吸收后，生成稳定的羟甲基磺酸加成化合物，加碱后化合物分解，释放出的二氧化硫与副玫瑰苯胺、甲醛作用，生成紫红色化合物，其在波长 577 nm 处有最大吸收，吸光度与二氧化硫的含量成正比。

4.5.3 样品的采集、运输与保存

4.5.3.1 短时间采样

采用内装 10.0 mL 甲醛缓冲吸收液的多孔玻板吸收瓶，以 0.5 L/min 流量采样 45～60 min，吸收液温度保持在 23～29 ℃范围。

4.5.3.2 24 h 连续采样

采用内装 50.0 mL 甲醛缓冲吸收液的多孔玻板吸收瓶，以 0.20 L/min 流量连续采

样 24 h,采样体积为 288 L,吸收液温度保持在 23~29 ℃范围。

4.5.3.3 现场空白

现场空白样指的是与样品在相同的条件下放置、保存、运输的吸收液。将装有甲醛缓冲吸收液的吸收瓶带到采样现场,在采样的同时放置在一边,再与样品一同保存和运输,直至送交实验室分析。要求每次采样至少做两个现场空白样。

4.5.3.4 采样注意事项

采样系统中的采样瓶应避光,可外罩黑色避光罩;采样前应标记液面位置。

采样的同时,测量并记录现场的气温和大气压。

采样结束时,为防止溶液倒吸,应在采样泵停止抽气之前,关闭采样系统中的阀门。

4.5.3.5 样品的运输与保存

样品运输与保存过程应避免阳光照射。气温超过 25 ℃时,长时间(8 h 以上)运输和存放样品应采取降温措施。运输过程中要防止吸收管破裂和吸收液溅洒。

样品采集后应尽快分析。若不能及时测定,则置于冰箱中,贮存时间不能超过 7 d。

4.5.4 仪器与器皿

(1)分光光度计(参见附录 F-15)。

(2)空气采样器(参见附录 F-12):用于短时间采样的普通空气采样器,流量范围 0.1~1.0 L/min;采样流量为 0.4 L/min 时,相对误差小于±5%。用于 24 h 连续采样的采样器应具有恒温、恒流、计时、自动控制开关的功能,流量范围 0.1~0.5 L/min;采样流量为 0.2 L/min 时,相对误差小于±5%。因二氧化硫易溶于水,空气中水蒸气冷凝在管壁上会吸附、溶解二氧化硫,故进气管宜采用聚四氟乙烯管;连接管内径约为 6 mm,尽可能短,任何情况下不得超过 2 m。

(3)吸收瓶(参见章节 4.4 的图 4-4-2):10 mL 多孔玻板吸收瓶用于短时间采样,50 mL 多孔玻板吸收瓶用于 24 h 连续采样。内装 10 mL 吸收液的多孔玻板吸收瓶,以 0.4 L/min 流量采样时,玻板阻力应在 4~5 kPa;内装 50 mL 吸收液的大型多孔玻板吸收瓶,以 0.2 L/min 流量采样时,玻板阻力应在 5~6 kPa。通过玻板后的气泡应分散均匀,玻板边缘无气泡溢出。

(4)实验室常备的天平等小型仪器和常用的玻璃器皿。

4.5.5 试剂

(1)氢氧化钠溶液,$c(NaOH)=1.5$ mol/L:称取 6.0 g 氢氧化钠($NaOH$),溶于 100 mL 纯水中,贮存于聚乙烯瓶中,可长期稳定。

(2)环己二胺四乙酸二钠(Na_2CDTA)溶液,$c(Na_2CDTA)=0.050$ mol/L:称取 1.95 g 1,2-环己二胺四乙酸($C_{14}H_{22}N_2O_8$ 或带一个结晶水的 $C_{14}H_{24}N_2O_9$),加入 1.5 mol/L 氢氧化钠溶液 7.0 mL,用纯水定容至 100 mL,贮存于聚乙烯瓶中,可稳定数月。

(3)甲醛缓冲吸收贮备溶液:吸取 5.5 mL 甲醛溶液[$HCHO$,36%~38%(V/V)]及

20.0 mL Na_2CDTA 溶液,称取 2.04 g 邻苯二甲酸氢钾($C_8H_5O_4K$)溶于少量纯水中,将 3 种溶液合并,用纯水定容至 100 mL,贮存于试剂瓶中,4 ℃下可稳定半年。

(4)甲醛缓冲吸收液:将甲醛缓冲吸收贮备溶液用纯水稀释 100 倍。使用时现配。

(5)氨磺酸钠溶液,$c(NH_2SO_3Na)=0.0062$ mol/L:称取 0.60 g 氨磺酸(NH_2SO_3H)于 100 mL 烧杯中,加入 4.0 mL 氢氧化钠溶液(1.5 mol/L),搅拌溶解,用纯水稀释至 100 mL,试剂瓶中密封保存,可稳定 10 d。

(6)碘贮备溶液,$c(I_2)=0.050$ mol/L:称取 12.7 g 碘(I_2)于烧杯中,加入 40 g 碘化钾(KI)和 25 mL 纯水,搅拌至全部溶解后,用纯水稀释至 1000 mL,贮于棕色试剂瓶中,可稳定数月。

(7)碘溶液,$c(I_2)=0.0050$ mol/L:量取 50 mL 碘贮备溶液,用纯水稀释至 500 mL,贮于棕色试剂瓶中,可稳定 1 个月。

(8)淀粉指示剂,c(淀粉)$=5.0$ g/L:称取 0.50 g 可溶性淀粉,用少量纯水调成糊状,缓慢倒入 100 mL 沸(纯)水中,在不断搅拌下继续煮沸至溶液澄清,冷却后贮于试剂瓶中,4 ℃下可稳定数周。

(9)硫代硫酸钠标准贮备溶液,$c(Na_2S_2O_3)=0.10$ mol/L:称取 25.0 g 五水合硫代硫酸钠($Na_2S_2O_3 \cdot 5H_2O$)溶于 1000 mL 新煮沸冷却的纯水中,加 0.2 g 无水碳酸钠(Na_2CO_3),贮于棕色试剂瓶中,放置 1 周后备用。如溶液出现浑浊,则须过滤。浓度标定方法参见章节 3.8 溶解氧的测定(重铬酸钾标定法)或参考国家环境保护标准 HJ 482—2009《环境空气 二氧化硫的测定 甲醛吸收-副玫瑰苯胺分光光度法》(碘酸钾标定法),准确浓度由标定结果决定。

(10)硫代硫酸钠标准溶液,$c(Na_2S_2O_3)=0.010$ mol/L(准确浓度由标准贮备溶液的标定结果决定):吸取 50.0 mL 标定过的硫代硫酸钠标准贮备溶液置于 500 mL 容量瓶中,用新煮沸冷却的纯水稀释定容。使用时现配。必要时重新标定。

(11)乙二胺四乙酸二钠(EDTA 二钠,Na_2EDTA)溶液,$c(Na_2EDTA)=0.50$ g/L:称取 0.25 g 二水合乙二胺四乙酸二钠($Na_2C_{10}H_{14}N_2O_8 \cdot 2H_2O$),溶于 500 mL 新煮沸但已冷却的纯水中,临用时现配。

(12)亚硫酸钠溶液,$c(Na_2SO_3)=1.0$ g/L:称取 0.20 g 亚硫酸钠(Na_2SO_3),溶解于 200 mL EDTA 二钠溶液(0.50 g/L)中,轻轻摇匀,避免振荡,以防充氧。放置 2～3 h 后标定。此溶液相当于每毫升含 320～400 μg 二氧化硫。标定方法如下:

取 4 个 250 mL 碘量瓶,分别标记为 A_1、A_2、B_1、B_2,分别加入 50.00 mL 0.0050 mol/L 碘溶液。A_1、A_2 瓶内各加入 25 mL EDTA 二钠溶液(0.50 g/L),B_1、B_2 瓶内各加入 25.00 mL 待标定的亚硫酸钠标准溶液,盖好瓶塞。此时亚硫酸钠与碘反应,碘过量。

A_1、A_2、B_1、B_2 4 个瓶子于暗处放置 5 min 后,用标定后的 0.010 mol/L 硫代硫酸钠溶液滴定至淡黄色,加 2 mL 淀粉指示剂,继续滴定,此时硫代硫酸钠与过量的碘反应。滴定至蓝色刚刚消失;待 20 s 后,如果试液不呈现淡蓝色,即为终点,否则再滴加硫代硫酸钠溶液至蓝色褪去。平行滴定所用硫代硫酸钠标准溶液体积之差应不大于 0.05 mL。取 A_1、A_2 滴定体积的平均值记为 $\overline{V_0}$,取 B_1、B_2 滴定体积的平均值记为 $\overline{V}$。

相关的反应方程式见式 4.5.1 和式 4.5.2:

$$I_2 + Na_2SO_3 + H_2O \Longrightarrow 2HI + Na_2SO_4 \qquad （式4.5.1）$$
$$I_2 + 2Na_2S_2O_3 \Longrightarrow 2NaI + Na_2S_4O_6 \qquad （式4.5.2）$$

该溶液中二氧化硫的质量浓度，由式4.5.3计算。

$$亚硫酸钠溶液中二氧化硫质量浓度（SO_2,mg/L） = \frac{(\overline{V_0} - \overline{V}) \times c \times 32.02 \times 1000}{25.00}$$

$$（式4.5.3）$$

式中，$\overline{V_0}$ 为滴定空白样所消耗的硫代硫酸钠标准溶液体积的平均值，mL；$\overline{V}$ 为滴定亚硫酸钠溶液所消耗的硫代硫酸钠标准溶液体积的平均值，mL；c 为硫代硫酸钠标准溶液的浓度；32.02 为二氧化硫摩尔质量的1/2(1:2为以亚硫酸钠表示的二氧化硫对硫代硫酸钠的化学计量比，参见式4.5.1和式4.5.2)，g/mol；1000 为单位换算系数。

(13)二氧化硫标准贮备溶液，$c(SO_2) = 10.00$ mg/L：标定出亚硫酸钠溶液中二氧化硫浓度之后，立即用甲醛缓冲吸收液稀释成二氧化硫浓度为 10.00 $\mu g/mL$ 的二氧化硫标准贮备溶液，贮存于棕色试剂瓶中，4 ℃下可稳定6个月。

(14)二氧化硫标准使用液，$c(SO_2) = 1.00$ mg/L：将二氧化硫标准贮备溶液用甲醛缓冲吸收液稀释成浓度为 1.00 $\mu g/mL$ 的二氧化硫标准使用液，贮存于棕色试剂瓶中，4 ℃下可稳定1个月。此溶液用于绘制校准曲线。

(15)盐酸副玫瑰苯胺(PRA)贮备溶液，$c(PRA) = 2.0$ g/L：称取 0.20 g 经提纯的盐酸副玫瑰苯胺($C_{19}H_{17}N_3 \cdot HCl$)，溶解于 100 mL 盐酸溶液(1.0 mol/L)中，贮存于试剂瓶中，避光密封，可稳定6个月。试剂提纯及其要求详见国家环境保护标准 HJ 482—2009《环境空气 二氧化硫的测定 甲醛吸收-副玫瑰苯胺分光光度法》。

(16)盐酸副玫瑰苯胺使用液，$c(PRA) = 0.50$ g/L：吸取 25.00 mL 盐酸副玫瑰苯胺贮备溶液(2.0 g/L)于 100 mL 容量瓶中，加浓磷酸[H_3PO_4,85%(V/V)] 30 mL、浓盐酸(HCl,$\rho = 1.19$)12 mL，用纯水定容，放置过夜使用，贮存于试剂瓶中，避光密封，可稳定3个月。

(17)盐酸-乙醇清洗液(1+3)：由 3 份盐酸(HCl,$\rho = 1.19$)和 1 份乙醇[C_2H_5OH,95%(V/V)]混合配制而成，用于清洗比色管和比色皿。

4.5.6 测定步骤

4.5.6.1 空白试验

实验室空白：取实验室内未经采样的空白甲醛缓冲吸收液，用 1 cm 比色皿，在波长 577 nm 处，以纯水为参比测定吸光度。使用同一台分光光度计，在样品分析的同日重复多次测定实验室空白，其波动范围不应超过±15%，取平均值记为 A_0，其不应超过 0.005。若达不到要求，则应检查实验用水、试剂质量及排除来自空气的污染，重新配制吸收液。

现场空白：测定现场空白样的吸光度。将现场空白样和实验室空白样的测定结果进行比较，若现场空白大大高于实验室空白，则说明采样或运输储存过程中受到污染，应查找原因，重新采样。

4.5.6.2 校准曲线的建立

系列标准溶液配制：取 7 支 10 mL 具塞比色管，编为 A 组，在各管中分别加入二氧化硫标准使用液 0 mL、0.50 mL、1.00 mL、2.00 mL、5.00 mL、8.00 mL、10.00 mL,各管中均加入 0.50 mL 氨磺酸钠溶液(0.0062 mol/L)和 0.50 mL 氢氧化钠溶液(1.5 mol/L),混匀。

另取 7 支 10 mL 具塞比色管,编为 B 组,在各管中分别加入甲醛缓冲吸收液 10.00 mL、9.50 mL、9.00 mL、8.00 mL、5.00 mL、2.00 mL、0 mL,各管中均加入盐酸副玫瑰苯胺使用液(0.50 g/L)1.00 mL。

显色:将 A 组各管中的溶液迅速逐个全部倒入对应的 B 组各管中,立即盖好塞子,摇匀。此时,各管中二氧化硫的含量分别为 0 μg、0.50 μg、1.00 μg、2.00 μg、5.00 μg、8.00 μg、10.00 μg。在(20±2)℃显色 20 min。注意显色时长须尽量一致。因此,每倒 2~3 个溶液后,等待 3 min,再倒 2~3 个,依次进行,以确保每个试样的显色时长尽量接近。

吸光度测定:用 1 cm 比色皿,于波长 577 nm 处,以纯水为参比,测定各试样的吸光度。注意测定时间和显色时间的协调。

校准曲线绘制:作图,横坐标为标样中二氧化硫质量,μg;纵坐标为吸光度,计算校准曲线方程和可决系数(R^2)。

4.5.6.3　样品测定

样品溶液若有浑浊物,应离心分离除去。样品放置 20 min 以使臭氧分解。

对于短时间采集的样品,将吸收瓶中的样品溶液移入 10 mL 比色管中,用少量甲醛缓冲吸收液冲洗吸收瓶,并入比色管中,用甲醛缓冲吸收液定容至 10 mL;加入 0.50 mL 氨磺酸钠溶液(0.0062 mol/L)和 0.50 mL 氢氧化钠溶液(1.5 mol/L),摇匀,放置 10 min 以去除氮氧化物的干扰;再加入 1.00 mL 盐酸副玫瑰苯胺使用液(0.50 g/L);后续显色和测定步骤同校准曲线的建立。

对于连续 24 h 采集的样品,将吸收瓶中的样品溶液移入 50 mL 比色管中,用少量甲醛缓冲吸收液冲洗吸收瓶,并入样品比色管中,用甲醛缓冲吸收液定容至 50 mL;视样品中二氧化硫浓度高低,吸取适量样品,用甲醛缓冲吸收液稀释定容至 10 mL(稀释倍数不应超过 5);加入 0.50 mL 氨磺酸钠溶液(0.0062 mol/L)和 0.50 mL 氢氧化钠溶液(1.5 mol/L),摇匀,放置 10 min 以去除氮氧化物的干扰;再加入 1.00 mL 盐酸副玫瑰苯胺使用液(0.50 g/L);后续显色和测定步骤同校准曲线的建立。

使用 10 mL 吸收液,采样体积为 30 L 时,本方法对空气中二氧化硫的检出限为 0.007 mg/m³;使用 50 mL 吸收液,采样体积为 288 L,试液取 10 mL 时,检出限为 0.004 mg/m³。

4.5.7　计算

从一次曲线的通式 $y=ax+b$,衍生得到校准曲线(参见章节 1.3.6)为

$$A = aw + b \qquad \text{(式 4.5.4)}$$

式中,A 为纵坐标,吸光度;w 为横坐标,试样中二氧化硫的质量,μg;a 为曲线斜率;b 为曲线截距。

移项得

$$w_{SO_2}(\mu g) = \frac{A - b}{a} \qquad \text{(式 4.5.5)}$$

空气中二氧化硫质量浓度按式 4.5.6 计算。

$$c_{SO_2}(\text{mg/m}^3 \text{ 或 } \mu g/L) = \frac{(A_1 - A_0 - b)}{a \times V_r} \times \frac{V_t}{V_a} \qquad (\text{式 } 4.5.6)$$

式中，A_1 为试样的吸光度；A_0 为实验室空白样的吸光度（参见章节 4.5.6 的实验室空白）；V_r 为换算成参比状态（温度 298.15 K，压力 1013.25 hPa）下的采样体积，L；a 为曲线斜率；b 为曲线截距；V_t 为样品溶液的总体积，mL；V_a 为测定时所取样品溶液的体积，mL。

4.5.8　注意事项

(1)温度对显色有较大影响，温度高时空白高，显色快，褪色也快，因此需要恒温装置。建立校准曲线时和测定样品时的温度差不应超过±2 ℃。

(2)分析中十分关键的一步，是将含有标准溶液（或样品溶液）、氨磺酸钠及氢氧化钠的溶液倒入盐酸副玫瑰苯胺溶液时，一定要快速倒干净，为此应尽量选择台肩小的比色管。注意：显色时间制约着吸光度测定的时间，务必掌握好。

(3)六价铬能使紫红色络合物褪色，产生负干扰，故应避免用硫酸-铬酸洗液洗涤玻璃器皿。

(4)用过的比色管及比色皿应及时用盐酸-乙醇清洗液浸泡洗涤，否则红色难以洗净。

(5)盐酸副玫瑰苯胺的纯度影响试剂空白和方法灵敏度。亦可购买已提纯的贮备溶液或固体。

(6)主要干扰物质为氮氧化物、臭氧及某些重金属元素。加入氨磺酸钠溶液可消除氮氧化物的干扰；采样后放置一段时间可使臭氧自行分解，加入磷酸及环己二胺四乙酸二钠可以消除或减小某些重金属的干扰。重金属中二价锰干扰严重，加入环己二胺四乙酸二钠后，10 mL 吸收液中含 10 μg 二价锰不干扰测定。

(7)如果空气中二氧化硫的含量与检出限相当，则建议加大采样体积。

4.5.9　思考题

(1)本实验中，显色时间的控制非常关键，为控制各试样的显色反应时长一致，测定步骤显得十分复杂。有什么其他方法，在保证各试样的反应时长一致的同时，减少这些复杂的步骤？

(2)认真理解章节 4.5.5 中亚硫酸钠溶液标定的方法原理。为什么滴定空白样所消耗的硫代硫酸钠标液体积大于滴定亚硫酸钠溶液所消耗的硫代硫酸钠标液体积？

(3)参见章节 4.4.9 的思考题。

参考文献

李花粉,万亚男.环境监测[M].2 版.北京:中国农业大学出版社,2022:152-156.

（执笔：袁东星　郭小玲）

第五章 土壤环境监测实验
Chapter 5 Soil Environmental Monitoring Experiments

5.1 土壤 pH 的测定（玻璃电极法）
5.1 Determination of Soil pH
（with glass electrode）

实验目的：了解玻璃电极的工作原理；掌握土壤样品 pH 的测定方法。

5.1.1 概述

土壤 pH 是反映土壤活性酸的指标（注意，pH 不完全等于酸碱度），影响着土壤中植物生长、微生物繁殖和土壤肥力。因此，测定土壤 pH 对评估土壤质量、监测土壤污染、促进农业生产和环境保护都具有重要意义。

土壤 pH 的测定与水的 pH 的测定类似，可参见章节 3.2。本节基于国家农业行业标准 NY/T 1121.2—2006《土壤检测 第 2 部分：土壤 pH 的测定》，介绍玻璃电极法。

5.1.2 方法原理

参见章节 3.2.2 水样 pH 测定的方法原理。

测定土壤 pH，实际上测定的是土壤悬浊液的 pH。工作电极（玻璃电极）和参比电极（通常是饱和甘汞电极）一起插入土壤悬浊液时，构成一个电池，两支电极之间产生电位差，其大小取决于试液中的氢离子活度，体现为 pH，可在 pH 计上直接读出。

目前，通常使用 pH 复合电极，其由玻璃电极和 Ag/AgCl 参比电极组合而成，表观上呈现为一支电极。

5.1.3 样品的采集与处理

土壤样品采集的站点和数量的设计，以及样品的风干等，是一项涉及面较广的工作，须根据国家环境保护标准 HJ/T 166—2004《土壤环境监测技术规范》执行。本节仅进行简单介绍。

5.1.3.1 土样采集

本节仅简介一个采样点的表层土样的采集。

表层土的采样深度为 0~20 cm,采集量为 1 kg 左右。样品可置于双层聚乙烯封口袋中(同时可供无机化合物测定);或将样品置于玻璃瓶内(同时可供有机化合物测定),贴好标签,做好采样记录。

5.1.3.2 风干和过筛

取适量新鲜土壤样品平铺在洁净的搪瓷盘或玻璃板上,避免阳光直射,在环境温度不超过 40 ℃下自然风干;去除石块、树枝等杂质,过 2 mm 样品筛。将未能过筛的大于 2 mm 的土块粉碎后,再次过 2 mm 样品筛。将两次过筛的土样混匀,待测。

5.1.4 仪器与器皿

(1)pH 计及配套的复合电极(参见附录 F-2);恒温鼓风干燥箱(105±5 ℃)(参见附录 F-7);干燥器,内装无水变色硅胶;天平(感量为 0.01 g);样品筛(孔径 2 mm);搅拌器。

(2)高型烧杯(50 mL,最好是聚乙烯或聚四氟乙烯材质);实验室常备的其他常用玻璃器皿。

5.1.5 试剂

(1)pH 标准缓冲试剂、pH 标准缓冲溶液:参见章节 3.2.5。

(2)无二氧化碳实验用水:临用前将纯水煮沸 15 min,冷却至室温;pH 应高于 6.0;电导率低于 2 μS/cm。

5.1.6 测定步骤

(1)称取通过 2 mm 孔径筛的风干土样 10 g(精确至 0.01 g)于 50 mL 高型烧杯中,加 25 mL 无二氧化碳实验用水(土液质量比为 1:2.5),用搅拌器搅拌 1 min,使土粒充分分散,得到样品悬浮液,静置至少 30 min 后测定。

(2)按照 pH 计使用说明书(参见附录 F-2)准备仪器。检查 pH 计、复合电极及标准缓冲溶液是否有异常,核实无误后方可测定试样。

(3)用标准缓冲溶液以三点校正法(参见附录 F-2)校准 pH 计。

(4)将电极用纯水仔细冲洗之后,用滤纸吸干,将电极插入试样悬浊液中。注意:如果使用两支电极,应使玻璃电极球泡下部位于土液界面处,甘汞电极插在上部清液中。轻轻转动烧杯以促使电极平衡,静置片刻,待读数稳定时(约 30 s)记录 pH。

(5)取出电极,以纯水冲洗净,用滤纸吸干水分后即可进行下一个样品的测定。每测 5~6 个样品后,需用标准缓冲溶液再次校准 pH 计。

5.1.7 注意事项

(1)读取 pH 数据时,摇动烧杯会使读数偏低,需在停止摇动后静止片刻再读数。

(2)测定过程中应避免酸碱气体溶入试样引起误差。

（3）温度影响电极电位和水的电离平衡，因此测定时应开启 pH 计的温度补偿功能，使之与标准缓冲溶液、待测试液的温度对应。

5.1.8　思考题

（1）土壤悬浊液的浑浊对 pH 测定的影响大吗？如何避免或减少此影响？

（2）查阅文献，了解土壤总酸度中的活性酸和潜在酸的关系，以及土壤溶液的 pH 计测值和酸碱滴定测值的差异。

（执笔：袁东星）

5.2 土壤中干物质和水分的测定(称量法)

5.2 Determination of Dry Matter Content and Water Content in Soil Samples(with weighing method)

实验目的:掌握土壤样品中干物质和水分的测定方法。

5.2.1 概述

干物质含量(dry matter content on a mass basis,w_{dm})指的是在规定的条件下,土壤中干残留物的质量分数。水分含量(water content on a dry mass basis,w_{H_2O})指的是 105 ℃条件下,从土壤中蒸发的水的质量占干物质量的质量分数。

土壤的干物质含量与多种因素有关。气候、降水、土壤生物活动、土壤肥力和有机质含量等,均影响土壤的干物质含量。土壤水分主要来源于大气降水、灌溉水和地下水,而土壤水是植物吸收水分的主要来源。

测定土壤干物质和水分,可为指导农业灌溉决策、掌控作物的耕栽提供数据支撑。

本节基于国家环境保护标准 HJ 613—2011《土壤 干物质和水分的测定 重量法》、国标 GB 17378.5—2007《海洋监测规范 第 5 部分:沉积物分析》和国家环境保护行业标准 HJ/T 166—2004《土壤环境监测技术规范》,介绍风干土壤中的干物质和水分测定的称量法。

5.2.2 方法原理

土壤样品在(105±5)℃烘至恒重,以烘干前后的土样质量差值,计算干物质和水分的含量,用质量分数表示。

恒重,指样品烘干 4 h 后,在干燥器内冷却至室温,称量,再烘 4 h,冷却、称量,反复进行,直至两次连续称量的差值不超过最终测定质量的 0.1%,则此时样品即已恒重,以两次称量所得质量的平均值作为计算依据。

5.2.3 样品的采集与处理

土壤样品的采集、风干和过筛,同章节 5.1.3。

5.2.4 仪器与器皿

(1)pH 计(参见附录 F-2);恒温鼓风干燥箱(参见附录 F-7);天平;干燥器;样品筛等,同章节 5.1.4。

(2)具盖容器(100 mL,防水材质且不吸附水分);实验室常备的其他玻璃器皿。

5.2.5 测定步骤

(1)将具盖容器连同容器盖于(105±5)℃下烘干 1 h,置于干燥器中冷却至少 45 min,测定带盖容器的质量 m_0,精确至 0.01 g。

(2)用样品勺将 10～15 g 风干土壤样转移至已称量的具盖容器中,盖上容器盖,测定总质量 m_1,精确至 0.01 g。

(3)取下容器盖,将容器和风干土壤试样一并放入烘箱中,在(105±5)℃下烘干至恒重,同时烘干容器盖。盖上容器盖,置于干燥器中冷却至少 45 min。取出后立即测定带盖容器和烘干土壤的总质量 m_2,精确至 0.01 g。

5.2.6 计算

(1)干物质含量:

$$干物质含量\ w_{dm}(\%,g/g) = \frac{(m_2 - m_0)}{(m_1 - m_0)} \times 100 \qquad (式 5.2.1)$$

(2)水分含量:

$$水分含量\ w_{H_2O}(\%,g/g) = \frac{(m_1 - m_2)}{(m_2 - m_0)} \times 100 \qquad (式 5.2.2)$$

式 5.2.1 和式 5.2.2 中,m_0 为带盖容器的质量,g;m_1 为带盖容器和风干土壤样的总质量,g;m_2 为带盖容器和烘干土壤样的总质量。测定结果精确至 0.1%。

5.2.7 注意事项

(1)实验过程中,应避免具盖容器内土壤细颗粒被气流或风吹出。

(2)一般情况下,在(105±5)℃下烘干时,有机物的分解可以忽略。但是对于有机质含量高于 10%(质量分数)的土壤样品(如泥炭土),应将干燥温度改为 50 ℃并干燥至恒重,必要时可抽真空以缩短干燥时间。

(3)本方法不适用于测定含有挥发性有机物质样品的水分含量。

(4)一般情况下,大部分土壤样的干燥时间为 16～24 h,少数特殊土壤样品和大颗粒土壤样品需要更长时间。

5.2.8 思考题

(1)在分析计算时会发现,干物质含量和水分含量之和不为 100%,可能略大于 100%,为什么?

(2)测定沉积物中的干物质含量和水分含量,所获的数据可用于哪些土壤研究或土壤环境管理?

(执笔:袁东星)

5.3　土壤阳离子交换量的测定
（三氯化六氨合钴浸提-分光光度法）
5.3　Determination of Cation Exchange Capacity
of Soil Samples［with Co(NH₃)₆Cl₃ extraction-spectrophotometry］

实验目的：了解土壤阳离子的交换原理；掌握土壤阳离子交换量的测定方法。

5.3.1　概述

土壤阳离子交换量(cation exchange capacity,CEC)是指土壤胶体所能吸附的各种阳离子,如 H^+、K^+、Na^+、NH_4^+、Ca^{2+}、Mg^{2+}、Fe^{2+}、Fe^{3+}、Al^{3+} 等的总量,以每千克土壤中含有的阳离子的物质的量表示。CEC 是土壤的重要化学性质之一,代表土壤的缓冲能力。CEC 数值的高低,反映了土壤保肥性能及净化能力的高低。准确及时地观测土壤 CEC 的变化规律,有助于掌握土壤肥力及污染负荷允许程度,实现有效施肥、提高农作物质量。

CEC 的测定方法有乙酸铵交换-滴定法、氯化铵/乙酸铵交换-滴定法、三氯化六氨合钴浸提-分光光度法等,本节基于国家环境保护标准 HJ 889—2017《土壤 阳离子交换量的测定 三氯化六氨合钴浸提-分光光度法》和国家环境保护行业标准 HJ/T 166—2004《土壤环境监测技术规范》,介绍三氯化六氨合钴浸提-分光光度法。

说明:我国的环境保护标准 HJ 889—2017《土壤 阳离子交换量的测定 三氯化六氨合钴浸提-分光光度法》中采用的 CEC 单位为厘摩尔/千克,即 cmol＋/kg,其中"＋"表示阳离子;国际上采用的单位是 mmol/kg。为方便学生理解和记忆,本节采用 mmol/kg。

5.3.2　方法原理

三氯化六氨合钴是一种配合物,用其溶液作为浸提液处理土壤样品时,土壤中的阳离子将被六氨合钴离子交换出来,进入溶液。六氨合钴离子在 475 nm 处有特征吸收,用分光光度法测定,吸光度与六氨合钴浓度成正比,根据浸提前后浸提液吸光度的差值,可计算土壤的 CEC。

由于三氯化六氨合钴土壤悬浮液的 pH 与水的土壤悬浮液的 pH 接近,故三氯化六氨合钴浸提-分光光度法测定的 CEC 为有效态阳离子交换量。

5.3.3　样品的采集与处理

土壤样品的采集和风干,同章节 5.1.3。应使用木刀、木片或聚乙烯材质的工具采样,用双层聚乙烯封口袋贮存土壤样品。

将风干样品过尼龙筛(孔径 1.7 mm),充分混匀。

5.3.4　仪器与器皿

(1)分光光度计(参见附录 F-15);恒温振荡器(范围 150~200 次/min)(参见附录 F-6);离心机(4000~5000 r/min,配备 100 mL 圆底塑料带盖离心管)(参见附录 F-4);尼龙筛(孔径1.7 mm,即 10 目);天平等实验室常备的其他小型仪器。

(2)比色管(10 mL);实验室常备的其他玻璃器皿。

5.3.5　试剂

三氯化六氨合钴标准使用液,$c[Co(NH_3)_6Cl_3]=16.67$ mmol/L:称取 4.458 g 三氯化六氨合钴$[Co(NH_3)_6Cl_3]$,以纯水溶解、定容至 1000 mL,贮存在棕色玻璃瓶中,4 ℃下可稳定数月。

5.3.6　测定步骤

5.3.6.1　三氯化六氨合钴浸提

称取 3.50 g 混匀后的土样,置于 100 mL 离心管中,加入 50.0 mL 三氯化六氨合钴标准使用液,旋紧离心管密封盖,在(20±2) ℃下振荡 1 h。注意观察,及时调节振荡频率,使土壤浸提液混合物在振荡过程中保持悬浮状态。以 4000 r/min 离心 10 min,收集上清液于比色管中,24 h 内测定。

以 3.50 mL 纯水代替土壤,按照与试样制备的相同步骤制备空白试样。

5.3.6.2　校准曲线的建立

系列标准溶液配制:取 6 支 10 mL 比色管,分别加入 16.67 mmol/L 三氯化六氨合钴标准使用液 0.00 mL、1.00 mL、3.00 mL、5.00 mL、7.00 mL、9.00 mL,各加纯水至 10.0 mL,得到三氯化六氨合钴浓度分别为 0 mmol/L、1.67 mmol/L、5.00 mmol/L、8.33 mmol/L、11.7 mmol/L、15.0 mmol/L 的系列标准溶液。

吸光度测定:用 1 cm 比色皿,于 475 nm 波长处,以纯水为参比,测定各试样的吸光度。

校准曲线绘制:作图,横坐标为三氯化六氨合钴标样浓度,纵坐标为吸光度,计算校准曲线方程和可决系数(R^2)。

5.3.6.3　样品测定

按建立校准曲线的步骤测定土壤浸提液的吸光度。

5.3.6.4　空白试样测定

按建立校准曲线的步骤测定空白试样的吸光度。

5.3.7　计算

从一次曲线的通式 $y=ax+b$,衍生得到校准曲线(参见章节 1.3.6)为

$$A = ac + b \qquad\qquad (式\ 5.3.1)$$

式中，A 为纵坐标，吸光度；c 为横坐标，试样中三氯化六氨合钴浓度，mmol/L；a 为曲线斜率；b 为曲线截距。

移项得

$$c(三氯化六氨合钴，mmol/L) = \frac{A - b}{a} \qquad\qquad (式\ 5.3.2)$$

土壤样的 CEC 按式 5.3.3 计算：

$$CEC(mmol/kg) = \frac{c \times V \times 3}{m \times w_{dm}} \qquad\qquad (式\ 5.3.3)$$

式 5.3.2 和式 5.3.3 中，c 为土壤提取液中三氯化六氨合钴浓度，mmol/L；V 为浸提液体积，mL；m 为取样量，g；w_{dm} 为土壤样的干物质含量（参见章节 5.2），%；3 为六氨合钴 $[Co(NH_3)_6]^{3+}$ 的电荷数。

5.3.8　注意事项

（1）土壤胶粒表面羟基的解离受 pH 的影响很大，当介质的 pH 低时，CEC 降低；反之增大。因此，采用本法测定中性和弱碱性土壤有较好的准确度，而测定酸性土壤时，偏差较大。相比之下，乙酸铵交换-滴定法更适用于偏酸性土壤的 CEC 测定。

（2）有机质在 475 nm 处也有吸收，故会影响 CEC 的测定结果。当土壤样中的溶解有机质较多时，可同时在 380 nm 处测定试样吸光度，用以校正可溶有机质的干扰。假设 A_1 和 A_2 分别为试样在 475 nm 和 380 nm 处测定所得的吸光度，则试样的经验校正吸光度为 $A = 1.025A_1 - 0.205A_2$。

（3）有些样品经过离心后仍出现浑浊，此时可提高离心机转速至 5000 r/min，并适当延长离心时间。

（4）如果实验室的离心机仅能配备 50 mL 离心管，则可适当减少土壤取样量和浸提液体积，如称取 1.75 g 土壤样，加入 25 mL 浸提液。

5.3.9　思考题

（1）将偏酸性、中性和偏碱性土壤的 CEC 按高低排序，并根据土壤特性说明排序的理由。

（2）除了三氯化六氨合钴，哪些试剂可能可以用于土壤 CEC 的"浸提-分光光度法"测定？

（3）试述土壤的阳离子交换过程。

（执笔：袁东星　郭小玲）

5.4　土壤/沉积物中有机质的测定
（氧化消解-滴定法）

5.4　Determination of Organic Matters in Soil and Sediment Samples（with oxidative digestion-titration）

实验目的：掌握土壤和沉积物样品中有机质的测定方法；掌握固体样品预处理的加热氧化消解法。

5.4.1　概述

土壤有机质是以各种形态存在于土壤中的所有含碳的有机物质，包括土壤中的各种动、植物残体，微生物及其分解和合成的各种有机物质。沉积物又称底质，指江、河、湖、库、海等水体底部的沉积物质，一般指表层沉积物。有机质是土壤/沉积物质量的重要评判指标之一。土壤有机质为植物提供所需的肥力，是研究氮、磷、硫等养分的重要依据。沉积物有机质对沉积环境重建及资源研究具有重要意义。

土壤/沉积物中有机质的测定方法有氧化消解-滴定法、干烧法和灼烧法等。本节基于国家农业行业标准 NY/T 1121.6—2006《土壤检测 第 6 部分：土壤有机质的测定》和国标 GB 17378.5—2007《海洋监测规范 第 5 部分：沉积物分析》，介绍氧化消解-滴定法，该法所测定的是可被一定的氧化试剂氧化的那部分有机碳，由经验公式折算成的有机质含量。

上述两个标准采用油浴锅加热消解法，本节采用快速消解仪进行加热氧化消解。

5.4.2　方法原理

在硫酸介质和加热条件下，以过量的重铬酸钾-硫酸（$K_2Cr_2O_7$-H_2SO_4）溶液氧化土壤/沉积物中的有机碳，以硫酸亚铁标准溶液滴定剩余的重铬酸钾。反应式如下：

$$2K_2Cr_2O_7 + 3C(代表有机物) + 8H_2SO_4 \rule{2cm}{0.4pt}$$
$$2K_2SO_4 + 2Cr_2(SO_4)_3 + 3CO_2 \uparrow + 8H_2O \qquad （式5.4.1）$$
$$K_2Cr_2O_7 + 6FeSO_4 + 7H_2SO_4 \rule{2cm}{0.4pt}$$
$$K_2SO_4 + Cr_2(SO_4)_3 + 3Fe_2(SO_4)_3 + 7H_2O \qquad （式5.4.2）$$

测得的有机碳含量乘以经验系数 1.724，即为有机质的含量。在本方法的加热条件下，有机碳的氧化效率约 90%，故其结果还要乘以校正系数 1.10。

5.4.3　样品的采集与风干

土壤样品采样点的布设和样品的采集见章节 5.1.3。沉积物样品的采集，详见

GB 17378.3—2007《海洋监测规范 第 3 部分:样品采集、贮存与运输》。土壤样以不锈钢勺采集,表层沉积物以绞车和采泥器采集。样品装于双层聚乙烯封口袋中运回实验室,去除其中的石子和动植物残体等异物,经风干(自然风干或冷冻干燥)后,研细备用。

稻田土等长期淹水的样品和沉积物含有硫化物和亚铁等还原性物质,会干扰有机质的测定。摊开风干 10 d 以上,使还原性物质充分氧化后,再进行测定。

5.4.4 仪器与器皿

(1)快速消解仪(参见附录 F-9)及 10 mL 消解管;马弗炉(参见附录 F-8)。

(2)实验室常备的其他小型仪器和玻璃器皿。

5.4.5 试剂

(1)重铬酸钾-硫酸标准溶液,$c(K_2Cr_2O_7)=0.06800$ mol/L:将重铬酸钾($K_2Cr_2O_7$)于 120 ℃烘 1 h,至恒重;称取 20.000 g 于 1 L 烧杯中,加约 400 mL 纯水溶解;另取浓硫酸(H_2SO_4,$\rho=1.84$ g/mL)500 mL,缓慢加入重铬酸钾溶液中,不断搅拌,冷却至室温;全量用纯水转移入 1000 mL 容量瓶中,定容,贮存于试剂瓶中,可长期稳定。

(2)硫酸亚铁标准溶液,$c(FeSO_4)$约为 0.1 mol/L,准确浓度由标定结果确定:称取七水合硫酸亚铁($FeSO_4 \cdot 7H_2O$)28 g 或六水合硫酸亚铁铵$[Fe(NH_4)_2(SO_4)_2 \cdot 6H_2O]$ 40 g,溶于约 600 mL 纯水中,缓慢加入浓硫酸 20 mL,定容至 1000 mL,贮存于试剂瓶中。临用前,用重铬酸钾标准溶液标定,步骤如下:

取 5.00 mL 重铬酸钾-硫酸标准溶液于 150 mL 锥形瓶中,加纯水 15 mL,缓慢加入浓硫酸 3 mL,加入 3 滴邻菲啰啉(试亚铁灵)指示剂溶液,用硫酸亚铁溶液滴定至棕红色即为终点。记录所消耗的硫酸亚铁溶液体积,按下式计算浓度:

$$c(FeSO_4,mol/L) = \frac{5.00 \times 0.06800 \times 6}{V} \qquad (式 5.4.3)$$

式中,5.00 为重铬酸钾-硫酸标准溶液体积,mL;0.06800 为重铬酸钾-硫酸标准溶液浓度,mol/L;6 为硫酸亚铁对重铬酸钾的化学计量比(参见式5.4.2);V 为滴定重铬酸钾标准溶液所消耗的硫酸亚铁溶液体积,mL。

(3)邻菲啰啉指示剂溶液:称取 1.5 g 邻菲啰啉($C_{12}H_8N_2 \cdot H_2O$)、0.70 g 七水合硫酸亚铁(或 1.00 g 六水合硫酸亚铁铵)溶于纯水中,稀释至 100 mL,贮于棕色瓶内,可稳定数月。

(4)硫酸银(Ag_2SO_4):研成细粉。

(5)灼烧过的土壤(空白样):取土壤 200 g 并通过 0.25 mm 筛,分装于数个瓷蒸发皿中,在 700～800 ℃马弗炉中灼烧 1～2 h,将有机质完全烧尽后贮存于广口试剂瓶中,可长期保存。

5.4.6 测定步骤

(1)准确称取风干样品 0.20～0.40 g(称准至 0.1 mg),放入干燥的 10 mL 消解管中。加入约 0.1 g 硫酸银粉末,用移液管慢慢加入 0.06800 mol/L 重铬酸钾-硫酸标准溶液 10.00 mL。将消解管放入预先加热至 165 ℃的快速消解仪中,消解 15 min,取出,待消解管冷却。

（2）将消解管中的试液移入 150 mL 锥形瓶中，并用纯水洗涤消解管 2～3 次，洗涤液并入锥形瓶中，使试液总体积为 40～50 mL。

（3）往试液中加邻菲啰啉指示剂溶液 2～3 滴，用硫酸亚铁标准溶液滴定至棕红色即为终点，记录消耗的硫酸亚铁溶液体积 V(mL)。

（4）处理样品的同时，用 0.2 g 灼烧过的土壤代替样品做方法空白试验，记录消耗的硫酸亚铁溶液体积 V_0(mL)。

5.4.7　计算

$$有机质(m/m, g/kg) = \frac{(V_0 - V) \times c \times 3.000 \times 1.724 \times 1.10}{W} \qquad (式 5.4.4)$$

式中，V_0 为空白试验消耗的硫酸亚铁标准溶液体积，mL；V 为滴定样品时消耗的硫酸亚铁标准溶液体积，mL；c 为硫酸亚铁标准溶液的浓度，mol/L；3.000 为碳的摩尔质量的 1/4（4 为碳对硫酸亚铁的化学计量比，参见式 5.4.1 和式 5.4.2），g/mol；1.724 为由有机碳换算为有机质的经验系数；1.10 为氧化校正系数；W 为风干样品的取样质量，g。

5.4.8　注意事项

（1）称样量的多少视样品含有机质的量而定，含量小于 20 g/kg，称样 0.5 g；含量为 20～40 g/kg，称样 0.3 g；含量为 70～150 g/kg，称样 0.1 g；含量大于 150 g/kg，不宜用本方法。

（2）硫酸银可消除氯化物的干扰，并作为消解的催化剂。

（3）消解好的试液一般应为黄褐色或黄绿色。若以绿色为主，则说明重铬酸钾用量不足。在滴定时消耗硫酸亚铁的量小于空白试验用量的 1/3 时，可能氧化不完全，应弃去试液；另外适当少取些样品，重做。

5.4.9　思考题

（1）土壤和沉积物有何异同点？

（2）土壤/沉积物中有机质的测定，与水样中 COD 的测定，有何异同点？

（3）为什么土壤/沉积物的样品必须风干？可以烘干吗？

（4）为什么计算式 5.4.4 与消解用的 $K_2Cr_2O_7$ 的浓度无关？

（5）消解过的试液若以绿色为主，则说明消解用的重铬酸钾用量不足，为什么？

（执笔：袁东星　马　剑）

5.5　土壤/沉积物中铅、铜的测定
（酸消解-原子吸收光谱法）

5.5　Determination of Lead and Copper in Soil and Sediment Samples（with acid digestion-atomic absorption spectrometry）

实验目的：掌握土壤/沉积物中铅、铜测定的方法原理和基本技术；了解固体样品预处理的加热酸消解法，以及原子吸收光谱仪的使用。

5.5.1　概述

土壤/沉积物中的重金属不能为微生物所分解，易于积累，甚至通过食物链在人体内蓄积，严重危害人体健康，故备受关注。铅是土壤/沉积物中普遍存在的污染元素。一般情况下，进入土壤/沉积物中的铅易与有机物结合，极不易溶解，引起土壤/沉积物的组成、结构和功能发生变化。铜亦广泛存在于水体、土壤和沉积物中。低浓度时铜是生物生长必需的营养元素，但高浓度时铜对水生生物有毒性作用。铅、铜的天然来源包括地质矿床、岩石和土壤的风化与侵蚀；人为源包括工业生产、加工制造和产品使用等。

测定土壤/沉积物中的重金属需要较为烦琐的样品处理，方法主要有全分解（消解）法和提取法，前者用于重金属的全量测定，后者用于重金属的形态分析。全分解法包括加热酸解法、微波消解法、碱熔法等，本节基于国家生态环境标准 HJ 1315—2023《土壤和沉积物 19 种金属元素总量的测定 电感耦合等离子体质谱法》的样品前处理方法，介绍加热酸解法（电热板消解法）。

土壤/沉积物消解液中重金属的测定方法包括火焰/石墨炉原子吸收光谱法、电感耦合等离子体发射光谱法和电感耦合等离子体质谱法等。本节介绍石墨炉原子吸收光谱法。

5.5.2　方法原理

5.5.2.1　消解

采用含盐酸、硝酸、氢氟酸和高氯酸的混合酸全消解的方法，依靠酸的溶解腐蚀作用和氧化作用，彻底破坏土壤/沉积物的矿物晶格，使样品中的待测元素全部进入试液。

5.5.2.2　原子吸收光谱法和原子吸收光谱仪

原子吸收光谱法基于物质所产生的原子蒸气对特定谱线的吸收作用进行分析。光源发出被测元素的特征辐射通过元素的原子蒸气时,被其基态原子吸收,透射减弱。每种原子所能吸收的光量子的能量是特定的,即被吸收的光谱的波长特定,基于原子特定吸收光谱的波长可进行定性分析。吸收的光的量在一定范围内与气态原子的量成正比,基于气态原子对特定谱线的吸收量可进行定量分析。此分析方法具有检出限低、选择性好、精密度高、抗干扰能力强、分析速度快等优点。

原子吸收光谱仪由光源、原子化器、分光系统、检测系统、控制和数据采集系统 5 个部分组成,其结构如图 5-5-1 所示。空心阴极灯光源发出特征共振线,经过原子化器时被待测物的气态基态原子吸收,透射光经分光系统后,由检测系统检测光强,并由计算机记录处理。

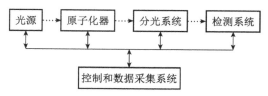

图 5-5-1　原子吸收光谱仪结构示意

根据原子化器的不同,有火焰原子吸收光谱仪和石墨炉原子吸收光谱仪之分。前者将试液连续通过火焰,测定简便快速;后者将定量试液注入石墨管中,原子化效率高,灵敏度更高。

5.5.3　样品的采集与初步处理

采样点的布设和样品的采集见章节 5.1.3,详见国标 GB 17378.3—2007《海洋监测规范 第 3 部分:样品采集、贮存与运输》和国家环境保护行业标准 HJ/T 166—2004《土壤环境监测技术规范》。土壤样以木勺采集;表层沉积物以绞车和采泥器采集后,以木勺挖取未与金属直接接触的部分。样品装于玻璃瓶或塑料袋内运回实验室,去除其中的石子和动植物残体等异物,经风干(自然风干或冷冻干燥)后,用木棒或玛瑙棒研压,通过 2 mm 尼龙筛除去 2 mm 以上的砂砾,混匀。用玛瑙研钵将通过 2 mm 尼龙筛的土样研磨至全部通过 0.15 mm(100 目)尼龙筛,混匀后备用。

5.5.4　仪器与器皿

(1)原子吸收光谱仪(参见附录 F-17),带有背景校正功能;氩气(纯度≥99.999%);铅、铜空心阴极灯;电热板(可调 80～300 ℃);实验室常备的其他玻璃器皿和小型仪器。

(2)石墨炉参数设置:不同型号仪器的最佳测试条件不同,可根据仪器使用说明书和工作经验进行设置。通常采用的测定参数见表 5-5-1,可根据预实验结果调整。

表 5-5-1　石墨炉原子吸收光谱仪的参数设置

元　素	铅	铜
测定波长/nm	283.3	324.7
通带宽度/nm	1.3	1.3
灯电流/mA	7.5	7.5
干燥[(温度/℃)/(时间/s)]	80～100/20	80～100/20

续表

元　素	铅	铜
灰化[(温度/℃)/(时间/s)]	700/20	500/20
原子化[(温度/℃)/(时间/s)]	2000/5	1500/5
清除[(温度/℃)/(时间/s)]	2700/3	2600/3
氩气流量/(mL/min)	200	200
原子化阶段是否停气	是	是
进样量/μL	10	10

5.5.5　试剂

(1)硝酸溶液,$c(HNO_3)=1\%(V/V)$:将 1 mL 浓硝酸(HNO_3,$\rho=1.42$ g/mL)与 99 mL 纯水混合而成,贮存于试剂瓶中,可长期稳定。

(2)铅标准贮备溶液,$c(Pb)=500.0$ mg/L:准确称取 0.5000 g(精确至 0.1 mg)光谱纯金属铅(Pb)于 50 mL 烧杯中,加入 20 mL 2.5 mol/L 硝酸溶液,微热溶解,冷却后转移至 1000 mL 容量瓶中,用纯水定容,贮存于试剂瓶中,可稳定 2 年。亦可购置市售有证铅标准溶液代之。

(3)铜标准贮备溶液,$c(Cu)=500.0$ mg/L:准确称取 0.5000 g(精确至 0.1 mg)光谱纯金属铜粒于 50 mL 烧杯中,加入 20 mL 2.5 mol/L 硝酸溶液,微热溶解,冷却后转移至 1000 mL 容量瓶中,用纯水定容,贮存于试剂瓶中,可稳定 1 年。亦可购置市售有证铜标准溶液代之。

(4)铜、铅二级贮备溶液,$c(Pb、Cu)$各为 10.00 mg/L:分别取 2.00 mL 铜、铅标准贮备溶液于 2 个 100 mL 容量瓶中,分别用 1%(V/V)硝酸溶液定容,贮存于试剂瓶中,可稳定数月。

(5)混合标准使用液,$c(Pb)=1.000$ mg/L、$c(Cu)=1.000$ mg/L:取铅二级贮备溶液和铜二级贮备溶液各 10.00 mL 于 100 mL 容量瓶中,用 1%(V/V)硝酸溶液定容,得混合标准使用液,贮存于试剂瓶中,可稳定数月。

(6)磷酸氢二铵溶液,$c[(NH_4)_2HPO_4]=5\%(m/V)$:称取 5.0 g 磷酸氢二铵 $[(NH_4)_2HPO_4]$,溶于 100 mL 纯水中,贮存于试剂瓶中,4 ℃下可稳定数月。

5.5.6　测定步骤

5.5.6.1　样品的消解

该消解方法亦适用于土壤/沉积物中其他重金属的分析。

(1)准确称取 0.1~0.2 g(精确至 0.2 mg)预备好的样品于 50 mL 聚四氟乙烯坩埚中,用纯水润湿后加入 5 mL 盐酸(HCl,$\rho=1.19$ g/mL),放在置于通风橱内的电热板上,100 ℃加热,使样品初步分解,当蒸发至剩余 2~3 mL 时,取下放冷。

(2)加入 5~7 mL 浓硝酸,在 120~140 ℃下加热至无明显颗粒,加入 2~3 mL 氢氟酸溶液(HF,$\rho=1.15$ g/mL),在 120~140 ℃下加热至内容物呈黏稠状。为达到良好的除硅效果,加热时应经常摇动坩埚。

(3)取下坩埚,待冷却后加入 0.5 mL 高氯酸溶液(HClO₄,$\rho=1.67$ g/mL),在 160～180 ℃下继续加热至白烟几乎冒尽,内容物呈黏稠状。取下稍冷,用少量 1%(V/V)硝酸溶液冲洗坩埚内壁,温热溶解内容物,如果不能完全溶解,则不强求。冷却至室温后全量转移至 25 mL 容量瓶中,用 1%(V/V)硝酸溶液反复多次冲洗坩埚内壁,洗涤液并入容量瓶中,加入 3 mL 磷酸氢二铵溶液[5%(m/V)],用 1%(V/V)硝酸溶液定容,保存在聚乙烯瓶中,测定时取上清液。

若坩埚内存在黑色物质,则表明消解不完全。向坩埚中补加 0.5 mL 高氯酸溶液并在 160～180 ℃下加盖反应,至黑色物消失后开盖继续加热至白烟几乎冒尽,内容物呈黏稠状。

土壤和沉积物样品种类较多,基体差异悬殊,消解时可适当调整酸试剂用量和消解温度等条件。

(4)方法空白试样:不加入土壤/沉积物样品,采用与上述相同的步骤和试剂,制备空白试样,保证空白试样和其他试样的加酸量一致。每批样品至少制备 2 个以上的方法空白样。

5.5.6.2　校准曲线的建立

(1)系列标准溶液配制:取 6 支 50 mL 比色管,准确移取 1.000 mg/L 铅、铜混合标准使用液 0.00 mL、0.50 mL、1.00 mL、2.00 mL、3.00 mL、5.00 mL 于 50 mL 比色管中。加入 3.0 mL 磷酸氢二铵溶液[5%(m/V)],用 1%(V/V)硝酸溶液定容。该系列标准溶液中含铅和铜各分别为 0 μg/L、10.0 μg/L、20.0 μg/L、40.0 μg/L、60.0 μg/L、100.0 μg/L。

(2)吸光度测定:按照仪器使用说明书调节仪器至最佳工作条件,按表 5-5-1 设置石墨炉原子吸收光谱仪参数。设置自动进样器参数,同时输入试液编号等信息。按编号,各取适量标准溶液至各个进样杯中。

(3)运行仪器,测定各标准溶液的吸光度。注意:加标 0.00 mL 的溶液测得的是仪器空白,不是方法空白。

(4)校准曲线绘制:作图,横坐标为对应的元素浓度,纵坐标为吸光度,计算校准曲线方程和可决系数(R^2)。

5.5.6.3　试液的测定

按照测定校准曲线溶液的参数,测定各样品试液(包括方法空白)中各元素的吸光度。如果吸光度超出校准曲线的线性范围,则用 1%(V/V)硝酸溶液稀释试液后再行测定,计算时应进行体积校正。

5.5.7　计算

从一次曲线的通式 $y=ax+b$,衍生得到校准曲线(参见章节 1.3.6)为

$$A = ac + b \qquad\qquad (\text{式 } 5.5.1)$$

式中,A 为纵坐标,吸光度;c 为横坐标,试液中铅或铜的浓度,μg/L;a 为曲线斜率;b 为曲线截距。

移项得

$$c(\mathrm{Pb/Cu},\mu\mathrm{g/L}) = \frac{A-b}{a} \qquad (式\ 5.5.2)$$

注意:这里得到的是试液中铅/铜的浓度,还须根据试液的体积和土壤/沉积物取样的质量,以及样品的干物质含量和水分含量(参见章节 5.2 和国标 GB 17378.5—2007《海洋监测规范 第 5 部分:沉积物分析》与国家环境保护标准 HJ 613—2011《土壤干物质和水分的测定 重量法》),才能求算土壤/沉积物样品中铅、铜的含量。

土壤中铅、铜的含量 $w(\mathrm{Pb/Cu},\mu\mathrm{g/kg})$ 按式 5.5.3 计算。

$$w(\mathrm{Pb/Cu},\mu\mathrm{g/kg}) = \frac{(c-c_0)\times V}{m\times w_{\mathrm{dm}}} \qquad (式\ 5.5.3)$$

式中,c 为由校准曲线计算得到的试液中铅、铜的含量,$\mu\mathrm{g/L}$;c_0 为方法空白中铅或铜的平均含量,$\mu\mathrm{g/L}$;V 为试液定容后的体积,mL;m 为称取的土壤样质量,g;w_{dm} 为土壤样的干物质含量,%。

沉积物中铅、铜的含量 $w(\mathrm{Pb/Cu},\mu\mathrm{g/kg})$ 按式 5.5.4 计算。

$$w(\mathrm{Pb/Cu},\mu\mathrm{g/kg}) = \frac{(c-c_0)\times V}{m\times (1-w_{\mathrm{H_2O}})} \qquad (式\ 5.5.4)$$

式中,m 为称取的沉积物样质量,g;$w_{\mathrm{H_2O}}$ 为沉积物样的水分含量,%;其余同式5.5.3。

注意:式 5.5.3 和式 5.5.4 中都有 $c-c_0$,提示从试样的测定值中扣除了方法空白。虽然符合行业标准,但不符合本教材强调的质控要求。本实验不得已为之,因为要求每个学生制备多个方法空白样是不现实的。故建议取其他实验组的空白值数据进行统计计算,比如剔除异常值后取平均值作为 c_0(参见章节 1.3.5)。

5.5.8 注意事项

(1)本实验采用了多种强酸,其中的氢氟酸尤其具有强烈腐蚀性,操作时应格外小心谨慎,不要让酸液溅洒出来。一旦发生溅洒,参见章节 1.1.1 及时处理。

(2)样品消解过程中,电热板的温度不宜太高,以 250 ℃ 为限,否则易使聚四氟乙烯坩埚变形。

(3)样品消解过程中,最后驱赶高氯酸白烟时必须防止溶液蒸干,不慎蒸干时,铁、铝盐可能形成难溶的氧化物而包藏铜,使结果偏低。同时注意,无水高氯酸在高温下可能会爆炸。

(4)高氯酸的纯度对空白值的影响很大,直接关系到测定结果的准确度,应尽量减少加入量,以降低空白值。

5.5.9 思考题

(1)石墨炉升温程序包括干燥、灰化、原子化等步骤,设定程序时应考虑哪些因素?
(2)设置空白的目的是什么?有哪些措施和注意事项可以控制空白值?
(3)检索资料,说明磷酸氢二铵在石墨炉原子吸收光谱法中的作用。
(4)汇总各实验组的方法空白值,对此质控数据进行分析。

(执笔:袁东星　李权龙)

第六章 环境微生物学实验
Chapter 6 Environmental Microbiology Experiments

6.1 微生物个体形态观察
6.1 Observation of Microbial Morphology

实验目的：了解普通生物显微镜的构造，掌握操作方法；学习和掌握观察微生物形态的基本方法，了解细菌、放线菌和霉菌的形态特征。

6.1.1 概述

观察微生物主要有两种方式：一种是培养之后观察菌落特征，另一种是通过显微镜直接观察。微生物个体微小，难以用肉眼观察形态结构，只有借助显微镜，才能对其进行研究。显微镜包括普通生物显微镜、相差显微镜、暗视野显微镜、荧光显微镜、电子显微镜等。普通生物显微镜是一种精密的光学仪器，是观察微生物最常用的工具。

6.1.2 方法原理

细菌有 4 种基本形态：球状、杆状、螺旋状和丝状。有的细菌菌体表面有鞭毛、荚膜等特殊结构；有的细菌菌体内有芽孢、气泡等特殊结构。

放线菌为单细胞，由分枝发达的菌丝组成，最简单的为杆状或具原始菌丝。菌丝根据其形态和功能分为 3 类：营养菌丝、气生菌丝和孢子丝。

霉菌均由分枝或不分枝的菌丝构成，许多菌丝交织在一起，称为菌丝体。菌丝呈管状，按功能可分为营养菌丝、气生菌丝和繁殖菌丝。青霉营养菌丝无色或淡色，有横隔。分生孢子梗顶端不膨大，无顶囊，经多次分枝产生几轮对称或不对称小梗，小梗顶端产生成串的青色分生孢子，孢子穗形如扫帚。

借助显微镜，可观察到上述的各种形态。

6.1.3 仪器与器皿

生物显微镜（参见附录 F-19）；擦镜纸；恒温培养箱或光照培养箱（参见附录F-11）；实

验室常用的其他小型仪器和玻璃器皿。

6.1.4 试剂与实验标本

(1)香柏油、二甲苯(C_8H_{10})。

(2)示范片:大肠杆菌、枯草芽孢杆菌、金黄色葡萄球菌、放线菌、青霉菌的染色载玻片标本。

6.1.5 实验步骤

6.1.5.1 显微镜观察示范片

严格按照生物显微镜的操作方法,依低倍镜、高倍镜及油镜的次序逐个观察示范片,并用铅笔绘制各种微生物的形态图。

6.1.5.2 插片法观察放线菌形态(选做)

将灭菌的盖玻片斜插在涂布了放线菌孢子的培养基平板上,一半插入,一半外露,置于恒温培养箱中,30 ℃恒温培养5～7 d。此时在培养基表面和外露的盖玻片上部都有放线菌生长。小心取出盖玻片,放在干净的载玻片上,在显微镜下直接观察。

6.1.5.3 水浸片法观察青霉(*Penicillium sp.*)形态(选做)

在清洁载玻片中央,加一滴水,用接种针挑取少量菌丝放入水滴中。两手各持一支针,将菌丝分开,不使缠结成团。挑开菌丝后,轻轻加上盖玻片,注意不要产生气泡,先用低倍镜后用高倍镜观察。

6.1.6 注意事项

(1)用铅笔绘制微生物形态图时,可先用HB铅笔画出轮廓草图,再用2H或3H绘图铅笔绘出详图。尽量少用橡皮擦。

(2)严禁用油镜观察水浸片,以免损坏油镜。

(3)用接种针挑取菌丝时,注意不要带出培养基,以免影响观察。

6.1.7 思考题

(1)使用油镜观察应该注意哪些事项?

(2)要使显微镜视野明亮,除采用光源外,还有其他什么措施?

(3)根据实验体会,分析如何根据微生物的大小,选择不同的物镜进行有效观察。

参考文献

王兰.环境微生物学实验方法与技术[M].北京:化学工业出版社,2009:16.

(执笔:陈　荣)

6.2　细菌的简单染色和革兰氏染色

6.2　Simple Staining and Gram's Staining of Bacteria

　　实验目的:了解细菌涂片和染色在微生物学实验中的重要性;学习细菌染色的基本操作,掌握简单染色和革兰氏染色方法。

6.2.1　概述

　　细菌菌体小而透明,在显微镜下与背景的反差小,不易看清结构,通过染色可增加菌体与背景的反差以利于观察。细菌染色方法很多,按其功能差异可分为简单染色和鉴别染色。简单染色是仅用一种染料染色,常用来观察细菌的形态、大小和排列方式,但不能辨别构造。鉴别染色需要用两种以上的染料或试剂进行多次处理,以使不同菌体和构造显示不同颜色而达到鉴别的目的。鉴别染色包括革兰氏染色、抗酸性染色和芽孢染色等,其中以革兰氏染色最为重要。

　　在显微镜下观察微生物样品时,必须将其制成片。制片是显微技术中的一个重要环节,常用的方法有压滴法、悬滴法和固定等。

6.2.2　方法原理

　　细菌细胞壁含有由氨基酸组成的蛋白质,因此也有等电点,其 pH 在 2~5 之间。常用染料可分碱性染料(如亚甲蓝、结晶紫、甲基紫、孔雀绿、中性红和番红等)和酸性染料(如酸性品红、刚果红、曙红等)两大类。细菌一般带负电荷,故常用带正电的碱性染料染色。少数菌(如分支菌属和诺卡氏菌属的某些菌)用酸性染料染色。细菌与染料的亲和力与染色液的 pH 有关。

　　革兰氏染色法是 1884 年丹麦病理学家革兰(Gram)创立的,是细菌学上最常用的鉴别染色法。革兰氏染色法基于细菌细胞壁的结构和成分,可将所有细菌区分为革兰氏阳性(G^+)菌和革兰氏阴性(G^-)菌两大类。G^- 菌的细胞壁中含有较多易被乙醇溶解的类脂质,且肽聚糖层较薄、交联度低,故用乙醇或丙酮脱色时类脂质被溶解,细胞壁的通透性增加,使初染的结晶紫和碘的复合物渗出,细菌被脱色,再经番红复染成红色。G^+ 菌的细胞壁中肽聚糖层厚且交联度高,类脂质含量少,经脱色剂处理后反而使肽聚糖层的孔径缩小,通透性降低,因此细菌仍保留初染时的紫色。

6.2.3　仪器与器皿

　　(1)生物显微镜(参见附录 F-19)。

（2）接种环；载玻片；酒精灯；实验室常用的其他玻璃器皿。

6.2.4　试剂与实验菌

（1）草酸铵结晶紫溶液：A 液——称取结晶紫（$C_{25}H_{30}N_3Cl$）2.0 g，溶解于 20 mL 95%（V/V）乙醇（C_2H_5OH）溶液中；B 液——称取一水合草酸铵[$(NH_4)_2C_2O_4 \cdot H_2O$]5.0 g，溶解于80 mL 纯水中；将 A 和 B 液混合，静置 48 h 后使用；贮存于试剂瓶中，可稳定数周。

（2）革兰氏碘液：称取碘（I_2）1.0 g、碘化钾（KI）2.0 g，先将碘化钾溶解在少量纯水中，再将碘溶解于碘化钾溶液中，最后加纯水至 300 mL，贮存于试剂瓶中，可稳定数周。

（3）番红溶液，c（番红）＝2.5%（m/V）：称取番红（$C_{20}H_{19}ClN_4$）2.5 g，用 10 mL 95% （V/V）乙醇溶液溶解，再加入 90 mL 纯水，贮存于试剂瓶中，可稳定数周。

（4）苯酚复红溶液：A 液——称取苯酚（C_6H_5OH）5.0 g，溶解于 95 mL 纯水中；B 液——称取碱性复红（$C_{20}H_{20}ClN_3$）0.30 g，放入研钵中研磨，逐滴加入 95%（V/V）乙醇溶液 10 mL，持续研磨至其完全溶解；将 A 液和 B 液混合，摇匀，过滤；贮存于试剂瓶中，可稳定数周。

使用时可将此混合液稀释 5～10 倍，但稀释液易变质失效，一次不宜多配。

（5）香柏油；二甲苯（C_8H_{10}）。

（6）实验菌：培养 12～16 h 的枯草杆菌（*Bacillus subtilis*）；培养 24 h 的大肠杆菌（*Escherichia coli*）和金黄色葡萄球菌（*Staphylococcua aureus*）。

6.2.5　实验步骤

6.2.5.1　枯草芽孢杆菌的简单染色

步骤提示：涂片→干燥→固定→染色→水洗→镜检。

（1）涂片：取干净的载玻片，在载玻片中央滴一滴纯水。灼烧接种环，待其冷却后从枯草芽孢杆菌斜面挑取少量菌种，与载玻片上的水滴混匀后，涂布成薄薄一层。涂布面不宜过大。

（2）干燥：一般情况下，细菌涂片可自然风干。为了加速干燥，亦可把涂片在酒精灯火焰上小心地微微加热烘干。

（3）固定：细菌涂片常用火焰固定法，即将涂片不快不慢地在酒精灯火焰上通过 2～3 次，使菌体受热固着于载玻片上；但不宜在高温下长时间烘烤，避免菌体因急速失水而变形。

（4）染色：常用苯酚复红或草酸铵结晶紫作为细菌简单染色的染色剂。在已固定的涂片上加一大滴苯酚复红染色液，以盖满涂布面为宜，静置染色 1 min。

（5）水洗：斜置载玻片，用自来水冲洗载玻片上残留的染色液，直至流出的水呈无色为止。

（6）镜检：将染色片自然晾干，或用吸水纸把多余的水吸去晾干，在显微镜下观察。

6.2.5.2　大肠杆菌和金黄色葡萄球菌的革兰氏染色

染色方法要点：先用结晶紫染色，再加碘液固定，乙醇处理后用番红复染。革兰氏阳性菌呈紫色,革兰氏阴性菌呈红色。

步骤提示:涂片→固定→初染→媒染→脱色→复染→镜检。

(1)涂片、固定:同章节 6.2.5.1 的简单染色。

(2)初染:滴加草酸铵结晶紫溶液,以盖满涂布面为宜,染色 $1\sim2$ min,用自来水冲洗。

(3)媒染:滴加革兰氏碘液,以盖满涂布面为宜,染色 $1\sim2$ min,水洗。

(4)脱色:连续滴加 95%(V/V)乙醇溶液,脱色 $15\sim20$ s,至不溶出颜色为止。

(5)复染:滴加番红溶液,以盖满涂布面为宜,染色 $2\sim3$ min。充分水洗,吸去多余水分后晾干。

(6)镜检:同章节 6.2.5.1 的简单染色,并根据呈现的颜色判断该菌是 G^+ 菌还是 G^- 菌。先用低倍镜观察后用高倍镜观察。

6.2.6　注意事项

(1)涂片所用载玻片须干净无油污,否则影响涂片。

(2)挑菌量不宜过多,涂片宜薄,太厚时菌体重叠不利于观察。

(3)革兰氏染色成败的关键是脱色时间,脱色过度,革兰氏阳性菌也可能被脱色造成假阴性;脱色时间过短,革兰氏阴性菌也可能被误认为是革兰氏阳性菌。

6.2.7　思考题

(1)涂片为什么要固定? 固定时应注意什么事项?

(2)对老龄细菌进行革兰氏染色,可能出现什么结果?

(3)革兰氏染色的哪个步骤可以省去而不影响结果?

参考文献

王秀菊,王立国.环境工程微生物学实验[M].青岛:中国海洋大学出版社,2019:18-21.

（执笔:陈　荣）

6.3 培养基的配制与灭菌
6.3 Preparation and Sterilization of Medium

实验目的：了解培养基的配制原则，掌握配制培养基的一般方法；掌握高压蒸汽灭菌的基本原理和操作方法。

6.3.1 概述

微生物培养基是供微生物生长、繁殖、代谢的混合养料。由于微生物拥有不同的营养类型，对营养物质的要求也各不相同，加之研究的目的不同，因此培养基的种类众多，使用的原料也各有差异。根据成分不同，培养基可分为天然培养基、合成培养基和半合成培养基等。天然培养基适合于各种异养微生物生长；合成培养基适用于某些定量工作的研究，但一般微生物在合成培养基上生长较慢，有些微生物的营养要求复杂，在合成培养基上无法生长。多数培养基采用部分天然有机物作为碳源、能源和生长因子的来源，再适当加入一些化学试剂，称为半合成培养基，如培养异养细菌常用的牛肉膏蛋白胨培养基。其特点是使用含有丰富营养的天然物质，再补充适量的无机盐，能充分满足微生物的营养需求，使大多数微生物能在此类培养基上生长。

6.3.2 方法原理

微生物培养基种类很多，但不同种类或不同组成的培养基中，均应含有满足微生物生长发育且比例合适的水分、碳源、氮源、无机盐、生长因子以及某些必需的微量元素等。培养基中营养物质浓度合适，微生物才能生长良好；营养物质浓度过低时不能满足微生物正常生长所需，浓度过高时则可能对微生物生长起抑制作用。另外，培养基中各营养物质之间的浓度配比也直接影响微生物的生长繁殖和（或）代谢产物的形成与积累，其中碳氮比（C/N）的影响较大。

除了满足微生物需要的营养条件，培养基还应有保证微生物生长需要的其他条件，如适宜的 pH、一定的缓冲能力、一定的氧化还原电位及合适的渗透压。培养基制备完成后应立即进行高压蒸汽灭菌，避免因杂菌繁殖生长导致培养基变质。培养基的配制和灭菌，是微生物学研究的基本操作之一。

6.3.3 仪器与器皿

(1)高压灭菌器(参见附录 F-10)；电子天平(感量 0.01 g)；电磁炉。

(2)培养皿(直径 90 mm)；试管(18 mm×180 mm)；移液管；锥形瓶(250 mL)；样品

勺;玻璃珠(直径 3～8 mm);pH 试纸;棉花;牛皮纸;实验室常用的其他玻璃器皿。

6.3.4　试剂

(1)牛肉膏($C_{14}H_{18}ClNO_4$);蛋白胨($C_{13}H_{24}O_4$);氯化钠(NaCl);琼脂[$(C_{12}H_{18}O_9)_n$]粉。

(2)氢氧化钠溶液,$c(NaOH)=1.0$ mol/L:将 40 g 氢氧化钠(NaOH)溶于纯水中,稀释至 1000 mL,贮存于聚乙烯瓶中,可长期稳定。

(3)盐酸溶液,$c(HCl)=1.0$ mol/L:将 84 mL 浓盐酸(HCl,$\rho=1.19$ g/mL)用纯水稀释至 1000 mL,贮存于试剂瓶中,可长期稳定。

6.3.5　实验步骤

6.3.5.1　玻璃器皿的准备

玻璃器皿的清洗和灭菌,参见章节 1.2.2。

6.3.5.2　无菌水的配制

在 250 mL 锥形瓶中加入 90 mL 纯水,并放入 20～30 颗玻璃珠,塞上棉塞后用牛皮纸包扎瓶口并用细棉绳或橡皮筋捆扎好,灭菌后备用。

在试管中加入 9 mL 纯水,塞上棉塞或硅胶塞,用牛皮纸包扎管口并用细棉绳或橡皮筋捆扎好,采用高压灭菌器灭菌,灭菌后备用。

6.3.5.3　培养基的配制

步骤提示:称量→溶解→调 pH →过滤(视情况可略)→分装→加塞→包扎→灭菌。

牛肉膏蛋白胨培养基的成分:牛肉膏 3.0 g、蛋白胨 10.0 g、氯化钠 5.0 g、琼脂粉 15～20 g、纯水 1000 mL。

(1)称量:按培养基配方比例,依次准确地称取牛肉膏、蛋白胨、氯化钠,放入烧杯中。牛肉膏常用玻棒挑取,放在小烧杯或表面皿中称量,用热水溶化后倒入烧杯中。也可在称量纸上称量后连同称量纸一起放入水中,这时如稍微加热,牛肉膏便会与称量纸分离,此时立即取出纸片。

(2)溶解:在上述烧杯中先加入少于所需要水量的纯水,用玻棒搅匀,加热使试剂溶解。待试剂完全溶解后,补充水分至所需的总体积。将另行称好的琼脂放入试剂溶液中,再加热溶解,需不断搅拌,以防琼脂煳底使烧杯破裂。最后补水至所需的总体积。

(3)调 pH:先用精密 pH 试纸测定培养基的初始 pH,如果 pH 偏低,用滴管向培养基中逐滴加入 1.0 mol/L 氢氧化钠溶液,边加边搅拌,并随时用 pH 试纸测其 pH,直至 pH 达 7.6。如果 pH 偏高,则用 1.0 mol/L 盐酸溶液调节。注意调 pH 不要过头,避免回调后增加培养基内各离子的浓度。

(4)过滤:趁热用滤纸或多层纱布过滤培养基溶液,以利于观察培养基接种后长出的菌落。无特殊要求时,这一步骤可以省略(本实验省略过滤)。

(5)分装:按实验要求,可将配制的培养基分装入试管内或锥形瓶内。液体分装高度以试管高度的 1/4 左右为宜;固体分装,其分装量不超过试管高度的 1/5;半固体分装,至试管高度的 1/3 为宜。

（6）加塞：培养基分装完毕后，在试管口或锥形瓶瓶口上塞上海绵硅胶塞，以阻止外界微生物进入培养基内而造成污染，并保证有良好的通气性能。

（7）包扎：加塞后，将全部试管用细棉绳捆扎在一起，再在海绵硅胶塞外包一层牛皮纸，最后用细棉绳以活结形式扎好，用记号笔在试管外壁上注明培养基名称、组别、日期。锥形瓶加塞后，外包牛皮纸，用细棉绳以活结形式扎好，同样用记号笔注明培养基名称、组别、日期。

（8）灭菌：将上述培养基放入高压灭菌器中，于 121 ℃灭菌 15～20 min。如因特殊情况不能及时灭菌，则应将培养基放入冰箱内暂存。

（9）搁置斜面（不需要的话可省略）：将灭菌的试管培养基冷至 50 ℃左右，将试管的塞端搁在玻棒上，搁置的斜面长度以不超过试管总长的一半为宜。

6.3.6　注意事项

（1）蛋白胨易吸潮，称取时动作要迅速。

（2）称量试剂时严防交叉污染，一把样品勺专用于一种试剂，或在称取一种试剂后，洗净、擦干，再称取另一试剂。试剂瓶瓶盖不要盖错。

（3）培养基分装过程中，注意不要使培养基沾在管口或瓶口上，以免沾污瓶塞而引起污染。

（4）分装后的试管或锥形瓶，高压蒸汽灭菌后注意垂直放置，避免培养基凝固后表面不平整，影响后续实验。

（5）严格按照操作程序使用高压灭菌器。

6.3.7　思考题

（1）配制培养基的操作过程应注意哪些事项？
（2）培养基配制好后，为什么必须立即灭菌？
（3）如何检查培养基的灭菌效果，确保它是无菌的？

参考文献

魏学峰,汤红妍,牛青山.环境科学与工程实验[M].北京:化学工业出版社,2018:218-220.

（执笔：陈　荣）

6.4　水样中细菌总数的测定(平板计数法)

6.4　Determination of Total Bacteria in Water Samples
(with plate count method)

实验目的:学习水样的采集和水样中细菌总数测定的操作方法;掌握平板菌落计数方法。

6.4.1　概述

天然水体中含有一定数量的微生物。水中细菌总数往往同水体有机物污染程度正相关,是评价水质污染程度的重要指标之一。国标 GB 5749—2022《生活饮用水卫生标准》对饮用水中菌落总数有明确的规定。本节基于国家环境保护标准 HJ 1000—2018《水质 细菌总数的测定 平皿计数法》,进行细菌总数的测定。

6.4.2　方法原理

采用平板计数法(即平皿计数法)测定水中细菌总数,是一种测定水中好氧的和兼性厌氧的异养细菌密度的方法。其将待测水样经适当稀释,涂布在平板上,经培养后在平板上形成肉眼可见的菌落。统计菌落数,根据稀释倍数和取样量计算出水样中的细菌数量。平板计数法由于计算的是平板上形成的菌落数,反映的是水样中活菌的数量,故又称活菌计数法。

由于细菌在水体中能以单独个体、成对、链状、成簇或成团的形式存在,故平板菌落计数法使用菌落形成单位(colony-forming unit,CFU),而非绝对细菌数量。此外,没有单独的一种培养基或某一培养条件能完全满足水样中所有细菌的生长要求,因此由此法所得的菌落数实际上要低于待测水样中真正存在的活细菌的数目。

6.4.3　仪器与器皿

(1)高压灭菌器(参见附录 F-10);pH 计(参见附录 F-2);恒温培养箱或光照培养箱(参见附录F-11);水浴锅;放大镜或菌落计数器。

(2)灭菌锥形瓶(250 mL);灭菌平板(直径 90 mm);采样瓶(250 mL,带螺旋盖或磨口塞的广口玻璃瓶)。

6.4.4　试剂、水样及实验用水

(1)牛肉膏蛋白胨琼脂培养基(参见章节 6.3.5.3);牛肉膏($C_{14}H_{18}ClNO_4$);蛋白胨

$(C_{13}H_{24}O_4)$；氯化钠（NaCl）；琼脂$[(C_{12}H_{18}O_9)_n]$粉。

（2）水样：河水、湖水等。

（3）无菌水：取适量纯水，经 121 ℃高压蒸汽灭菌 20 min，备用。

6.4.5　实验步骤

6.4.5.1　水样采集与处理

（1）自来水：先将自来水的龙头用酒精灯火焰烧灼 3 min 灭菌，再打开水龙头使水流 5 min 后，用灭菌锥形瓶接取水样 200 mL，待分析。

（2）河流、池水、湖水等地表水：可握住瓶子下部直接将带塞采样瓶插入水中，距水面约 10～15 cm 处，瓶口朝水流方向，拔下瓶塞，使水样灌入瓶内，然后盖上瓶塞，将采样瓶从水中取出。如果没有水流，则可握住瓶子，水平往前推进。

采样量一般为采样瓶容量的 80% 左右。水样采集完毕后，迅速扎上无菌包装纸。采样后应在 2 h 内检测，否则应在 10 ℃以下冷藏，但不得超过 6 h。实验室接样后，不能立即检测的，将水样于 4 ℃以下冷藏并在 2 h 内检测。

6.4.5.2　细菌总数测定

（1）水样稀释：将水样瓶用力振摇 20～25 次，使可能存在的细菌凝团分散。根据水样污染程度确定稀释倍数。以无菌操作方式吸取 1 mL 充分混匀的水样，注入盛有 9 mL 无菌水的锥形瓶中（可放适量玻璃珠），混匀成 1∶10 稀释水样。吸取 1∶10 的稀释水样 1 mL 注入盛有 9 mL 无菌水的锥形瓶中，混匀成 1∶100 稀释水样。按同法依次稀释成 1∶1000、1∶10000 稀释水样。每个水样至少应稀释 3 个适宜浓度。

注意：吸取不同浓度的稀释液时，必须更换移液管。

（2）接种：以无菌操作方式用 1 mL 灭菌移液管吸取充分混匀的水样或稀释水样，注入灭菌平板中，倾注 15～20 mL 已冷却至 44～47 ℃的牛肉膏蛋白胨琼脂培养基，并立即旋摇平板，使水样或稀释水样与培养基充分混匀。每个水样或稀释水样倾注 2 个平板。

（3）培养：待平板内的营养琼脂培养基冷却凝固后，倒置于 37 ℃恒温培养箱内培养 24 h。

（4）空白试验：用无菌水做实验室空白测定，培养后平板上不得有菌落生长，否则该次水样测定结果全部无效，应查明原因后重新测定。

6.4.5.3　菌落计数

平板上有较大片状菌落且超过平板的一半时，不得参加计数。

片状菌落不到平板的一半，且其余一半菌落分布又很均匀时，将此分布均匀的菌落计数，并乘以 2 代表全板菌落总数。

外观（形态或颜色）相似，距离相近却不相接触的菌落，只要它们之间的距离不小于最小菌落的直径，就予以计数。紧密接触而外观相异的菌落，予以计数。

以每个平板菌落的总数或平均数（同一稀释倍数 2 个平行平板的平均数）乘以稀释倍数，计算 1 mL 水样中的细菌总数。各种不同情况的计算方法如下：

（1）优先选择平均菌落数在 30～300 之间的平板进行计数，当只有一个稀释倍数的平均菌落数符合此范围时,以该平均菌落数乘以其稀释倍数为细菌总数测定值(表 6-4-1 的示例 1)。

(2)若有 2 个稀释倍数平均菌落数在 30～300 之间,计算两者的比值(两者分别乘以其稀释倍数后,较大值与较小值之比)。若其比值小于 2,则以两者的平均数为细菌总数测定值;若大于或等于 2,则以稀释倍数较小的菌落总数为细菌总数测定值(表 6-4-1 的示例 2 至示例 4)。

(3)若所有稀释倍数的平均菌落数均大于 300,则以稀释倍数最大的平均菌落数乘以稀释倍数为细菌总数测定值(见表 6-4-1 的示例 5)。

(4)若所有稀释倍数的平均菌落数均小于 30,则以稀释倍数最小的平均菌落数乘以稀释倍数为细菌总数测定值(表 6-4-1 的示例 6)。

(5)若所有稀释倍数的平均菌落数均不在 30～300 之间,则以最接近 300 或 30 的平均菌落数乘以稀释倍数为细菌总数测定值(表 6-4-1 的示例 7)。

表 6-4-1 稀释倍数选择及菌落总数测定值

示 例	不同稀释倍数的平均菌落数			2 个稀释倍数菌落数之比	菌落总数/(CFU/mL)
	10	100	1000		
1	1365	164	20	—	16400
2	2760	295	46	1.6	37750
3	2890	271	60	2.2	27100
4	150	30	8	2	1500
5	无法计数	1650	513	—	513000
6	27	11	5	—	270
7	无法计数	305	12	—	30500

6.4.6 注意事项

(1)进行菌落计数时应认真观察,避免遗漏,有些菌落可能会生长在培养基内。
(2)厘清每个培养皿的菌落数、每个稀释度的平均菌落数和细菌总数之间的关系。

6.4.7 思考题

(1)微生物计数应考虑哪些原则? 如何测得精确?
(2)接种后的平板为什么要倒置培养?
(3)利用平板计数法测定细菌总数,需要注意哪些环节以保证结果准确?
(4)查阅最新的生活饮用水卫生标准,饮用水中菌落总数的规定是多少? 所测定的水样是否符合要求?

参考文献

张小凡,袁海平.环境微生物学实验[M].北京:化学工业出版社,2021:124-127.

(执笔:陈 荣)

6.5 水样中总大肠菌群的测定
6.5 Determination of Total Coliform in Water Samples

实验目的:了解水中肠道细菌常规检测的卫生学意义和基本原理;掌握测定水样中总大肠菌群的操作方法。

6.5.1 概述

水样的大肠菌群数指的是 100 mL 水检样内含有的大肠菌群实际数值,以大肠菌群最大可能数(most probable number,MPN)表示。在正常情况下,肠道中主要有大肠菌群、粪链球菌和厌氧芽孢杆菌等多种细菌,这些细菌都可以随人畜排泄物进入水源。由于大肠菌群在肠道内数量多,水源中大肠菌群的数量成为直接反映水源被人畜排泄物污染的一项重要指标,也是国际上公认的粪便污染指标。因而,对饮用水进行大肠菌群的检查具有重要意义。国标 GB 5749—2022《生活饮用水卫生标准》规定,生活饮用水中总大肠菌群不得检出。

6.5.2 方法原理

大肠菌群指的是在 37 ℃、24 h 内能发酵乳糖产酸产气的兼性厌氧的革兰氏阴性无芽孢杆菌,主要由肠杆菌科中 4 个属内的细菌(埃希氏菌属、肠杆菌属、克雷伯氏菌属和柠檬酸杆菌属)组成。水中大肠菌群的检测方法常用多管发酵法和滤膜法。多管发酵法可适用于各种水样的检验,但操作烦琐,需要的时间较长。滤膜法仅适用于自来水和深井水,操作简单、快速,但不适用于杂质较多、易于堵塞滤孔的水样。本节介绍多管发酵法。

多管发酵法是标准分析方法,通过初发酵实验、平板分离和复发酵实验 3 个步骤,测得水样中的总大肠菌群数。实验结果以 MPN 表示。

6.5.3 仪器与器皿

(1)高压灭菌器(参见附录 F-10);恒温培养箱或光照培养箱(参见附录 F-11);冰箱、生物显微镜(参见附录 F-19)。

(2)灭菌移液管;试管;杜汉氏小管;接种环;灭菌培养皿(直径 90 mm);灭菌锥形瓶(250 mL);采样瓶(250 mL,带螺旋盖或磨口塞的广口玻璃瓶)。

6.5.4 试剂与培养基

(1)革兰氏染色法所需试剂:参见章节 6.2.4。

(2)无菌水:取适量纯水,经 121 ℃高压蒸汽灭菌 20 min,备用。

(3)普通乳糖蛋白胨培养液:蛋白胨($C_{13}H_{24}O_4$)10 g、牛肉膏($C_{14}H_{18}ClNO_4$)3 g、乳糖($C_{12}H_{22}O_{11}$)5 g、氯化钠(NaCl)5 g、1.6%(m/V)溴甲酚紫($C_{21}H_{16}Br_2O_5S$)乙醇(C_2H_5OH)溶液 1.0 mL、纯水 1000 mL。将蛋白胨、牛肉膏、乳糖、氯化钠加热溶解于 1000 mL 纯水中,按章节 6.3.5.3 步骤调节 pH 为 7.2～7.4,再加入 1.6%(m/V)溴甲酚紫乙醇溶液1.0 mL,充分混匀,分装于加有杜汉氏小管的试管中,每管 10 mL。包装后临用前于115 ℃灭菌 20 min。

(4)3 倍浓缩乳糖蛋白胨培养液:根据上述普通乳糖蛋白胨培养液配方,加 3 倍剂量配制成 3 倍浓缩培养液,分装于加有杜汉氏小管的试管中,每管 5 mL。分装于 250 mL 锥形瓶中,每瓶 50 mL。包装后临用前于 115 ℃灭菌 20 min。

(5)品红亚硫酸钠培养基(供平板分离用):将蛋白胨 10 g、乳糖 10 g、磷酸氢二钾(K_2HPO_4)3.5 g、琼脂[($C_{12}H_{18}O_9)_n$]粉 15～20 g、无水亚硫酸钠(Na_2SO_3)5 g、5%(m/V)碱性品红($C_{20}H_{19}N_3$)乙醇溶液 20 mL,混合溶解于 1000 mL 纯水中,调节 pH 为 7.2～7.4。

(6)伊红美蓝琼脂(EMB)培养基(供平板分离用):将蛋白胨 10 g、乳糖 10 g、磷酸氢二钾 2.0 g、琼脂粉 20 g、2%(m/V)水溶性曙红 Y($C_{20}H_6Br_4Na_2O_5$)水溶液 20 mL、5%(m/V)亚甲蓝($C_{16}H_{18}ClN_3S$)水溶液 13 mL,混合溶解于 1000 mL 纯水中,调节 pH 为7.2～7.4,贮存于试剂瓶中,可稳定数周。

注:(5)和(6)任选一种即可。

6.5.5　实验步骤

6.5.5.1　水样采集

同水中细菌总数的测定,参见章节 6.4.5.1。

6.5.5.2　初发酵实验

在两个各装有 50 mL 的 3 倍浓缩乳糖蛋白胨培养液的锥形瓶中,以无菌操作各加水样 100 mL。在 10 支装有 5 mL 的 3 倍浓缩乳糖蛋白胨培养液的发酵试管中(接种前务必检查杜汉氏小管内有无气泡),以无菌操作各加入水样 10 mL。摇匀后,37 ℃恒温培养 24 h,观察产酸产气情况。

情况分析:

(1)若培养基红色未变成黄色,即不产酸,杜汉氏小管内无气体,即不产气,为阴性反应,则说明无大肠菌群存在。

(2)若培养基由红色变为黄色,杜汉氏小管内有气体,即产酸产气,为阳性反应,则说明有大肠菌群存在。

(3)若培养基由红色变为黄色,杜汉氏小管内无气体,即产酸不产气,仍为阳性反应,则说明有大肠菌群存在。

(4)若培养基不变色,不浑浊,而杜汉氏小管内有气体,则说明操作过程中出现问题,需重做实验。

6.5.5.3　平板分离

(1)将经过 24 h 培养后产酸产气或产酸不产气的发酵管取出,分别用接种环划线接种于品红亚硫酸钠培养基或伊红美蓝琼脂培养基(EMB 培养基)上,共做 3 个平板;置于 37 ℃恒温培养箱培养 18～24 h。

(2)观察菌落特征。如果平板上有如下特征的菌落,并经革兰氏染色鉴定为革兰氏阴性无芽孢杆菌,则表明有大肠菌群存在。

品红亚硫酸钠培养基:紫红色,具有金属光泽的菌落;深红色,不带或略带金属光泽的菌落;淡红色,中心色较深的菌落。

伊红美蓝琼脂培养基:深紫黑色,有金属光泽的菌落;紫黑色,不带或略带金属光泽的菌落;淡紫红色,中心颜色较深的菌落。

6.5.5.4 复发酵实验

上述涂片镜检的菌落如为革兰氏阴性无芽孢杆菌,则挑选该菌落的另一部分接种于装有普通浓度乳糖蛋白胨培养液的试管中(内有杜汉氏小管),每管可接种分离自同一初发酵管(瓶)的最典型菌落 1～3 个,而后置于 37 ℃恒温箱中培养 24 h,有产酸产气者(不论杜汉氏小管内气体多少皆做产气论),即证实有大肠菌群存在。

6.5.5.5 结果计算

在初发酵实验中,可能有少数能发酵乳糖产酸产气的非大肠菌群混在阳性可疑反应管中。通过对初发酵的阳性可疑管进行平板分离和复发酵实验,并进行革兰氏染色和细菌形态观察,可将"假阳性管"除去,故在记录时只能把 3 步实验都呈阳性的试管计入阳性管。

根据阳性管及实验所用的水样量,即可运用数理统计方法计算出每 1000 mL 水样中总大肠菌群的 MPN,计算式见式 6.5.1:

$$MPN = \frac{1000(mL) \times 阳性管数}{\sqrt{阴性管数水样体积(mL) \times 全部水样体积(mL)}} \qquad (式 6.5.1)$$

6.5.6 注意事项

(1)接种水样前,应将水样充分振荡,使其中的细菌尽可能呈单个存在。

(2)平板分离时,为确保划线分离后的菌落是单菌落,划线间距至少为 0.5 cm;接种时,轻击试管并倾斜,避免接种环挑取到任何膜状物或浮渣;划线时力度轻柔,避免划破培养基。

6.5.7 思考题

(1)测定总大肠菌群的意义是什么? 为什么要选择大肠菌群作为水源被肠道病原菌污染的指示菌?

(2)EMB 培养基含有哪些主要成分? 其在检查大肠菌群时起到什么作用?

(3)多管发酵法测定总大肠菌群的操作较烦琐、耗时长,有何改进的建议?

参考文献

[1]魏学峰,汤红妍,牛青山.环境科学与工程实验[M].北京:化学工业出版社,2018:235-238.
[2]张小凡,袁海平.环境微生物学实验[M].北京:化学工业出版社,2021:128-130.

(执笔:陈 荣)

6.6　活性污泥中菌胶团及生物相的观察

6.6　Observation of Zoogloea and Biota in Activated Sludge

　　实验目的:掌握活性污泥沉降比的测定方法;通过观察活性污泥,了解活性污泥生物相结构和微生物种类。

6.6.1　概述

　　活性污泥法由英国的克拉克(Clark)和盖奇(Gage)于 1912 年发明,是依据水的自净作用原理发展出的一种污水的好氧生物处理法。活性污泥法及其衍生改良工艺是处理城市污水最广泛使用的方法,它能从污水中去除溶解性和胶体状态的可生化有机物、能被活性污泥吸附的悬浮固体及其他一些物质,同时也能去除一部分磷素和氮素。

6.6.2　方法原理

　　活性污泥中生物相比较复杂,以细菌、原生动物为主,还有真菌、后生动物等。细菌来源于土壤、水、空气。某些属出现频率很高,尤其是动胶菌属和假单胞菌属。此外还存在一类丝状细菌,如球衣菌属、发硫菌属、贝氏硫菌属。某些细菌能分泌胶黏物质形成菌胶团,进而组成污泥絮绒体(绒粒)。在正常的成熟污泥中,细菌大多集聚于菌胶团絮绒体中,游离的细菌较少。此时,污泥絮绒体具有一定形状、结构稠密、折光率强、沉降性能好。原生动物常作为污水净化指标,当固着型纤毛虫占优势时,一般认为污水处理池运转正常。丝状微生物构成污泥絮绒体的骨架,少数伸出絮绒体外;当其大量出现时,常可造成污泥膨胀或污泥松散,使污泥池运转失常。当后生动物轮虫等大量出现时,意味着污泥极度衰老。

　　观察活性污泥中的絮绒体及生物相,可掌握生物处理池的运行情况。

6.6.3　仪器与器皿

　　(1)生物显微镜(参见附录 F-19);目镜测微尺;镜台测微尺。

　　(2)量筒(100 mL);载玻片;盖玻片;玻璃小吸管;橡皮吸头;镊子。

6.6.4　活性污泥

　　活性污泥:取自污水处理厂曝气池。

6.6.5 实验步骤

(1)肉眼观察:取曝气池的混合液 100 mL 置于 100 mL 量筒内,直接观察活性污泥在量筒中呈现的絮绒体外观及沉降性能 $V_{污泥}$(30 min 沉降后的污泥体积,mL),计算活性污泥的沉降比(settling velocity,SV)SV_{30}。

$$SV_{30} = \frac{V_{污泥}(mL)}{100(mL)} \times 100\% \qquad (式 6.6.1)$$

(2)制片镜检:滴加混合液 1～2 滴于载玻片上,加盖玻片制成水浸标本片,在显微镜的中倍或高倍镜下观察生物相(注意:勿使用油镜)。观察污泥菌胶团絮绒体的形状、大小、稠密度等,观察丝状微生物和微型动物,注意优势种类。

(3)使用镜台测微尺和目镜测微尺测定微型生物大小:将镜台测微尺放在镜台上,移动移动器使镜台测微尺上的黑色圆环位于显微镜光轴附近。先用低倍物镜寻找镜台测微尺上的圆环而后找出它的标尺。旋转目镜,使目镜测微尺标尺和镜台测微尺平行。移动镜台测微尺使其最左端的刻度与目镜测微尺最左端的刻线重叠,读出目镜测微尺最后(右)端刻线在镜台测微尺上的所在位置,记录读数,连续操作 5 次,求平均数。

6.6.6 注意事项

(1)水浸片经长时间观察后可能会变干影响观察,须及时更换。
(2)原生动物以纤毛虫为主,若其游泳速度很快,可调低物镜倍数观察。
(3)注意区分杂质与生物体。生物体形态通常较规则,较透明,有可见的细胞内含物,细胞膜光滑、完整、连续,不会有尖锐的突起。

6.6.7 思考题

(1)如何根据活性污泥生物相中的优势微生物类型,判断活性污泥的性状?
(2)观察活性污泥中是否出现胞囊,如果有,说明什么问题?

6.6.8 附录 活性污泥中常见的生物

6.6.8.1 活性污泥中常见的丝状微生物

(1)球衣菌(*Sphaerotilus*):由许多圆柱形细胞排列成链,外面包围一层衣鞘,形成丝状体;具有分枝;单个菌体可自衣鞘游出,自由运动或黏附于鞘外。

(2)贝氏硫菌(*Beggiatoa*):无色而宽度均匀的丝状体,与球衣菌不同的是外面无衣鞘,各丝状体分散不相连接;丝状体由圆柱形细胞紧密排列而成,有时可见硫粒;丝状体不固着于基质上,可呈匍匐状滑行;菌体扭曲,穿插匍匐滑行于污泥之中。

(3)发硫菌(*Thiothrix*):亦由细胞排列成丝状体,具薄鞘但一般镜检时不可见;丝状体基部有吸盘,可使菌体固着于基质上生长;在附着生长时,有时菌丝体左右平行伸长成羽毛状,有时以放射状从活性污泥絮绒体内向四周伸展,有时菌丝体交织在一起自成中心向四周伸展。

(4)霉菌(mould):活性污泥中常见到菌丝体远较上述细菌粗大的霉菌菌丝体和霉菌

孢子;菌丝体有的有隔,并具有真分枝。

6.6.8.2 活性污泥中常见的原生动物

(1)鞭毛虫类:单细胞个体,通常有卵圆形、椭圆形、杯形、双锥形及多角形等,具有一根或一根以上的鞭毛作为运动器官;有单生的,也有以各种形态聚集的群体生活类型。常见种类有绿眼虫、尾波豆虫、梨波豆虫、变形滴虫等。

(2)肉足虫类:机体表面仅有细胞质形成的一层薄膜,无色透明,大多数没有固定形态,靠体内原生质流动形成伪足捕食,伪足可以从细胞质体任何地方伸出;内外质分界明显,外质透明,内质泡状或颗粒状;个体大小可由几微米到几百微米。常见种类有泡状变形虫、辐射变形虫、点滴变形虫等。

(3)纤毛虫类:纤毛虫是原生动物中进化较为高级的类群,在结构上比较复杂。个体大小差异很大,最小的只有 $10~\mu m$,最大的可达 $3000~\mu m$。纤毛的多少和分布位置不同,或周生于表面,或在其体表的一部分生长,靠纤毛有节奏地摆动来游泳。常见的有草履虫、肾形虫、钟虫、斜管虫等。

6.6.8.3 活性污泥中常见的后生动物

(1)线虫(*Nematoda*):身体细长呈线形,其横切面呈圆形。常见其卷曲不能自由伸缩,靠身体做蛇形扭曲而运动。

(2)轮虫(*Rotifera*):形体很小,身体的前端或靠近前端有轮盘(头冠),其上的纤毛经常摆动,有游泳和摄食的功能;在口腔或口管下面的咽喉部分膨大而形成咀嚼囊,内有一套较复杂的咀嚼器,可以伸出口外以攫取食物。

(3)颤体虫(*Aeolosoma*):活性污泥中最大、分化最高级的一种多细胞动物,身体分节,节间有刚毛伸出,体表具有带色泽的油点。

参考文献

陈兴都,刘永军.环境微生物学实验技术[M].北京:中国建筑工业出版社,2018:58-60.

（执笔:陈 荣）

第七章　环境毒理学实验
Chapter 7　Environmental Toxicology Experiments

7.1　大型溞急性活动抑制实验
7.1　Acute Inhibition Experiment on *Daphnia magna*

实验目的:掌握大型溞急性毒性实验方法;学会观察大型溞活动在污染物暴露下的受抑制情况;掌握大型溞急性毒性实验 24 h 和 48 h 的 EC_{50} 计算方法。

7.1.1　概述

大型溞是水生生态系统食物链的重要环节,具有生长周期短、繁殖率高、对污染物敏感度高、实验重复性好等优点,是毒理实验常用的一种模式生物,已被广泛采纳作为评价污染物生物毒性的水生指示生物。

大型溞的生命周期分为卵、幼溞、青年溞、成溞等几个阶段。大多数时期,种群几乎完全由雌性组成,可进行单性生殖。

大型溞急性毒性实验是将大型溞暴露于受试物溶液中,计算暴露 24 h 和 48 h 后造成 50% 的溞类活动受抑制的受试物浓度(EC_{50})。本节基于国标 GB/T 21830—2008《化学品溞类急性活动抑制试验》设计实验。

7.1.2　方法原理

大型溞急性毒性实验采用年龄一致的幼溞(实验开始时溞龄小于 48 h)以降低受试生物的个体差异。采用静置暴露方式,即将幼溞暴露于一定浓度范围的受试物溶液中,总暴露时长为 48 h,其间不喂食,以降低暴露系统的复杂性。实验设置空白对照组,以及一系列不同浓度的暴露组,观察记录暴露 24 h 和 48 h 后受试物对溞类活动的抑制情况,并根据观察数据绘制剂量-反应曲线,计算暴露 24 h 和 48 h 的 EC_{50} 。

7.1.3　仪器与器皿

（1）光照培养箱（参见附录 F-11）；溶解氧仪（参见附录 F-14），带微电极；空气泵和气石；实验室常备的其他小型仪器。

（2）六孔板或小烧杯（10～50 mL）；实验室常备的其他玻璃器皿。

7.1.4　试剂与实验生物

（1）重铬酸钾（$K_2Cr_2O_7$）溶液。

（2）大型溞幼溞（溞龄小于 48 h 的非头胎溞）。

7.1.5　受试生物的选择和驯养

7.1.5.1　受试生物的选择

实验用溞为来源于同一批次的健康大型溞，且未表现出任何受胁迫现象，如死亡率高、体色异常等。暴露实验应使用孵化时间少于 48 h 的非头胎溞。

7.1.5.2　受试生物的驯养

驯养期培养条件：温度为 18～22 ℃；光照周期（光暗比）为 16 h∶8 h；光照强度 30～40 $\mu mol\ quanta\ m^{-2} \cdot s^{-1}$。喂食淡水衣藻（*Chlamydomonas*）。

驯养条件（光照、温度和用水）应与实验条件一致。健康成体大型溞应驯养至少 48 h，而后繁殖产生的幼溞作为实验用溞。

7.1.6　实验用水和暴露液

7.1.6.1　实验用水

实验用水应是能够使溞类在培养、驯化及实验期间健康生活的洁净水。天然地表/地下水、重组水、去氯自来水及其他符合要求的洁净水均可使用。适应大型溞生长的主要水质条件为：pH 6～9，硬度 140～250 mg/L（以 $CaCO_3$ 计）。实验用水在使用前应充分曝气使溶解氧饱和度≥80%。实验期间水质应保持基本恒定。

7.1.6.2　暴露液

将受试物加入实验用水中配制成暴露液。应尽量避免使用助溶剂、乳化剂和分散剂，即使有时需要使用这些物质来辅助配制适当浓度的暴露液，亦应尽量减少使用量。任何情况下，受试物的浓度不能超过其在实验用水中的溶解度。

本实验使用重铬酸钾溶液为暴露液。

7.1.7　实验步骤

7.1.7.1　预实验

正式实验前，应先进行预实验以确定正式实验的暴露液浓度范围。因此，预实验需将大型溞暴露于较高浓度范围的受试物溶液中 24 h 或者 48 h。每个浓度使用 5 只大型溞，不需设平行。于 24 h 和 48 h 分别观察并记录每个暴露浓度下溞的活动受抑制情况。

7.1.7.2 正式实验的实验组和对照组

根据预实验的结果进行正式实验,在使溞未产生抑制的最低浓度和使 100% 溞产生活动抑制的最高浓度之间(即 $EC_0 \sim EC_{100}$)设置浓度系列。至少设 5 个暴露浓度组和 1 个对照组。设计、计算并填写表 7-1-1。

表 7-1-1　正式实验暴露液($K_2Cr_2O_7$)浓度梯度和配制方案

暴露组别	1	2	3	4	5	6
$K_2Cr_2O_7$ 暴露液浓度/(mg/L)						
$K_2Cr_2O_7$ 母液浓度/(mg/L)						
$K_2Cr_2O_7$ 母液体积/mL						
实验用水体积/mL						

暴露可在小烧杯或六孔板中进行。容器体积范围可在 10～50 mL。建议使用六孔板,因操作较为便利。每个暴露组使用一样大小的容器,且容器中的空气与溶液的体积比应相同。每个浓度设置 3～4 个平行($n=3\sim4$),每个平行使用 5～10 只大型溞;负荷量为平均每只溞不低于 2 mL 暴露液。

本实验方法为静态实验方法。但有些受试物不稳定,如果在暴露过程中暴露液浓度变化大于 20%,则应采用半静态或流水式系统。

此外,如果使用溶剂溶解受试物,则还应设置溶剂对照组。溶剂对照组中的溶剂浓度应与受试物组中的溶剂浓度一致。

7.1.7.3 实验条件

培养箱温度 18～22 ℃;光照周期(光暗比)为 16 h∶8 h。实验期间不充气、不喂食、不调节 pH。

7.1.7.4 观察记录

实验开始后,于 24 h 和 48 h 分别观察并记录每个实验容器中溞的受抑制情况。此外,还应观察记录其他任何异常症状或表现。

7.1.8 数据处理

(1)设计表格,科学记录各组数据,以表格形式列出 24 h 和 48 h 对照组(如使用溶剂应包括溶剂对照组)和各实验组使用的大型溞数、活动受抑制的大型溞数和抑制率。

(2)根据 24 h 和 48 h 大型溞活动受抑制率与受试物浓度,作受试物剂量-反应曲线。选择合适的统计方法(如 Probit 法)计算 24 h 和 48 h 的 EC_{50}。

(3)如果无法获得足够的数据点绘制剂量-反应曲线,无法使用标准方法计算 EC_{50} 时,则可采用无抑制作用的最低浓度(EC_0)和引起 100% 抑制的最高浓度(EC_{100})估算 EC_{50},即认为两者浓度的几何平均值接近 EC_{50}。

7.1.9 注意事项

(1)实验开始和结束时,应测定对照组(包括溶剂对照组)和最高浓度组实验液的溶解氧和 pH。实验结束时溶解氧浓度应高于 3 mg/L；实验前后 pH 的波动不应超过 1.5 个单位。如果溶解氧和 pH 无法达到要求，则可考虑增加暴露液体积，重新开展实验。

（2）实验开始和结束时，应分别测定最高浓度和最低浓度组暴露液中受试物的浓度，浓度变化应维持在 ±20% 范围内。如果浓度波动过大，则需重新开展实验；如果依然无法解决问题，则可以考虑改变暴露方式，将静态暴露改为流动式暴露。

（3）对照组的大型溞活动受抑制率不能超过 10%；如若超过，需要重新开展实验。受抑制的情况包括活动受抑制、有疾病症状或受损伤，如变色、行为异常（如漂浮于液面）等。

7.1.10　思考题

（1）根据实验结果，思考本次实验设置的暴露浓度和配制体系是否合理。如果需要改进，应如何设置更合理的暴露浓度和配制体系？

（2）查找文献，列举常用的 EC_{50} 的计算方法。针对本实验，哪一种计算方法更适合？为什么？

（执笔：洪海征）

7.2　鱼类急性毒性实验
7.2　Fish Acute Toxicity Testing Experiment

实验目的：掌握鱼类急性毒性实验的原理和操作；掌握半致死浓度的计算方法。

7.2.1　概述

鱼类急性毒性实验是水生生态毒理学的重要内容之一，广泛应用于水域环境污染监测工作中，对控制工业废水的排放、保护水域环境、发展渔业生产、制定渔业水质标准，均具有重要意义。鱼类急性毒性实验不仅用于测定化学物质毒性强度、测定水体污染程度、检查废水处理的有效程度，也为制定水质标准、评价环境质量和管理废水排放提供科学依据。

7.2.2　方法原理

鱼类对水环境的变化十分灵敏，当水体中的污染物（一般为化学污染物）达到一定程度时，就会引起一系列中毒反应，如行为异常、生理功能紊乱、组织细胞病变，直至死亡。运用毒理实验方法，观察鱼类在含有化学污染物的水环境中的反应，可以比较不同污染物的毒性高低。在规定的条件下，使鱼接触含不同浓度受试物的水溶液，持续至少 24 h，最好以 96 h 为一个实验周期。在 24 h、48 h、72 h、96 h 时记录实验鱼的死亡率，确定鱼类死亡 50％时的受试物浓度。

鱼类毒性实验方法可分为静态实验方法和动态实验方法两大类。静态实验方法实验期间不更换药液，操作简单，不需要特殊设备，适宜于受试化学品在水中相对稳定，在实验过程中耗氧量较低的短期实验。动态实验方法实验期间的药液需连续更新，因此对设备的要求较高。对于在水中不稳定、耗氧量较高的化学污染物，需要进行较长时间观察时，可采用动态实验方法。本节基于国标 GB/T 31270.12—2014《化学农药环境安全评价试验准则 第 12 部分：鱼类急性毒性试验》，介绍静态实验方法。

7.2.3　仪器与器皿

（1）溶解氧仪（参见附录 F-14）；分析天平（参见附录 F-1）；pH 计（参见附录 F-2）；温度计；实验室常备的其他小型仪器。

（2）实验容器：实验容器可根据受试化合物性质，选择玻璃缸或搪瓷桶，其大小依据实验鱼的大小和数目而定。

7.2.4　试剂与实验生物

7.2.4.1　受试物

选择环境污染物如重金属、农药等化学品。

7.2.4.2　实验用鱼

可采用我国常用四大养殖淡水鱼(青鱼、草鱼、鲢鱼、鳙鱼)、金鱼、鲫鱼等。实际工作中以鲢鱼、草鱼的应用较多。大小不同的鱼对毒物的敏感度有所不同,一般来说,鱼苗比成鱼敏感。在同一实验中要求实验鱼同属、同种、同龄,鱼的平均体长以 7 cm 以下最为合适。鱼的体长指吻端至尾柄与尾鳍交界处的水平距离。本实验首选体长 5～7 cm 的金鱼,每个实验浓度可用鱼 10～20 尾。

选用健康的鱼作为实验鱼,实验前将其在相似实验条件下驯养 1 周以上,驯养期间每天投饵 1 次。为保证水中有足够的溶解氧,根据驯养缸中鱼的密度和对鱼的观察,每天换水 1～2 次。实验前 1 d 停止投饵,但 96 h 以上的实验鱼每天应给予少量不影响水质的饵料。实验前 4 d 驯养缸中的鱼最好无死亡,即使有死亡,也不得超过 10%,否则不能用于正式实验。

7.2.5　实验步骤

7.2.5.1　预备实验

预备实验的目的是确定受试物浓度的范围,即找出引起实验鱼全部死亡和不引起实验鱼死亡的浓度。可先参考有关资料初步设置 3～4 个不同浓度,每个浓度采用 3～4 尾鱼,观察 24～48 h。鱼中毒的表现和出现中毒的时间,为正式实验选择观察指标提供依据。

7.2.5.2　正式实验

(1)根据预备实验的结果,确定受试物浓度范围,设计浓度间隔,按一定比例间距(几何级差应控制在 2.2 倍以内)插入 3～5 个中间浓度。

实验至少选择 5 个不同浓度,一般以 7 个浓度为佳,但所选择的浓度应包括能使实验鱼在 24 h 内死亡的浓度,以及 96 h 内不发生中毒的浓度。

(2)结果的观察:实验开始后 8 h 内须持续观察并做好记录,8 h 后可做 24 h、48 h 和 96 h 的详细观察记录。实验过程中如出现特殊变化应随时记录。

观察指标包括理化指标和生物指标。理化指标指的是水的溶解氧、pH、水温、硬度等,用以检查实验条件的稳定性,排除由于实验条件的变化对实验鱼产生的影响。生物指标包括鱼的死亡率和由于中毒而引起的鱼的生化、生理以及形态学、组织学的变化。

鱼死亡的判断方法是当鱼中毒停止呼吸以后,用小镊子夹鱼尾柄部,5 min 内不出现反应可判定为死亡。死亡鱼必须立即移出实验缸,以免影响水质。记录 24 h、48 h 和 96 h 各实验组鱼的死亡数。

(3)实验时间与毒性判定:正式实验至少进行 48 h,一般是 96 h。如果受试物的饱和溶液在 96 h 内不引起实验鱼死亡,则可认为毒性不显著,但不能据此做出无毒的结论。

是否无毒,还应根据鱼的生化、生理指标的检查才能最后确定。

(4)半致死浓度的计算:在水生生物急性毒性实验中,半致死浓度(LC_{50})、平均耐受限(TL_m)、半数有效浓度(EC_{50})等常用来评估化学物质或工业废水对水生生物的急性毒性。由急性毒性实验所得数据计算 LC_{50}、TL_m、EC_{50} 的原理和方法,基本上是相似的。

用于计算半致死浓度的方法有多种,如概率单位图解法、最小二乘法、加权直线回归法、图解法、寇氏法、直线内插法等,也可采用数据统计软件进行统计分析和计算。

根据鱼类急性毒性实验结果,以 LC_{50} 为依据,对化学物质的分级标准如下:

剧毒:$LC_{50} < 0.5 \times 10^{-6}$ kg/L。

中毒:$LC_{50} = (0.5 \sim 10) \times 10^{-6}$ kg/L。

低毒:$LC_{50} > 10 \times 10^{-6}$ kg/L。

7.2.6 注意事项

(1)配制受试物溶液时应先配制少量高浓度的储备液,实验时稀释至所需浓度。先将药液与水均匀混合后,再放入实验鱼。禁止先放入实验鱼后往实验缸中加受试药液,以免实验鱼接触到不均匀的高浓度药液而提前死亡。

(2)实验用水的温度、pH、溶解氧、硬度和水量的合理与否,对实验结果影响较大,必须严格控制。实验通常在软水中进行,可采用自然界的江、河、湖水,如果用自来水,则必须进行人工曝气或放置 3 d 以上脱氯。

一般淡水鱼的水质要求如下:

①水温:保持鱼类原来适应的环境温度,温水鱼 20～28 ℃,冷水鱼 12～18 ℃;在同一实验中,温度的波动范围不能超过±2 ℃。

②pH:6.7～8.5。

③溶解氧:>4.0 mg/L。

④水量:每克鱼体重需供水 0.5 L 以上。

7.2.7 思考题

(1)除了死亡率,鱼类急性毒性实验的观察终点还有哪些指标?

(2)为什么采用 LC_{50} 作为反映化合物毒性的指标?其有何优势?

(执笔:陈　荣)

7.3　重金属对鱼肝脏过氧化氢酶活性的影响

7.3　Effects of Heavy Metals on Catalase Activity in Fish Liver

实验目的：了解重金属影响抗氧化酶活性的机制；掌握过氧化氢酶活性和蛋白质含量的测定方法。

7.3.1　概述

重金属进入生物体后可发生氧化还原反应，并伴随着大量自由基的产生。过量的自由基可攻击生物大分子，引起 DNA 损伤、蛋白质变性、脂质过氧化等，进而导致机体产生病变。生物体内的抗氧化体系（包括抗氧化酶和抗氧化剂）可清除过量自由基，保护机体免受自由基的氧化损伤。同时，抗氧化酶活性和抗氧化剂含量的变化可间接反映生物体内自由基水平的变化。过氧化氢酶是一种抗氧化酶，可分解过氧化氢，减少活性氧自由基的产生。在环境监测、生态毒理学等领域，过氧化氢酶活性作为一项重要指标，得到广泛应用。

测定过氧化氢酶活性的方法有测压法、滴定法和分光光度法，其中以紫外分光光度法最为简便，最为常用。本节介绍此法。

7.3.2　方法原理

过氧化氢酶属于血红蛋白酶，含有铁，它能催化过氧化氢分解为水和氧气，根据过氧化氢的消耗量或氧气的生成量，可测定该酶活性大小。未被催化分解的过氧化氢在波长 240 nm 处有特征吸收，采用分光光度法测定，吸光度与过氧化氢含量成正比，从而计算出被催化分解的过氧化氢量，进一步计算出过氧化氢酶活性。

7.3.3　仪器与器皿

（1）紫外-可见分光光度计（参见附录 F-15）；台式冷冻离心机（参见附录 F-4）；玻璃匀浆器；微量移液器；解剖工具及实验室常用小型仪器。

（2）实验室常用玻璃器皿。

7.3.4　试剂与实验生物

（1）蛋白质显色液：称取 125 mg 考马斯亮蓝 G250（$C_{47}H_{48}N_3NaO_7S_2$），溶解于 100 mL 95％（V/V）乙醇（C_2H_5OH）溶液中；称取 5.06 g 氯化钠（NaCl），溶解在适量纯水中，加入 15 mL 37％（V/V）盐酸（HCl）溶液，与考马斯亮蓝乙醇溶液混合并定容至 1000 mL，过滤

后贮存于试剂瓶中避光保存，4 ℃下可稳定数周。

（2）磷酸盐缓冲溶液，c（磷酸盐）＝0.0667 mol/L，pH＝7.0：称取 3.522 g 磷酸二氢钾（KH_2PO_4）和 7.268 g 二水合磷酸氢二钠（$Na_2HPO_4 \cdot 2H_2O$），加少量纯水溶解，定容至 1000 mL，贮存于试剂瓶中，4 ℃下可稳定数周。

（3）匀浆缓冲溶液：将上述磷酸盐缓冲溶液稀释 10 倍，现用现配。

（4）反应液：吸取 0.16 mL 过氧化氢（H_2O_2，30％，V/V），用磷酸盐缓冲溶液稀释至 100 mL，现用现配。

（5）牛血清白蛋白溶液，c（牛血清白蛋白）＝1.0 mg/mL：称取牛血清白蛋白 10 mg，用少量纯水溶解，定容至 10 mL，现用现配。

（6）实验用鱼：可用市售金鱼，或者四大家鱼的鱼苗，体长 5～7 cm。按照章节 7.2 方法进行重金属的鱼类急性毒性实验，暴露 96 h，收集存活的鱼，置于－20 ℃冰箱保存。

7.3.5 实验步骤

7.3.5.1 酶活样品（酶样）制备

取重金属染毒后的金鱼，解剖出肝脏，用滤纸擦干，称量质量。按 1.0 g 肝重加 12.5 mL 匀浆缓冲溶液的比例，加入预冷的匀浆缓冲溶液，始终保持在冰水浴（1～4 ℃）中用玻璃匀浆器匀浆，尽可能彻底。将匀浆液移入离心管，以 5000～6000 r/min（离心力 5000 g）的转速冷冻（0～4 ℃）离心 5 min。将上清液吸出，冰浴保存于干净的离心管或冻存管中，用于过氧化氢酶活性测定。

7.3.5.2 酶样的光密度测定

在室温条件下，用紫外分光光度计（波长 240 nm）测定过氧化氢酶活性。将 0.01 mL 酶样和 3.0 mL 磷酸缓冲溶液混合后倒入一个 1 cm 比色皿中，作为参比。另取一个 1 cm 比色皿为样品池，并将 0.01 mL 酶样和 3.0 mL 反应液混合后迅速倒入样品池中，并迅速放入样品室中，盖上盖子。观察光密度读数，当光密度开始明显下降时，按动秒表，并记录光密度 OD_{240}，随后每 10 s 读取、记录一次光密度值，连续测定 60 s。按以上操作步骤，分别测定对照组和各污染组金鱼肝脏的酶活样品的光密度。

7.3.5.3 蛋白质含量测定

校准曲线的建立：取 6 支试管，按表 7-3-1 所列加入试剂，充分混合 1 min 后，在 595 nm 处测定光密度。以蛋白质含量为横坐标，OD_{595} 为纵坐标，绘制校准曲线（参见章节 1.3.6），计算校准曲线方程和可决系数（R^2）。

表 7-3-1　蛋白质含量校准曲线标样的配制

试管编号	0	1	2	3	4	5
牛血清白蛋白/μL	0	10	20	30	40	50
纯水/μL	1000	990	980	970	960	950
蛋白质显色液/mL	4.00	4.00	4.00	4.00	4.00	4.00
试液中蛋白质浓度/（μg·mL⁻¹）	0	2	4	6	8	10

样品蛋白质含量测定：吸取适量酶样（10～50 μL），用纯水或匀浆缓冲溶液稀释至

1.0 mL,与 4.0 mL 蛋白质显色液混合后测定光密度,若所得数值不在校准曲线范围内,则需调整稀释度后重新测定,通过校准曲线计算酶样中蛋白质浓度。

7.3.5.4 酶活性计算

在浓度较高、反应时间较短的条件下,过氧化氢酶催化过氧化氢分解为一级反应,反应速率常数为 K。一个单位的过氧化氢酶活性定义为在 25 ℃、100 s 内使过氧化氢分解一半时的酶蛋白含量。酶活性单位与一级反应的半衰期有关,半衰期为 $\ln 2/K$,其与酶活性(Activity)关系表示为

$$\text{Activity(Unit)} = \frac{100K}{\ln 2} \qquad (式 7.3.1)$$

测定加入酶样后的过氧化氢在 0～60 s 内不同时刻的光密度 OD_{240},绘制 $\ln OD_{240}$ 对反应时间 t 的关系曲线,其斜率即为反应速率常数 K。

由于不同酶样的蛋白质含量不同,因此实验得到的酶活性必须用蛋白质含量校正:

$$\text{Activity(U} \cdot \text{g}^{-1}\text{-Pr)} = \frac{\text{Activity(U)} \times 1000}{C_{\text{protein}} \times V_{\text{protein}}} \qquad (式 7.3.2)$$

式中,Activity(U $\cdot$ g^{-1}-Pr)为校正的酶活性,酶活性 $\cdot$ g^{-1};V_{protein} 为加入的酶样体积,mL;C_{protein} 为酶样的蛋白质浓度,mg/mL;1000 为单位换算系数。

7.3.6 注意事项

(1)过氧化氢酶在室温下容易失活,实验过程中酶样应全程保持在冰水浴里或置于冰箱冷藏室中。

(2)过氧化氢酶催化过氧化氢分解的反应速率很快,酶样与反应液混合后,应迅速测定。

(3)蛋白质显色液中的考马斯亮蓝容易吸附在比色皿内壁上,可用乙醇清洗之,参见章节 1.2.2。

(4)需事先测定盛装有纯水的样品比色皿和参比比色皿的光密度,选取光密度一致的比色皿用于实验,或对样品光密度进行校正,参见章节 2.9.5。

7.3.7 思考题

(1)计算酶活性时,为什么要定义酶活性单位?

(2)和对照组相比,污染组的过氧化氢酶活性是如何变化的? 说明什么问题?

(3)查阅资料,试述还有哪些测定蛋白质含量的方法? 各有什么优缺点?

参考文献

徐镜波,袁晓凡,郎佩珍.过氧化氢酶活性及活性抑制的紫外分光光度测定[J].环境化学,1997,1:73-76.

(执笔:陈 荣)

7.4 小鼠骨髓细胞染色体畸变分析

7.4 Analysis of Chromosome Aberration in Mouse Bone Marrow Cells

实验目的：掌握小鼠急性毒性实验的设计和操作；掌握小鼠骨髓细胞的制片和染色方法。

7.4.1 概述

生物细胞的染色体都有一定的数目和特定的形态结构，且这些特征相当恒定，使生物的遗传性状得以稳定遗传。如果受到某种有致突变活性物质的作用，则染色体的固有数目和形态结构将发生突变，即染色体畸变。染色体畸变分析应用体内细胞遗传学的分析方法，检测某种受试物是否能使生物遗传物质发生改变，据此评定受试物是否具有诱变活性。

7.4.2 方法原理

由于染色体畸变只能在细胞分裂的中期相进行观察和分析，因此在取样之前，要用药物将实验小鼠进行有丝分裂的骨髓细胞滞留在分裂中期，借此增加处于中期分裂相的细胞数，为染色体分析提供尽可能多的样本。预处理对已处于中期及后期的细胞无影响。取样后进行低渗处理，使细胞膨胀，染色体均匀散开，再进行固定、染色，在显微镜的高倍镜或油镜下进行观察分析。

7.4.3 仪器与器皿

（1）离心机（参见附录 F-4）；生物显微镜（参见附录 F-19）；镊子；剪刀；解剖刀。

（2）尖底离心管；注射器（1 mL）；烧杯；量筒；吸管；载玻片；脱脂棉；纱布；实验室常备器皿。

7.4.4 试剂与实验生物

（1）柠檬酸钠溶液，c（柠檬酸钠）＝2%（m/V）：称取 2.0 g 柠檬酸钠（$Na_3C_6H_5O_7$）溶解于 100 mL 纯水中，贮存于试剂瓶中，4 ℃下可稳定数周。

（2）秋水仙素溶液，c（秋水仙素）＝500 $\mu g/mL$：称取 5.0 mg 秋水仙素（$C_{22}H_{25}NO_6$）溶解于 10 mL 纯水中，贮存于试剂瓶中，4 ℃下可稳定 1 周。

（3）氯化钾溶液，c（KCl）＝0.075 mol/L：称取 0.559 g 氯化钾（KCl）溶解于 100 mL 纯水中，贮存于试剂瓶中，可稳定数月。

（4）磷酸盐缓冲溶液，c（磷酸盐）＝0.0665 mol/L，pH＝6.8：称取 9.41 g 磷酸氢二钠（Na_2HPO_4）溶解于 1000 mL 纯水中，称取 9.08 g 磷酸二氢钾（KH_2PO_4）溶解于 1000 mL 纯水中，将此两溶液等量混合，贮存于试剂瓶中，4 ℃下可稳定数周。

（5）Giemsa 原液和使用液：称取 Giemsa 染料 1.0 g 置于研钵内，将 66 mL 甘油（$C_3H_8O_3$）逐滴加入，边加甘油边混合研磨。将混合液转移至烧杯内，盖上玻璃表面皿，置 60 ℃水浴 2 h。取出，冷却后加入甲醇（CH_3OH）66 mL。混合、静置 2 周后，过滤于棕色瓶内，阴凉处保存。该原液存放时间越长，染色效果越好。

临用前用 pH＝6.8 的磷酸盐缓冲溶液将 Giemsa 原液配制成 10%（V/V）的 Giemsa 使用液。

（6）固定液：甲醇：冰醋酸＝3：1（V/V），将甲醇和冰醋酸（CH_3COOH）按比例混合而成，现用现配。

（7）环磷酰胺（CTX）溶液，c（CTX）＝10.0 mg/mL：称取环磷酰胺（$C_7H_{15}C_{12}N_2O_2P$）0.100 g，溶解于 10.0 mL 纯水中，贮存于小试剂瓶中，4 ℃下可稳定 1 周。

7.4.5 实验步骤

7.4.5.1 实验前准备

（1）实验动物：选用健康成年的小鼠，品系纯，且是品系内随机交配的个体，雌雄数最好相等。小鼠饲养一般一笼 4 只，自由饮食，随机分组。实验前称量小鼠质量，以便计算药物剂量。一般每组小鼠所用剂量以该组小鼠的平均体重计算。对每只小鼠以耳朵打孔或躯体染色做标记，每组小鼠笼架都需有标志卡片。注意清洁卫生，每日定期清理粪污。

（2）剂量选择：如果受试物有急性毒性资料可依据，则可根据其急性中毒量来确定剂量。如果没有现成资料，则以 6 只小鼠为 1 组，共分 5 组，以测定该受试物的半致死量。若受试物无毒，不能得到半致死量，那么所用剂量应是人体能接触的最大剂量。设计的最高剂量组一般相当于 1/8～1/10 的半致死量。在最高剂量的 1/3～1/10 范围内，按等比比例分出几个组，分别为中间剂量组和最低剂量组。若进行亚慢性中毒实验，则需参考急性中毒剂量。致突变实验和其他毒理实验一样，均是力图评价出剂量的上下限值和接近于应用水平的剂量。

实验分组和每组小鼠数的设计可参考表 7-4-1。用环磷酰胺溶液按 50～100 mg/kg 的剂量，一次腹腔内注射作为阳性对照，用溶剂作为阴性对照。

表 7-4-1 各组实验小鼠设计参考

剂量分组	急性毒性实验			亚慢性实验	小鼠总数
	给药后不同间期处死小鼠数			以 24 h 为间隔，给药 5 次，末次给药后 6 h 处死小鼠数	
	6 h	24 h	48 h		
高剂量组	6	6	6	6	24
中剂量组	6	6	6	6	24
低剂量组	6	6	6	6	24
阳性对照	—	6	—	6	6
阴性对照	6	6	6	6	24

(3)给药途径:可采用经口灌胃、皮下注射、腹腔注射等方式。

(4)秋水仙素处理:各组小鼠在处死前 3～6 h,按 4 mg/kg 剂量往腹腔内注射秋水仙素溶液。

7.4.5.2　课堂实验

(1)收集骨髓细胞:取颈椎脱臼法处死的小鼠,剥取连同两端骨骺的后肢股骨,剔去肌肉,以干净纱布擦去血污和碎肉。剪去两端膨大的骨骺,露出骨髓腔,将吸有适量柠檬酸钠溶液的注射器的针头从股骨一端插入,将骨髓冲洗入 10 mL 刻度离心管中,至股骨呈白色为止。离心管中的细胞悬浮液可达 4～5 mL。

(2)低渗处理:将上述细胞悬浮液经 1000 r/min 离心 10 min。弃上清液,加 0.075 mol/L氯化钾溶液 6～8 mL,立即用大口径滴管将细胞团块打匀,置入 37 ℃水浴 15～20 min。注意:控制水浴温度及时间,水浴期间不要晃动离心管,否则下一步去上清液时容易吸走细胞。

(3)固定:低渗后小心吸去上清液,沿管壁徐徐加入 5 mL 甲醇-冰醋酸(3:1,V/V)固定液,立即打匀,静置 20 min,去上清液。此为第一次固定。

按上述步骤再重复固定一次,静置 20 min,弃上清液。最后仅留 0.1～0.2 mL 的细胞团和上清液,再加上 2～3 滴固定液,摇匀成细胞悬液。

(4)滴片:取事先在冰水中预冷的清洁载玻片,用滴管吸取细胞悬液,让液滴从一定高度滴落在载玻片上,滴 2～3 滴(注意滴液不要重叠)。用洗耳球轻轻吹散液滴,将载玻片平放自然干燥。每份样品制片两张。

(5)染色:用 Giemsa 使用液染色。可在染色缸中染色,也可直接将使用液滴在载玻片上染色,染色 15 min 左右。染色后的载玻片用细流自来水冲洗,自然干燥后即可在显微镜下观察。

(6)镜检:先在显微镜的低倍镜下观察分裂相形态,选择染色体分散好、不重叠或少重叠的分裂相,再转换到显微镜的高倍镜或油镜下观察染色体的情况。

染色体结构畸变包括染色体型和染色单体型的断裂、缺失、重排,环状染色体,粉碎性染色体等。

染色体数目畸变包括整倍体畸变(多倍体 $3n$、$4n$ 等)和非整倍体畸变($2n\pm1$、$2n\pm2$、$2n\pm3$ 等)。

记录读片时所观察的细胞,用显微镜上的移动尺对细胞予以定位,以便重复观察。对有染色体畸变的细胞,要描述畸变类型。为了避免主观误差,最好将片子编号,读片人只知片号,不知处理组别。每一标本最好由两人分别读片,取两个观察结果的平均数。

7.4.6　结果评价

正常小白鼠有 40 条($2n=40$)端着丝粒染色体,雄性小鼠有 3 条最短的染色体,即一对 19 号染色体和一个 Y 染色体。Y 染色体和一个较大的 X 染色体在核型分析时可能配对。雌性小鼠只有两条最短的染色体,一对 X 染色体较大。观察染色体畸变,首先计数染色体,观察有无数目变异。本实验所测出的染色体畸变形态均是由染色体断裂而又不能修复或不能正常修复造成的。

发生断裂或重接染色体的细胞在第一次有丝分裂后一般会消失。在第一次分裂后期存活的细胞主要带有平衡性损伤,这些损伤的检测和损害的完全评价往往依赖于其他测试。具有小的构型改变(如小的缺失或相互易位)的细胞可能长期存在,因此对个体来说,小的构型改变比大的缺失或复杂的重排具有更大的危险性。

畸变类型、发生频率及其与剂量的关系,均应看作评价受试物有无致突变性的重要参考指标。染色体的裂隙一般不看作畸变,除非发生的频率特别高,方予以考虑。开放性断裂和断裂后修复所造成的形态改变应看作遗传损伤的标志,这些修复的形态改变包括易位、环形、多种放射体、多着丝粒等。再连接形态应视为比断裂严重的畸变,因为它们通常来自一个以上的断裂,并可造成较持久的形态改变。每个细胞所发生的畸变数也很有意义,一个细胞有两个以上畸变比只有一个畸变的遗传损伤往往更严重。整倍体数的改变也应计为发生了畸变。

以每只小鼠为观察单位,至少观察 $50\sim100$ 个中期分裂相细胞,按下式计算染色体畸变率和细胞畸变率。

$$染色体畸变率(\%)=\frac{染色体畸变数}{分析的染色体总数}\times100 \qquad (式\ 7.4.1)$$

$$细胞畸变率(\%)=\frac{有染色体畸变的细胞数}{观察的细胞总数}\times100 \qquad (式\ 7.4.2)$$

实验结果的数据均应进行统计学分析,以评价受试物诱变效应与阳性对照、阴性对照之间有无显著性差异。当受试物诱发的染色体畸变率比阴性对照有显著性增加并有剂量-效应关系时,定为阳性。

7.4.7　注意事项

(1)低渗是本实验的关键。控制好低渗时间,做出分散良好的染色体标本,可以提高实验结果的准确性。

(2)油镜下观察染色体畸变,应选取分散良好、细胞完整、染色体收缩适中的中期分裂相细胞,应排除处于分裂后期的细胞。分裂后期的细胞,原来连接在同一个着丝点上的两条姊妹染色单体已完全分开,不具有完整的染色体结构。

(3)分别记录观察到的染色体结构异常和数目畸变。裂隙应单独记录和统计分析。

7.4.8　思考题

(1)低渗的目的是什么? 如何做好低渗处理?
(2)你观察到的染色体畸变都有哪些类型? 这些畸变是如何形成的?
(3)细胞发生染色体畸变,会造成哪些后果?

参考文献

[1]孟紫强.环境毒理学基础[M].北京:高等教育出版社,2005:343-345.
[2]王心如.毒理学实验方法与技术[M].北京:人民卫生出版社,2012:64-65.

(执笔:陈　荣)

7.5 小鼠骨髓嗜多染红细胞(PCE) 和外周血红细胞微核实验

7.5 Micronucleus Experiment Using Mouse Bone Marrow Polychromatic Erythrocyte (PCE) and Peripheral Erythrocyte

实验目的:了解微核形成的原理;掌握血涂片和骨髓细胞涂片的制作。

7.5.1 概述

细胞微核分析是检测化学品对细胞所产生的致染色体畸变作用的方法之一,属于快速筛选化学品的细胞遗传毒理学效应的技术。在化学品诱导细胞染色体发生异常时,细胞质内产生了额外的核小体,其比普通细胞核要小,直径相当于细胞直径的 $1/5 \sim 1/20$,故称微核。一般认为,微核是有丝分裂后期滞留的染色体或染色体断片所形成的,由于它们能够留存,故在有核细胞的有丝分裂间期可以计数。以细胞微核分析检测染色体异常的方法节省了在细胞群中寻找细胞中期相的时间,较染色体畸变分析法更为方便。

7.5.2 方法原理

微核可以出现在多种细胞中,但在有核细胞中较难与正常核的分叶及核突出物相区别,而在无核的骨髓嗜多染红细胞(polychromatic erythrocyte,PCE)中容易辨认,因此通常对 PCE 细胞中的微核进行计数。

骨髓中的成熟红细胞在进入外周血时,如细胞中有微核存在,微核可能保留,因此可通过计数外周血红细胞的微核率,检测某些化学品的诱变效应。外周血涂片比骨髓细胞涂片更为简便,但外周血红细胞中微核率较低,需要计数更大的细胞群体。

7.5.3 仪器与器皿

(1)生物显微镜(参见附录 F-19);手动计数器;镊子;剪刀;解剖刀;止血钳。

(2)注射器(1 mL);烧杯;量筒;吸管;载玻片;针头;纱布;实验室常备器皿。

7.5.4 试剂与实验生物

(1)Giemsa 原液及使用液:同章节 7.4.4。

(2)磷酸盐缓冲溶液(pH 6.8):同章节 7.4.4。

(3)小牛血清:2～3 mL。

(4)环磷酰胺(CTX)溶液,c(CTX)＝10.0 mg/mL:称取环磷酰胺($C_7H_{15}C_{12}N_2O_2P$) 0.100 g,溶解于 10.0 mL 纯水中,贮存于小试剂瓶中,4 ℃下可稳定数月。

(5)实验动物:选择合适的小白鼠品系,每组雌雄各 5 只,设 3～4 个剂量组,同时设空白和阳性对照组。

7.5.5 实验步骤

7.5.5.1 实验动物准备

实验动物的准备、剂量选择、给药途径等,同章节 7.4.5.1。

7.5.5.2 外周血涂片制片

将受试小白鼠的尾巴末端剪断,用干净的载玻片 A 左端靠近鼠尾断端,蘸上一滴血;另取一片边缘平滑的载玻片 B,将其边缘以约 30°倾角从左端接触血滴,待血滴沿载玻片 B 边缘扩散后,保持角度将载玻片 B 向载玻片 A 右端推动,制成涂层均匀的血涂片(注意避免涂层过厚,避免反复涂片)。每只小鼠涂片 2～3 张。血液风干后,将载玻片放入甲醇中固定15 min,取出后让其自然风干,以待染色。

7.5.5.3 骨髓细胞涂片制片

(1)将取过外周血的小鼠用颈椎脱臼法处死。

(2)取出胸骨或前肢股骨,剔去肌肉,用纱布拭净肉渣,剪去胸骨节头或股骨头。

(3)在清洁的载玻片上用 6～8 号针头滴上一小滴小牛血清。

(4)用止血钳夹挤骨髓,涂于血清中。

(5)按血液涂片法涂片,每只小鼠涂片 2 张。

(6)待涂片自然干燥后,置于甲醇中,固定 15 min。

(7)从甲醇中取出载玻片,自然干燥或电热吹干。

(8)将上述外周血或骨髓细胞涂片用 Giemsa 使用液染色 15 min 左右。用自来水或磷酸盐缓冲溶液轻轻冲洗涂片,去除多余的染色液,自然风干或电热风干。

7.5.5.4 镜检

(1)先在低倍镜下观察,选择细胞分布均匀、染色良好的区域,转到高倍镜或油镜下观察。微核多呈圆形,边缘光滑整齐,呈紫红色或蓝紫色。

(2)外周血涂片:每只小鼠观察 5000～10000 个红细胞,统计含有微核细胞的千分率。

(3)骨髓细胞涂片:每只小鼠观察嗜多染红细胞 1000 个(嗜多染红细胞无主核,被染成灰蓝色;成熟红细胞也无主核,被染成橘红色),计数含有微核细胞的千分率。为分析细胞毒性效应(如某种细胞减少产生),还应计算其他骨髓细胞如有核细胞和成熟红细胞的比例。

为了避免主观误差,最好将涂片编号,读片人只知片号,不知处理组别。每一标本最好由两人分别读片,取两个观察结果的平均数。

7.5.6 结果评价

在评价实验结果时,一般仅计算嗜多染红细胞(PCE)和外周血红细胞的微核细胞千分率,视野中的其他细胞如出现微核也可记录,但不计算微核细胞千分率。

分析结果时,将各剂量组和对照组的数据进行比较,运用统计学方法检验差异显著度。雌雄动物资料可一并分析,如存在性别差异,可分别分析。剂量组微核增加与阴性对照组相比有显著差异时,可认为受试物为具有活性的致染色体畸变的物质。

7.5.7 注意事项

(1)本实验的关键是制作良好的涂片并进行优质的染色。

(2)制作外周血涂片时,动作要迅速,避免血液凝固造成涂片失败。

(3)染色后,Giemsa 使用液要尽量冲洗干净,避免染料颗粒干扰微核的识别和计数。

(4)须正确区分各种骨髓细胞,并耐心细致地计数。嗜多染红细胞略大于红细胞,微核多呈圆形和椭圆形,呈紫红色或蓝紫色。

7.5.8 思考题

(1)哪些因素可能干扰微核的识别?

(2)比较嗜多染红细胞和外周血红细胞的微核细胞千分率,有何差异? 为什么?

参考文献

[1]孟紫强.环境毒理学基础[M].北京:高等教育出版社,2003:341-342.

[2]王心如.毒理学实验方法与技术[M].北京:人民卫生出版社,2012:66.

(执笔:陈 荣)

7.6 Ames 法检测化学物质的致突变作用

7.6 Detecting Mutagenicity of Chemicals with Ames Method

实验目的：了解 Ames 法快速检测化学物质致突变作用的原理；掌握 Ames 法检测致突变作用的操作方法。

7.6.1 概述

化学物质的致突变作用，通常被认为是化学物质具有致癌性和遗传毒性的重要原因。目前世界上已经有近千万种化学物质，且还在不断增加。传统的动物实验法费时费力，若采用其逐一检测化学物质的致癌性，实际工作中难以实现。为此，科学家们发展了百余种快速测试法，用以检测污染物的致突变作用。鼠伤寒沙门氏菌回复突变实验（Ames 实验，*Salmonella typhimurium* reverse mutation assay）系 Ames 等人经十余年努力于 1975 年建立的，广泛应用于化合物的致突变性和潜在致癌性的初筛检验。经过几十年的不断发展完善，该实验方法灵敏、高效、检测范围广，已被世界各国广为采用，成为毒理学实验室必须开展的重要实验项目。

Ames 实验的常规方法有平板掺入法和点试法。

7.6.2 方法原理

Ames 实验利用鼠伤寒沙门氏菌（*Salmonella typhimurium*）组氨酸营养缺陷型（his⁻）菌株进行。该缺陷型菌株不能合成组氨酸，故在缺乏组氨酸的培养基上，仅有少数自发回复突变的细菌生长。假如有致突变物存在，则营养缺陷型的细菌诱导回复突变成原养型，因而生长形成菌落，据此可判断受试物是否为致突变物。

某些致突变物需要被哺乳动物肝细胞中的微粒体羟化酶系统（简称 S-9 混合液）代谢活化后才能引起回复突变，故加入经诱导剂诱导的大鼠肝制备的 S-9 混合液能增加检测的灵敏度。

7.6.3 仪器与器皿

（1）恒温培养振荡器（参见附录 F-6）；高压灭菌器（参见附录 F-10）；天平（感量 0.1 g 和 0.0001 g，参见附录 F-1）；恒温培养箱或光照培养箱（参见附录 F-11）；水浴锅；低温冰箱（−80 ℃）或液氮生物容器；普通冰箱；混匀振荡器；匀浆器；菌落计数器；低温高速离心机（参见附录 F-4）；解剖工具。

（2）注射器；冻存管（10 mL）；移液器；酒精灯；接种环；实验室常备的其他玻璃器皿。

7.6.4 试剂与实验生物

7.6.4.1 试剂和培养基

（1）组氨酸-生物素混合溶液：其中，c（组氨酸）＝0.50 mmol/L，c（生物素）＝0.50 mmol/L；称取 L-组氨酸（$C_6H_9N_3O_2$）78 mg、D-生物素（$C_{10}H_{16}N_2O_3S$）122 mg，加热溶解于 1000 mL 纯水中，贮于蓝盖螺口试剂瓶中，在 0.068 MPa 下高压灭菌 20 min，4 ℃下可稳定数日。

（2）表层琼脂培养基：分别称取琼脂[$(C_{12}H_{18}O_9)_n$]粉 1.2 g，氯化钠（NaCl）1.0 g，溶解于 180 mL 纯水中，贮于蓝盖螺口试剂瓶中，在 0.1 MPa 下高压灭菌 30 min，4 ℃下可稳定数日。临用时，加入组氨酸-生物素混合溶液 20 mL，混匀。

（3）Vogel-Bonner（V-B）培养基 E：分别称取一水合柠檬酸（$C_6H_8O_7 \cdot H_2O$）100 g、磷酸氢二钾（K_2HPO_4）500 g、四水合磷酸氢铵钠（$NaNH_4HPO_4 \cdot 4H_2O$）175 g、七水合硫酸镁（$MgSO_4 \cdot 7H_2O$）10.0 g，将前 3 种化合物用适量纯水加热溶解，再将另行溶解的硫酸镁溶液缓缓倒入，加纯水定容至 1000 mL，贮于蓝盖螺口试剂瓶中，于 0.1 MPa 下高压灭菌 30 min，4 ℃下可稳定数日。

（4）葡萄糖溶液，c（葡萄糖）＝20%（m/V）：称取葡萄糖（$C_6H_{12}O_6$）200 g，加少量纯水加温溶解，再加纯水定容至 1000 mL，贮于蓝盖螺口试剂瓶中，于 0.068 MPa 下高压灭菌 20 min，4 ℃下可稳定数日。

（5）底层琼脂培养基：称取琼脂粉 7.5 g，量取纯水 480 mL，于 0.1 MPa 下高压灭菌 30 min 后，加入 V-B 培养基 E 10 mL 和 20%（m/V）葡萄糖溶液 10 mL，充分混匀后制备底层平板。每个培养皿中加 25 mL 培养基混合物，加盖，冷凝固化后倒置于 37 ℃恒温培养箱中 24 h，贮于 4 ℃冰箱中，可稳定数日。

（6）营养肉汤培养液：分别称取牛肉膏（$C_{14}H_{18}ClNO_4$）2.5 g、蛋白胨（$C_{13}H_{24}O_4$）5.0 g、磷酸氢二钾（K_2HPO_4）1.0 g，以纯水溶解、定容至 500 mL，贮于蓝盖螺口试剂瓶中，于 0.1 MPa 下高压灭菌 30 min，4 ℃下可稳定数日。

（7）氯化钠琼脂培养基：分别称取氯化钠（NaCl）0.25 g、琼脂粉 0.30 g，加纯水 50 mL，加热溶解后，分装于 15 支小试管中，每支 3 mL，于 0.1 MPa 下高压灭菌 30 min，贮于 4 ℃冰箱中，可稳定数日。

（8）氯化钾溶液，c（KCl）＝0.15 mol/L：称取氯化钾（KCl）5.6 g，溶解、定容于 500 mL 纯水中，贮于蓝盖螺口试剂瓶中，于 0.1 MPa 下高压灭菌 30 min，4 ℃下可稳定数日。

7.6.4.2 大鼠肝微粒体酶的诱导和 S-9 上清液

最广泛应用的大鼠肝微粒体酶的诱导剂是多氯联苯（PCBs 混合物）。将诱导剂溶于玉米油中，浓度为 200 mg/mL。选择 3 只健康雄性 Wistar 大鼠（每只体重约 200 g），一次腹腔注射诱导剂，剂量为 500 mg/kg 体重。

大鼠被诱导后于第五天处死，处死前 12 h 开始禁食。取出 3 只大鼠肝脏，去除肝脏的结缔组织，合并称量质量。用冰浴的 0.15 mol/L 氯化钾溶液淋洗肝脏 3 次，每 1.0 g

肝脏(湿重)加入 0.15 mol/L 氯化钾溶液 3 mL。用电动匀浆器制成肝匀浆,再在低温高速离心机上,以 4 ℃、10000~12000 r/min(离心力 9000 g)离心 10 min,取其上清液分装于冻存管中,每管装 2~3 mL。此为 S-9 上清液,储存于液氮生物容器中或-80 ℃冰箱中备用。

上述操作均应在冰水浴中和无菌条件下进行。制备肝 S-9 所用一切手术器械、器皿等,均须经灭菌消毒。

S-9 上清液于使用前取出,在室温下融化并置于冰浴中,按下法配制 S-9 混合液。

7.6.4.3 S-9 混合液

(1)磷酸盐缓冲溶液,c(磷酸盐)$=0.20$ mol/L,pH$=7.4$:称取二水合磷酸二氢钠(NaH$_2$PO$_4$ · 2H$_2$O)2.96 g、十二水合磷酸氢二钠(Na$_2$HPO$_4$ · 12H$_2$O)29.0 g,以纯水溶解、定容至 500 mL,贮于蓝盖螺口试剂瓶中,于 0.1 MPa 下高压灭菌 30 min,4 ℃下可稳定数日。

(2)Mg-K 盐溶液,c(KCl)$=1.65$ mol/L、c(MgCl$_2$)$=0.40$ mol/L:称取氯化钾(KCl)61.5 g、六水合氯化镁(MgCl$_2$ · 6H$_2$O)40.7 g,以纯水溶解、定容至 500 mL,贮于蓝盖螺口试剂瓶中,于 0.1 MPa 下高压灭菌 30 min,4 ℃下可稳定数日。

(3)葡萄糖-6-磷酸溶液,c(葡萄糖-6-磷酸)$=0.05$ mol/L:称取葡萄糖-6-磷酸(C$_6$H$_{12}$NaO$_9$P)1.3 g,溶解于 100 mL 纯水中,贮于蓝盖螺口试剂瓶中,于 0.1 MPa 下高压灭菌 30 min,4 ℃下可稳定数日。

(4)辅酶Ⅱ(NADP)溶液,c(NADP)$=0.05$ mol/L:称取辅酶Ⅱ(C$_{21}$H$_{28}$N$_7$O$_{17}$P$_3$)3.7 g,溶解于 100 mL 纯水中,贮于蓝盖螺口试剂瓶中,于 0.1 MPa 下高压灭菌 30 min,4 ℃下可稳定数日。

(5)S-9(10%)混合液:每 10 mL 中含 S-9 上清液 1.0 mL、无菌水 3.8 mL、0.20 mol/L 磷酸盐缓冲溶液 5 mL、Mg-K 盐溶液 0.2 mL、0.05 mol/L 葡萄糖-6-磷酸溶液 8 μL、0.05 mol/L 辅酶Ⅱ溶液 10 μL,混匀,置冰浴中待用。该混合液必须临用现配。实验结束后,剩余的 S-9 混合液应丢弃,不可留用。

7.6.4.4 实验菌

鼠伤寒沙门氏菌 TA100 菌株(组氨酸-生物素缺陷型,测试菌株),野生型 S-CK 菌株(对照菌株)。

7.6.4.5 受试物

如果受试物为水溶性,则可用无菌水作为溶剂,配成系列浓度溶液(几十到几百微克每升);如果为脂溶性,则应选择对测试菌株毒性低且无致突变性的有机溶剂如二甲基亚砜、丙酮、95%(V/V)乙醇溶液等配制。为了减少误差和溶剂的影响,按设置往各培养皿中加入不同体积的受试母液后,还需要补充不同体积的溶剂,使各皿的溶剂总体积一致(如 100 μL)。

7.6.5 实验步骤

7.6.5.1 菌株鉴定

(1)菌悬液制备:取营养肉汤培养液 5 mL,加入无菌试管中。用接种环从测试菌株

TA100 和对照菌株斜面上各取 1 环菌种,接种于营养肉汤培养液内,37 ℃振荡(100 次/min)培养 16～24 h。菌悬液中活菌数应不少于$(1～2)×10^9/mL$。

(2)测试平板制作:取 4 支分装了 3 mL 氯化钠琼脂培养基的试管,融化培养基,45 ℃水浴中保温。取其中 2 支,各加入 0.1 mL 测试菌株 TA100 菌悬液,取另 2 支各加入 0.1 mL 对照菌株菌悬液,迅速摇匀并分别倾入 4 个底层平板,转动平板使混合物铺匀,水平放置至表层凝固。

(3)试剂添加:用记号笔在 4 个平板背面均标出 A、B、C 3 个点,翻转平板,打开皿盖,A 点加微量组氨酸颗粒,B 点滴加 1 滴组氨酸-生物素混合液,C 点不加任何物质作为对照,合上皿盖。

(4)结果观察:将 4 个平板置于 37 ℃恒温培养箱里培养 48 h,要求对照菌株 S-CK 在 A、B、C 3 点均长出菌落,而测试菌株 TA100 只在 B 点有菌落,在 A、C 点无菌落。

7.6.5.2 致突变性实验

(1)平板掺入法:将表层琼脂培养基分装于试管中,每支 2.0 mL,45 ℃水浴中保温。在每管中依次加入测试菌株菌悬液 0.1 mL、受试物溶液 0.1 mL 和 S-9 混合液 0.5 mL(后者在需代谢活化时加),充分混匀,迅速倾入底层平板上,转动平板,使之分布均匀。水平放置,待冷凝固化后,倒置于 37 ℃恒温培养箱里培养 48 h。记数每个平板的回复突变菌落数。

(2)点试法:将表层琼脂培养基分装于试管中,每支 2.0 mL,45 ℃水浴中保温。在每管中依次加入测试菌株菌悬液 0.1 mL 和 S-9 混合液 0.5 mL(后者在需代谢活化时加),充分混匀,迅速倾入底层平板上,转动平板,使之分布均匀。水平放置,待冷凝固化。用直径 6 mm 的无菌滤纸片蘸取约 10 μL 的受试物溶液,轻放于已凝固的表层琼脂上。每个平板可放滤纸片1～5 张。倒置于 37 ℃恒温培养箱里培养 48 h。记数每个平板的回复突变菌落数。

7.6.5.3 设置对照

实验中,除设受试物的各剂量组外,还应同时设置空白对照、溶剂对照、阳性诱变剂对照等对照。

(1)空白对照(自发回复突变对照):实验操作同受试物检测,设 2 个平行。在表层琼脂培养基中只加测试菌株菌悬液 0.1 mL 和 S-9 混合液 0.5 mL,不加受试物溶液。经 37 ℃培养 48 h 后,在底层平板上长出的菌落即为该菌自发回复突变后生成的菌落。记录 2 个平板上的自发回复突变菌落数,并计算平均数。

(2)溶剂对照:为排除配制受试物所用溶剂的影响,以配制受试物用的溶剂(水、二甲亚砜、乙醇溶液等)做平行试验,设置 2 个平行。

(3)阳性诱变剂对照:为了确认 Ames 实验的敏感性和可靠性,在检测样品的同时,检测一种已知具有突变性的化学物质如黄曲霉毒素 B1 作为平行试验,设置 2 个平行。

7.6.6 结果判断

记录受试物各剂量组、空白对照(自发回复突变)、溶剂对照以及阳性诱变剂对照的每个平板回复突变菌落数,并求平均值和标准差。

如果受试物的回复突变菌落数是溶剂对照回复突变菌落数的 2 倍及以上,并呈剂量-反应关系,则判定该受试物为致突变阳性。

受试物经测试菌株测定后,如果在加或未加 S-9 混合液条件下均为阳性,则可报告该受试物对鼠伤寒沙门氏菌为致突变阳性。受试物经测试菌株检测后,如果加或未加S-9混合液均为阴性,则可报告该受试物为致突变阴性。

7.6.7 注意事项

(1)在制备 S-9 上清液时,全程应在 0~4 ℃的无菌条件下进行。

(2)将表层琼脂培养基倒入底层平板后,要迅速转动培养皿,使表层琼脂培养基均匀铺于底层平板上。该操作尽量控制在 20 s 内完成,避免表层琼脂培养基凝固。

7.6.8 思考题

(1)试述实验中添加 S-9 混合液的意义。

(2)检索文献,试述快速检测化合物的致突变性的其他方法。

参考文献

[1]王秀菊,王立国.环境工程微生物学实验[M].青岛:中国海洋大学出版社,2019:140-146.

[2]AMES B N,MCCANN J,YAMASAKI E. Methods for detecting carcinogens and mutagens with the Salmonella/mammalian-microsome mutagenicity test[J]. Mutation Research,1975,31(6):347-364.

[3]王心如.毒理学实验方法与技术[M].北京:人民卫生出版社,2012:55.

(执笔:陈 荣)

第八章 环境生态学实验
Chapter 8 Environmental Ecology Experiments

8.1 富营养化湖水水样中叶绿素含量的测定

8.1 Determination of Chlorophyll Content
in Eutrophic Lake Water Samples

实验目的:掌握叶绿素的测定原理及方法;了解水体富营养化状况的评价方法。

8.1.1 概述

富营养化(eutrophication)指的是水体的营养物质过多的现象。在自然条件下,湖泊会从贫营养状态过渡到富营养状态,随着沉积物的不断增多,湖泊变为沼泽,后变为陆地。但这种自然过程非常缓慢,常需几千年甚至上万年。

现今,富营养化通常指在人类活动影响下的一种水环境污染现象。人类活动产生的氮、磷等营养物质大量进入湖泊、河口、海湾等缓流水体,引起藻类及其他浮游生物迅速繁殖,水体溶解氧量下降,水质恶化,鱼类及其他生物大量死亡。这种人为排放的富含营养物质的工业废水和生活污水所引起的水体富营养化,可以在短期内出现。水体一旦富营养化,即使切断外界营养物质的来源,也很难自净和恢复到正常水平。

人们常用总磷、叶绿素 a 含量和初级生产率的大小等参数,作为水体富营养化的指标。叶绿素是植物和其他能进行光合作用的生物体中含有的一类绿色色素。本节介绍叶绿素的测定方法及湖泊富营养化的评价标准。

8.1.2 方法原理

叶绿素有多种,包括叶绿素 a、b、c、d 等。水体中的叶绿素可用丙酮萃取,提取液中常见的叶绿素 a、b、c 在特定波长 663 nm、645 nm、630 nm 处均有吸收,利用分光光度计测定其光密度(OD),再利用经验公式对提取液中的叶绿素 a、b、c 进行定量。

8.1.3　仪器与器皿

(1)可见分光光度计(参见附录 F-15),长波波长大于 750 nm,精度为 0.5~2.0 nm;配 1 cm 和 3 cm 带盖玻璃比色皿;恒温培养振荡器(参见附录 F-6);离心机(参见附录 F-4),3500 r/min 以上,配 15 mL 具刻度和塞子的离心管。

(2)匀浆器或小研钵。

(3)实验室常备的天平等小型仪器和其他常用的玻璃器皿。

8.1.4　试剂与水样

(1)碳酸镁悬浮液,$c(MgCO_3)=10$ g/L:称取 1.0 g 碳酸镁($MgCO_3$)粉末,加水 100 mL,混匀,贮于试剂瓶中,可稳定数月。

(2)丙酮溶液,c(丙酮)$=90\%(V/V)$:量取 10 mL 水,加入 90 mL 丙酮(C_3H_6O)中,贮于试剂瓶中,可长期稳定。

(3)水样:不同富营养化程度的湖水水样各 2 L,实验前采集于玻璃水样瓶中。

8.1.5　实验步骤

(1)玻璃器皿清洗:实验中所使用的玻璃仪器应全部用洗涤剂清洗,再用纯水冲洗干净(参见章节 1.2.2),尤其应避免酸性条件引起的叶绿素 a 分解。

(2)水样离心:取水样 100 mL,加入 0.20 mL 碳酸镁悬浮液,于 7000 r/min 离心 10 min,倒掉上清液。

(3)叶绿素提取:往离心管内加入 5 mL 90%(V/V)丙酮溶液,使沉淀重悬浮,转移至 15 mL 具塞试管中,加少量碳酸镁粉末,在 50 ℃ 恒温培养振荡器内避光振荡提取 3 h。

(4)提取液离心:将试管内的混合物转移到离心管中,于台式离心机上以 5000 r/min 离心 20 min,取出离心管,用移液器将上清液小心移入刻度离心管中,准确记录该提取液体积,以 5000 r/min 再离心 10 min。

(5)光密度测定:用移液器小心且迅速将提取液移入带盖的 1 cm 比色皿中,以 90%(V/V) 丙酮溶液为空白,分别在 750 nm、663 nm、645 nm、630 nm 波长下测定提取液的光密度(OD),分别记录为 OD_{750}、OD_{663}、OD_{645}、OD_{630}。

注意:样品提取液的 OD_{663} 值要求在 0.2~1.0 之间,如不在此范围内,应更换比色皿,或改变离心水样的量。OD_{663} 小于 0.2 时,可改用 3 cm 比色皿或增加水样用量;OD_{663} 大于 1.0 时,可稀释提取液或减少水样用量,使用 1 cm 比色皿。如果比色皿不为 1 cm 或取样体积不为 100 mL,则计算结果需做光程或体积校正。OD_{750} 作为光密度校正值,合格样品的 OD_{750} 应低于 0.01;如果超过,则需要重新离心处理。

8.1.6　计算

(1)提取液中叶绿素浓度经验计算公式:

$$C_a(\mu g/L)=11.64(OD_{663}-OD_{750})-2.16(OD_{645}-OD_{750})+0.1(OD_{630}-OD_{750})$$

(式 8.1.1)

$$C_b(\mu g/L)=20.97(OD_{645}-OD_{750})-3.94(OD_{663}-OD_{750})-3.66(OD_{630}-OD_{750})$$

(式 8.1.2)

$$C_c(\mu g/L) = 54.22(OD_{630} - OD_{750}) - 14.8(OD_{645} - OD_{750}) - 5.53(OD_{663} - OD_{750})$$

$$（式 8.1.3）$$

式中，C_a、C_b、C_c 分别为提取液中叶绿素 a、b、c 的浓度，$\mu g/L$；OD_{750}、OD_{663}、OD_{645}、OD_{630} 分别为提取液在波长 750 nm、663 nm、645 nm、630 nm 的光密度值。

（2）水样中叶绿素浓度：

$$叶绿素\ a(\mu g/L) = \frac{C_a \times V_1}{100} \qquad （式 8.1.4）$$

$$叶绿素\ b(\mu g/L) = \frac{C_b \times V_1}{100} \qquad （式 8.1.5）$$

$$叶绿素\ c(\mu g/L) = \frac{C_c \times V_1}{100} \qquad （式 8.1.6）$$

式中，C_a、C_b、C_c 的定义同式 8.1.1～8.1.3；V_1 为丙酮提取液体积，mL；100 为离心水样的体积，mL。

8.1.7　实验结果分析

根据计算结果，参照表 8-1-1 中的指标，评价被测水样所处水体的富营养化程度。

表 8-1-1　基于叶绿素 a 的湖泊富营养化评价标准

指　　标	营养类型		
	贫营养型	中营养型	富营养型
叶绿素 a 浓度/$(\mu g/L)$	<4	4(含本数)～10	10(含本数)～100

8.1.8　注意事项

（1）丙酮挥发性强，且具有一定毒性，使用过程中要注意个人防护，尽量保持容器密闭，或在通风橱里操作。

（2）在提取、离心、光密度测定等过程中，应尽量使试样处于密闭条件下，以减少因丙酮挥发引起的叶绿素浓度变化。

（3）须严格控制叶绿素提取的时间和温度。

8.1.9　思考题

（1）提取叶绿素过程中为什么要加碳酸镁且避光？

（2）测定湖水样品中叶绿素 b、c 的含量有什么意义？

（3）检索文献，说明还有哪些方法可用于评价水体富营养化，其原理是什么？

参考文献

王海涛.环境工程微生物学实验[M].北京:化学工业出版社,2023:67-70.

（执笔：陈　荣）

8.2　盐度对植物体内脯氨酸含量的影响

8.2　Effect of Salinity on Proline Content in Plants

实验目的： 掌握植物体内脯氨酸含量的测定方法；了解植物体内游离脯氨酸的积累与植物抗盐性的关系。

8.2.1　概述

植物在干旱、高盐等不利的环境因素胁迫下，体内常有脯氨酸的积累。环境盐度与植物体内脯氨酸的含量有密切的关系，随着盐度的增加，脯氨酸含量增加。这是由于植物在不良环境中细胞代谢路径发生改变，脯氨酸的氧化受阻；又由于合成蛋白质的速度减慢，导致植物体内脯氨酸积累。脯氨酸的亲水性极强，有助于植物形成原生质胶体，防止细胞在高盐浓度下脱水，以抵抗高盐逆境，因此可把植物体内脯氨酸含量作为植物抗盐性指标。脯氨酸的提取方法有磺基水杨酸提取法、乙醇提取法等。本节以乙醇提取法提取脯氨酸，探讨盐度对植物体内脯氨酸含量的影响。

8.2.2　方法原理

植物中的脯氨酸用乙醇提取。酸性条件下，提取液与茚三酮反应。茚三酮是强氧化剂，可将氨基酸氧化成亚氨基酸，亚氨基酸随后水解产生氨。还原的茚三酮、产生的氨和茚三酮之间发生缩合反应，得到稳定的紫红色产物，在 515 nm 有最大吸收，可用分光光度计测定，光密度值与脯氨酸的含量成正比。

8.2.3　仪器与器皿

(1)分光光度计(参见附录 F-15)；光照培养箱，(参见附录 F-11)；水浴锅(5~100 ℃)。

(2)搪瓷盘(20 cm×30 cm)；研钵；漏斗；试管；容量瓶；滤纸。

(3)实验室常备的其他小型仪器和玻璃器皿。

8.2.4　试剂与实验种子

(1)酸性茚三酮溶液,c(茚三酮)$=2.5\%(m/V)$：称取 1.25 g 茚三酮($C_9H_6O_4$)，加入 30 mL 冰醋酸(CH_3COOH)和 8 mL 浓磷酸(H_3PO_4,$\rho=1.85$ g/mL)中，加纯水 12 mL，70 ℃下加热搅拌或超声波振荡至溶解，冷却后使用。该试剂宜现配现用，如未用，贮存于棕色试剂瓶中，4 ℃下可稳定 2 d。

(2)漂白粉溶液,c(漂白粉)$=1\%(m/V)$：称取 10 g 市售漂白粉(氢氧化钙、氯化钙、次氯酸钙的混合物,主要成分为次氯酸钙,有效氯含量为 $30\%\sim38\%$),加入 1 L 纯水(或自来水),用玻棒搅拌至充分溶解,临用现配。

(3)乙醇溶液,c(乙醇)$=80\%$(V/V):量取 100 mL 纯水,加入 400 mL 乙醇(C_2H_5OH)中,混匀,贮于试剂瓶中,可长期稳定。

(4)脯氨酸母液,c(脯氨酸)$=100$ $\mu g/mL$:取 10 mg 脯氨酸($C_5H_9NO_2$),溶于少量 80%(V/V)乙醇中,用纯水定容至 100 mL,贮于试剂瓶中,4 ℃下可稳定数周。

(5)脯氨酸工作液,c(脯氨酸)$=20$ $\mu g/mL$:取脯氨酸母液 20.0 mL,用纯水定容至 100 mL,临用现配。

(6)氯化钠溶液,c(NaCl)$=100$ mmol/L 和 200 mmol/L:分别称取氯化钠(NaCl)58.5 g 和 117 g,各溶解于 10 L 纯水中。

(7)人造沸石、活性炭等。

(8)水稻种子。

8.2.5 实验步骤

8.2.5.1 水稻种子的培养

(1)浸种。取 500 g 饱满无虫害的水稻种子,用 1%(m/V)漂白粉溶液淹没过种子,浸泡 15 min,去掉浮在水面的空壳,用纯水(或自来水)冲洗至无气味,在 25 ℃下用纯水(或自来水)浸泡 24 h。

(2)催芽。取 3 个搪瓷盘,分别铺上 2 层滤纸,用少许水润湿滤纸,将浸泡后的种子 3 等分,平铺在 3 个搪瓷盘的滤纸上。在每个搪瓷盘上覆盖一层保鲜膜以保湿,并在保鲜膜上扎一些小孔以透气。将搪瓷盘放在光照培养箱中,温度设置为 25 ℃,黑暗条件下培养至种子发芽。培养期间注意保持种子湿润。

(3)水稻幼苗的培养和盐水处理。待大部分种子发芽后,揭掉覆盖的保鲜膜,设置光照培养箱的光照强度为 200 μmol quanta $m^{-2} \cdot s^{-1}$,温度为 25 ℃,继续培养。待水稻长成幼苗(苗长 3~4 cm 后),将 3 个搪瓷盘的幼苗设为 3 个组,分别加入纯水(0 mmol/L 氯化钠)、100 mmol/L 氯化钠溶液、200 mmol/L 氯化钠溶液进行培养,所加的溶液量以使浸没幼苗根部为宜。放置光照培养箱中再培养 7 d,光照强度和温度不变。培养期间,每天用对应的纯水或氯化钠溶液更换搪瓷盘中的溶液,以免培养液的水分蒸发而改变其盐度。

8.2.5.2 植株中游离脯氨酸的提取

(1)采集、称取 3 个不同盐度(0 mmol/L、100 mmol/L、200 mmol/L 氯化钠溶液)下生长的水稻植株(去除根部),每个盐度组各 3 份,每份各 0.50 g,一份用于称干重,另两份用于脯氨酸的测定。

(2)将每份植株(去除根部)样品各放入研钵中,加入少量石英砂,再加入 3 mL 80%(V/V)乙醇溶液,研磨成浆状。

(3)将匀浆移入 25 mL 试管中,用总用量为 10 mL 的 80%(V/V)乙醇溶液清洗研钵,洗涤液并入试管。试管加塞,置于黑暗中浸提 1 h。

(4)往每支试管中加入 0.25 g 活性炭粉末,振荡,过滤,将滤液收集在小烧杯中,用

80％（V/V）乙醇溶液洗试管、滤渣和滤纸各 3 次以上，洗涤液并入滤液。

（5）将小烧杯置于 80～85 ℃水浴中蒸发除去乙醇，残渣用纯水洗涤，连同洗涤液转入容量瓶中，用纯水定容至 100 mL，待测。

8.2.5.3　脯氨酸校准曲线的建立

（1）系列标准溶液配制：取 7 支 10 mL 具塞比色管，分别加入 20 μg/mL 脯氨酸工作液 0 mL、0.10 mL、0.20 mL、0.50 mL、1.00 mL、1.50 mL、2.00 mL，加纯水至 2 mL 刻度线，得到脯氨酸浓度分别为 0 μg/mL、1.0 μg/mL、2.0 μg/mL、5.0 μg/mL、10 μg/mL、15 μg/mL、20 μg/mL 的系列标准溶液。

（2）显色反应：在上述不同浓度脯氨酸溶液中，各加入冰醋酸 2 mL、酸性茚三酮溶液 2 mL，盖上大小合适的空心玻璃球，于 100 ℃ 水浴中加热 20 min，冷却后用于光密度测定。

（3）光密度测定：用 1 cm 比色皿，于 515 nm 波长处，以纯水为参比，测定各试样的光密度。

（4）校准曲线绘制：作图，横坐标为脯氨酸标准溶液浓度，纵坐标为光密度，计算校准曲线方程和可决系数（R^2）。

8.2.5.4　试样处理和测定

取章节 8.2.5.2 所得的水稻植株提取液 10 mL，置于 25 mL 试管中，加入人造沸石 1 g，振摇 10 min，滤去人造沸石。取 2 mL 滤液于 10 mL 试管中，加入 2 mL 冰醋酸、2 mL 茚三酮试剂，混合，摇匀，并盖上大小合适的空心玻璃球，在 100 ℃水浴中加热 20 min，冷却后待测。

另外，从章节 8.2.5.2 的高盐度处理组的提取液中任意挑选一份，不加冰醋酸，其余步骤同上，作为反应的酸对照组，以验证酸性条件在反应中的必要性。

用 1 cm 比色皿，于 515 nm 波长处，以纯水为参比，测定各试样的光密度。

8.2.6　结果计算

从一次曲线的通式 $y=ax+b$，衍生得到校准曲线（参见章节 1.3.6）为

$$\mathrm{OD}_{515} = ac + b \qquad\qquad (式 8.2.1)$$

式中，OD_{515} 为波长 515 nm 处的光密度；c 为横坐标，提取液试样中脯氨酸的浓度；a 为曲线斜率；b 为曲线截距。

移项得式 8.2.2，提取液中脯氨酸的浓度为

$$c（提取液脯氨酸浓度，μg/mL） = \frac{\mathrm{OD}_{515} - b}{a} \qquad\qquad (式 8.2.2)$$

水稻植株的脯氨酸含量按式 8.2.3 计算：

$$W（脯氨酸含量，μg/g） = \frac{c \times V}{m} \qquad\qquad (式 8.2.3)$$

式中，c 为提取液中脯氨酸浓度，μg/mL；V 为提取液总体积，mL；m 为水稻植株样品质量，g。

8.2.7 注意事项

（1）脯氨酸与茚三酮试剂反应时，须严格控制沸水（100 ℃）水浴加热的时间，不宜过久，否则会产生沉淀，影响比色。

（2）种子培养期间，注意观察是否有霉菌污染，如有霉菌则需要重新浸种和培养。

（3）试样处理时须加入人造沸石，用于除去碱性氨基酸的干扰。

8.2.8 思考题

（1）检索文献，还有什么其他显色试剂可用于脯氨酸测定？本实验选用茚三酮作为显色剂有何优点？

（2）未加冰醋酸的试样有显色反应吗？酸性条件在反应中的作用是什么？

（3）检索文献，不同的氨基酸与茚三酮反应，可能产生哪些颜色？

（4）检索文献，除了反映盐度胁迫，植物脯氨酸水平的变化还可以用来检测植物的哪些性状？

参考文献

赫买良,韩晓玲,权麻玉,等.脯氨酸积累与植物的耐盐性[J].甘肃农业科技,2006,12：22-24.

（执笔：周克夫　刘　珺）

8.3 蚕豆根尖微核的检测

8.3 Micronucleus Detection of *Vicia faba* Root Tip

实验目的:了解植物微核的形成原理及其在环境污染物监测中的应用;掌握蚕豆根尖微核检测技术。

8.3.1 概述

微核(micronucleus,MCN),也叫卫星核,是真核类生物细胞中的一种异常结构,是染色体畸变在细胞分裂间期的一种表现形式。微核是细胞主核之外的一个或几个规则的圆形或椭圆形核块,比主核小,一般不及主核的1/3。微核是由于各种理化因子,如辐射、化学药剂、生物毒素及年龄等因素,作用于细胞染色体而产生的。其形成原因包括:①染色单体或染色体在上述因素作用下产生无着丝点断片;②纺锤体在上述因素作用下失去整条染色体,分裂后期仍留在细胞质内;③核膜受损后,核物质向外突出延伸。研究证明,微核率的高低与作用因子的剂量呈正相关。微核测试(micronucleus test,MNT)被广泛运用于对辐射损伤、化学诱变剂、新型药物、食品添加剂等进行安全性评估,是一种公认的检测染色体异常的简便方法,也可作为染色体遗传疾病和癌症的前期诊断手段。

8.3.2 方法原理

蚕豆根尖细胞的染色体大,DNA含量多,对诱变物反应敏感,是目前植物微核实验的良好材料。本实验选用松滋青皮豆为材料,利用微核测试技术对洗涤剂的染色体畸变毒性给予客观评价。根据实验结果,说明利用微核测试技术对洗涤剂进行安全监测的可行性。

8.3.3 仪器与器皿

(1)生物显微镜(参见附录 F-19);光照培养箱(参见附录 F-11);水浴锅;手揿计数器。

(2)搪瓷盘(即解剖盘,20 cm×30 cm);镊子;解剖针;载玻片;盖玻片;带盖玻璃小瓶(5 mL);锥形瓶;棕色试剂瓶;烧杯;铅笔。

(3)实验室常备的其他小型仪器和玻璃器皿。

8.3.4 试剂与实验种子

(1)盐酸溶液 1,$c(\mathrm{HCl})=5.0$ mol/L;量取 105 mL 浓盐酸(HCl,$\rho=1.19$)于 250 mL 容量瓶中,以纯水定容,贮于试剂瓶中,可长期稳定。

（2）盐酸溶液 2，$c(HCl)=1.0\ mol/L$：量取 21 mL 浓盐酸于 250 mL 容量瓶中，以纯水定容，贮于试剂瓶中，可长期稳定。

（3）醋酸溶液，$c(CH_3COOH)=45\%(V/V)$：量取 45 mL 冰醋酸（CH_3COOH）于 100 mL 容量瓶中，以纯水定容，贮于试剂瓶中，可稳定数月。

（4）卡诺氏固定液：无水乙醇（或 95% 乙醇，C_2H_5OH）与冰醋酸以 3：1（V/V）混合。固定根尖时随用随配。

（5）席夫氏（Schiff）染色试剂：称取 1.50 g 碱性品红（$C_{20}H_{19}N_3$），置于锥形瓶中，加纯水 300 mL，煮沸 5 min，不断搅拌使之溶解。冷却至 58 ℃，用漏斗加上滤纸过滤于 500 mL 的棕色试剂瓶中，待滤液冷至 25 ℃后，再加入 30 mL 1.0 mol/L 盐酸溶液和 4.5 g 偏重亚硫酸钠（$Na_2S_2O_5$）或偏重亚硫酸钾（$K_2S_2O_5$），充分振荡使其溶解。塞紧瓶口，用黑纸包好，置于暗处至少 24 h。加入 1.5～2.0 g 活性炭充分振荡，放置约 30 min 后过滤使用。此席夫氏染色试剂在 4 ℃ 的冰箱中可保存 6 个月，如出现沉淀则弃用。

（6）偏重亚硫酸钠溶液，$c(Na_2S_2O_5)=10\%(m/V)$：称取 10.0 g 偏重亚硫酸钠溶解于 100 mL 纯水中，亦可用偏重亚硫酸钾代替偏重亚硫酸钠，贮于试剂瓶中，4 ℃ 下可稳定数周。

（7）二氧化硫洗涤液：取 5.0 mL 10%（m/V）偏重亚硫酸钠溶液（或偏重亚硫酸钾），加 1.0 mol/L 盐酸溶液 5.0 mL，再加纯水至 100 mL，现用现配。

（8）洗涤剂处理液：选取不同品牌的洗衣粉或洗手液，根据预实验结果，配制适当浓度的洗涤剂处理液。以下以洗衣粉处理液为例：

洗衣粉处理液：分别称取 0.050 g、0.25 g、0.50 g、1.0 g 洗衣粉于 500 mL 容量瓶中，加适量纯水（或自来水），超声波振荡溶解后，用纯水或自来水定容，配制成浓度分别为 0.10 g/L、0.50 g/L、1.0 g/L、2.0 g/L 的洗衣粉处理液。

（9）蚕豆种子（建议用松滋青皮豆）：当年或前一年产，大小均匀、籽粒饱满；栽培繁殖时不与其他品种混种，不喷农药，以保持该品种较低的本底微核值。种子成熟晒干后，贮于干燥器内，或用牛皮纸袋装好放入 4 ℃ 冰箱内，备用。

8.3.5　实验步骤

8.3.5.1　蚕豆浸种和催根

（1）浸种。将当年或前一年的松滋青皮豆种子，按需要量放入烧杯中，加纯水（或自来水）至刚刚淹没种子，置于 25 ℃ 光照培养箱内，浸泡 26～30 h。其间至少换水 2 次，换用的水须事先置于 25 ℃ 光照培养箱中预温。如果室温超过 25 ℃，则也可在室温下进行浸种催芽。

（2）催根。待种子吸胀后，用纱布宽松包裹，置于搪瓷盘内，保持湿度，在 25 ℃ 光照培养箱中催根 12～24 h。待种子初生根露出 2～3 mm 时，选择发芽良好的带根种子，放入铺满滤纸的搪瓷盘内，置入 25 ℃ 光照培养箱中继续催根，注意保持湿度。再经 36～48 h，大部分初生根长至 2～3 cm 且根毛发育良好，即可作为检测水样或药物等处理液诱变效应的材料。

催根期间，每日进行检查和补水，保持纱布处于刚被充分润湿的状态，随时去除霉变、根尖枯死、根尖形态或颜色异常的种子。如果下垫的滤纸出现较多黏性分泌物,则应及时更换。

8.3.5.2　洗衣粉溶液处理根尖

(1)选取一定数量初生根尖生长良好、根长一致的带根种子,放入数个大培养皿中,分别加入纯水(或自来水)、0.10 g/L、0.50 g/L、1.0 g/L、2.0 g/L洗衣粉处理液至没过根尖至少 1 cm。其中,纯水处理组为对照组。

(2)放入 25 ℃光照培养箱中处理 4~6 h。

8.3.5.3　根尖细胞恢复

(1)处理后的种子用纯水(或自来水)浸洗 3 次,每次 2~3 min。

(2)将洗净的带根种子均匀放入铺好新换滤纸的搪瓷盘内,在 25 ℃下培养 22~24 h,使根尖细胞恢复。

8.3.5.4　固定根尖细胞

(1)从恢复后的带根种子的根尖顶端切下 1 cm 长的幼根,放入 5 mL 带盖玻璃小瓶中,加卡诺氏固定液至没过根尖,固定 24 h。

(2)固定后的幼根如不能及时制片,可置于 70%(V/V)乙醇溶液中,置于 4 ℃的冰箱内保存备用。

8.3.5.5　孚尔根(Feulgen)染色

(1)取固定好的幼根,沥除固定液,在试管中用纯水(或自来水)浸洗幼根 2 次,每次 5 min。

(2)用滤纸吸净试管中残留的水后,加入 5.0 mol/L 盐酸溶液将幼根浸没,将试管置于 28 ℃水浴锅中(如果室温高于 28 ℃,则可无需水浴锅),处理 25 min 至幼根软化,视根软化的程度可适当增减时间。

(3)倒掉酸解水,用纯水(或自来水)浸洗幼根 2 次,每次 5 min。

(4)在暗室或遮光条件下加入席夫氏染色试剂,以淹没幼根且液面高出 2 mm 为度,在暗处染色 20 min 左右(根据染色效果调整具体染色时间)。

(5)倒掉染色液,用二氧化硫洗涤液浸洗幼根 2 次,每次 5 min。

(6)再用纯水(或自来水)浸洗 5 min。

(7)处理好的幼根可用于制片或换水后置于 4 ℃的冰箱内保存,供随时制片取用。

8.3.5.6　制片

(1)将幼根放在洁净的载玻片上,用解剖针截下长度 1 mm 左右的根尖。

(2)滴上适量 45%(V/V)醋酸溶液。

(3)加盖一片洁净的盖玻片,加盖玻片时,注意压片不要留有气泡,以免影响观察。

(4)在盖玻片上加以小块滤纸,用铅笔带橡皮的一头轻轻敲打滤纸,直至根尖组织成薄雾状。

8.3.5.7　镜检及微核识别标准

将制好的载玻片置于显微镜的低倍镜下观察,找到分生组织区细胞分散均匀、膨大、分裂相对较多的部位,再转到高倍镜(物镜 $40\times$)下进行观察。

微核的识别标准:

(1)主核大小的 1/3 以下,并与主核分离。

(2)微核的着色与主核相当或稍浅。

(3)微核的形态可以是圆形、椭圆形、不规则形。

每一处理组取 3 个根尖组织压片,每个根尖组织计数至少 1000 个细胞中的微核数。

8.3.6 数据处理和污染程度划分

将微核观察数据记录在表 8-3-1 中,按以下步骤进行统计学处理。

(1)测试样(包括对照样)微核千分率(MCN‰)的计算:

$$MCN‰ = \frac{观察到的测试样 MCN 数}{观察的测试样细胞数} \times 1000‰ \qquad (式 8.3.1)$$

(2)如果样品不多,则可直接用各样品 MCN‰的平均值与对照组的比较,采用 t 检验,从差异的显著性程度判断处理液中的污染物含量的高低。

(3)如果样品较多,则可先用方差分析(F 检验)计算各样品的 MCN‰平均值,以及其与对照组的差异显著性。如差异显著,则还可进行各个样的微核差异显著性的多重比较,分析被测样品的污染程度。

(4)如采用已筛选出的、专门隔离栽培的、无污染的松滋青皮豆作为实验材料,且按规范标准实验条件(其对照组 MCN‰＜10‰),则测试样污染程度的划分可不采用上述(2)与(3)两种统计处理方法,而直接采用如下(5)与(6)的标准。

(5)MCN‰判别法:

MCN‰＜10‰,基本无污染;

MCN‰在 10‰(含本数)~18‰区间,轻度污染;

MCN‰在 18‰(含本数)~30‰区间,中度污染;

MCN‰≥30‰,重度污染。

(6)污染指数判别法。此方法可避免因实验条件等因素带来的 MCN‰本底的波动,故较适用。

$$污染指数(PI) = \frac{测试样 MCN‰的平均值}{对照样 MCN‰的平均值} \qquad (式 8.3.2)$$

PI＜1.5,基本无污染;

PI 在 1.5(含本数)~2 区间,轻度污染;

PI 在 2(含本数)~3.5 区间,中度污染;

PI≥3.5,重度污染。

8.3.7 注意事项

(1)对污染物含量高的样品,如严重污染的水样、本实验采用的洗衣粉溶液等,须通过预实验考察其对蚕豆造成的危害程度(如引起根尖发黑死亡),根据结果对样品进行适当稀释,选择合适的浓度再做实验。

(2)在没有空调恒温设备的条件下,如室温超过 35 ℃,MCN‰本底可能升高,可用章节 8.3.6 的污染指数判别法处理数据。

（3）因不同批次蚕豆的发芽率差别甚大，须先做预实验了解发芽率，以便在章节 8.3.5.1 蚕豆浸种和催根实验中取用足够的蚕豆种子。

8.3.8　思考题

（1）根据不同的统计方法，微核实验污染程度的判别主要有哪些类型？

（2）填写表 8-3-1 并进行污染划分和数据统计分析。

表 8-3-1　蚕豆根尖微核监测记录

实验（组）号：　　　镜检日期：　　　镜检者：

指　　标	对照组	处理组			
处理液浓度/(g·L^{-1})	0	0.10	0.50	1.0	2.0
根尖序号	1　2　3	1　2　3	1　2　3	1　2　3	1　2　3
微核细胞数					
平均值					
千分率(‰)平均值					
污染指数					

参考文献

李雅轩,张飞雄,赵昕,等.蚕豆根尖细胞微核检测方案与数据分析[J].首都师范大学学报（自然科学版）,2024,4:85-89.

（执笔：周克夫　刘　珺）

8.4　铅对植物种子发芽势和发芽率的影响

8.4　Effects of Lead on Germination Energy and Germination Rate of Plant Seeds

实验目的:观察水稻、小青菜、生菜等种子在不同浓度铅溶液中的萌发率及幼根发育情况;了解重金属对不同作物种子发芽的毒性作用;掌握其观测方法。

8.4.1　概述

利用种子发芽实验,观测重金属对植物的毒性,是预测和评价重金属对植物毒性和生物有效性的重要方法之一,可为早期预报重金属对植物的毒害及评估环境中重金属污染提供依据。

种子发芽实验的方法简单,条件相对稳定容易控制,受其他因素的干扰小,所需时间短,且对毒物毒性的灵敏度高。本实验选择对铅敏感的水稻、小青菜和生菜种子作为实验对象,将其暴露于不同浓度铅溶液中,根据发芽率、发芽势及幼根发育情况等指标,观察铅对植物种子发育的抑制作用。

8.4.2　方法原理

植物种子在合适的环境条件下吸水膨胀萌发,在多种酶的催化作用下发生系列生理生化反应。此时环境中如果有污染物如铅等重金属,相关酶的活性会被抑制,从而影响种子萌发。因此,根据种子发芽情况可以预测和评估重金属对植物的潜在毒性和生物有效性。以水稻种子为例,一般情况下,浓度低于 80 mg/L 的铅对植物种子的发芽率无可视影响;当铅浓度达到 100 mg/L 时,种子的萌发受到明显影响;当铅浓度达 800 mg/L 时,种子萌发受到显著抑制。

8.4.3　仪器与器皿

(1)光照培养箱(参见附录 F-11);温度计;实验室常备的其他小型仪器。

(2)培养皿(直径 90 mm);实验室常备的其他玻璃器皿。

8.4.4　试剂与实验种子

(1)醋酸铅母液,$c(Pb^{2+}) = 5.0$ g/L:称取存放于干燥器中的三水合醋酸铅 $[Pb(OAC)_2 \cdot 3H_2O]$ 9.15 g,以纯水溶解、定容至 1 L,贮于试剂瓶中,4 ℃下可稳定数月。

(2)铅工作溶液:分别吸取醋酸铅母液 0 mL、0.8 mL、2.0 mL、4.0 mL、8.0 mL、

16.0 mL、32.0 mL,各以纯水稀释至 100 mL,配制成铅浓度分别为 0 mg/L、40 mg/L、100 mg/L、200 mg/L、400 mg/L、800 mg/L、1600 mg/L 的工作溶液,临用现配。

(3)水稻种子、小青菜种子、生菜种子,籽粒饱满、大小一致,贮于玻璃瓶中,4 ℃下保存。

8.4.5　实验步骤

(1)取 7 个培养皿,按序标上 1～7 号,各铺上 2 层滤纸。挑选水稻种子 350～400 粒,每组约 50 粒,分别置于培养皿中。

(2)往 1～7 号培养皿里分别加入含铅 0 mg/L、40 mg/L、100 mg/L、200 mg/L、400 mg/L、800 mg/L、1600 mg/L 的铅工作溶液 10.0 mL(滤纸恰好浸湿),其中 1 号培养皿为对照组。如欲进行后续的统计分析,则每个浓度组须设 3 个平行样。

(3)按照上述水稻种子的实验步骤,取小青菜和生菜种子做相同的实验。

(4)将各个培养皿放置在光照培养箱中培养,设置温度 25 ℃、相对湿度 75%,光照周期为 12 h 光照/12 h 黑暗,光强 200 μmol quanta m^{-2}·s^{-1}。每天补充适量水,保持滤纸湿润。

8.4.6　记录和计算

8.4.6.1　发芽势和发芽率

分别于实验的第三天和第七天,观测、记录种子发芽情况,及时去除感染霉菌的种子。种子发芽的评判标准为幼芽长度不短于种子长度的1/2,即为具有发芽能力的种子,以此标准进行计数。

计算各个培养皿中种子的发芽势和发芽率。

$$发芽势(\%) = \frac{第三天已发芽的种子粒数}{发芽实验的种子总粒数} \times 100\% \qquad (式 8.4.1)$$

$$发芽率(\%) = \frac{第七天已发芽的种子粒数}{发芽实验的种子总粒数} \times 100\% \qquad (式 8.4.2)$$

8.4.6.2　根的测量

测量第七天所有萌发的种子的主根长度(cm)、根质量(g),记录侧根数量(条)。

8.4.6.3　数据统计分析

记录种子名称、每种浓度处理和对照组的种子数,计算每种浓度处理组和对照组的发芽势、发芽率、主根长度、根质量以及侧根条数的平均值。

应用 t 检验法对所得数据进行统计分析,$P<0.05$ 为差异显著;$P<0.01$ 为差异极显著。

8.4.7　注意事项

(1)除铅浓度外,其他实验条件必须保持一致,如采用等量(数量、质量等)种子,在相同的条件下培养。

(2)铅属于有毒物质,实验产生的废液不能倒入下水道,应回收处理。

（3）数据统计分析采用 3 个平行样的数据。如果没有设置平行样，则也可以采用其他实验组的数据。

8.4.8 思考题

（1）影响水稻等植物发芽的主要因素是什么？试从植物种子发芽生理的角度，对实验结果进行分析讨论。

（2）从细胞学和生理生化的角度，分析解释铅导致植物发芽率下降的具体机制。

（3）铅对种子发芽的影响与对植物根发育的影响，哪个更显著？试分析原因。

参考文献

李亚亮,张雨,陶晓,等.重金属铅对三种菊科植物种子萌发及幼苗生长的影响[J].北方园艺,2024,4：49-56.

（执笔：周克夫 刘 珺）

8.5　滨海污损生物的形态特征观察和生态习性分析

8.5　Observation of Morphological Characteristics and Analysis of Ecological Habits of Coastal Fouling Organisms

实验目的：了解滨海污损生物常见类群和常见种；观察滨海污损生物常见类群和常见种的形态特征，了解多毛类、腹足类、双壳类和甲壳类动物的生态习性；了解多毛类、腹足类、双壳类和甲壳类动物与栖息环境的关系。

8.5.1　概述

污损生物曾经拥有周丛生物、固着生物或附着生物等别名，系指附着船底、浮标和一切人工设施上的动物、植物和微生物的总称。污损生物是包括以固着生物为主体的复杂群落，其种类繁多，包括细菌、附着硅藻和许多大型的藻类以及自原生动物至脊椎动物的多种门类。海洋污损生物又名海洋附着生物，是生长在船底和海中一切设施表面的动物、植物和微生物。根据底栖生物（benthos）的定义，污损生物属于底栖生物。底栖生物是生活史中大部分或全部栖息于水域沉积物以及水中物体（包括生物体和非生物体）底内、底表的生物。污损生物一般有害，如对滨海核电站冷源系统有潜在堵塞风险，对滨海风电基座和海洋石油平台等有污损作用。

形态特征是指生物体的外在特征，如形状、大小、颜色和纹理等信息。形态特征通常被用来区分不同的物种。生态习性是指生物与环境长期相互作用下所形成的固有适应属性，如招潮蟹随潮水的涨落活动，涨潮时藏在洞穴里，退潮后便出来活动、觅食、修补洞穴。

本实验参考国标 GB/T 12763.6—2007《海洋调查规范 第 6 部分：海洋生物调查》，以滨海污损生物为实验对象，观察污损生物的形态特征，分析其生态习性及与栖息环境的关系。

8.5.2　仪器与器皿

（1）每个实验组配备：生物显微镜 1 台（参见附录 F-19）；体视显微镜 1 台（参见附录 F-20）。

（2）每个实验组配备：解剖盘 2 个；培养皿（直径 90 mm）4 个；尖头和钝头镊子各 2 把；解剖刀 1 把；铁锤 1 个；酒精灯 1 个；载玻片 10 片；毛笔 1 支；木夹子 1 个。

（3）实验室常备的天平等小型仪器和其他常用的玻璃器皿。

8.5.3 试剂与实验生物

（1）氢氧化钠溶液，$c(NaOH)=5.0\%(m/V)$：称取氢氧化钠（NaOH）5.0 g，溶于纯水中，稀释至 100 mL，贮存于聚乙烯瓶中，可长期稳定。

（2）动物标本：实验室保存的多毛类、腹足类、双壳类和甲壳类标本。东风螺、菲律宾蛤仔、对虾和青蟹（或其他蟹类）等新鲜标本在本实验前 1 d 从市场购得。

（3）活体污损生物样品：提前 1 d 在滨海封闭海湾采集污损生物样品。根据分组数确定采集的污损生物数量（每个小组约 500 g），把样品带回实验室，在水族缸进行污损生物活体暂养，以便观察活体。

8.5.4 实验步骤

每个实验组设 3～4 人。

8.5.4.1 污损生物观察、拍摄和分选

在水族缸前观察从滨海封闭海湾采集回来的各种动物的活体形态，用手机对多毛类、腹足类和甲壳类的运动进行录像，并对双壳类水管的进排水过程以及滤食过程进行录像。从水族缸中取约 500 g 的活体样品，在解剖盘中将多毛类、腹足类、双壳类和甲壳类等类群分开。

8.5.4.2 多毛类形态特征观察

多毛纲是环节动物门的一个纲。一般将具疣足和成束的刚毛、体前部具有分化良好的头部、多具感觉或摄食的附肢（触手、触角、触须）和眼的环节动物统称为多毛纲。多毛类常见的属有沙蚕属、索沙蚕属、巢沙蚕属、稚齿虫属、小头虫属、海毛虫属等。沙蚕科属于环节动物门、多毛纲、叶须虫目，沙蚕科动物体长圆柱形，分为头部、躯干部和尾部，具真体腔和很多体节（同律分节）。

（1）沙蚕科动物头部形态特征观察：沙蚕科动物体前部形态特征观察要点包括头部、围口节、眼、口前叶、围口触手、口前触手、颚（图 8-5-1）。

（2）沙蚕科动物疣足特征观察：在显微镜下观察沙蚕科动物疣足特征，包括背须、背叶、刚毛、腹叶、足刺、腹须（图 8-5-2）。

（3）用手机拍摄其他多毛类动物的整体、头部和疣足，每张照片需标注学名。

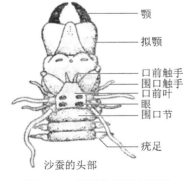

图 8-5-1 沙蚕头部形态特征

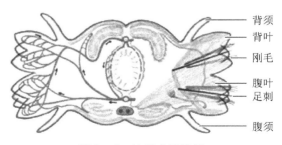

图 8-5-2 沙蚕疣足特征

8.5.4.3　腹足类动物形态特征观察

(1)腹足类贝壳形态观察:腹足类动物贝壳模式图(图 8-5-3)展示了其 21 种形态,但不是所有的腹足纲动物都具有 21 种形态。本实验观察荔枝螺的以下形态特征:胚壳(壳顶)、缝合线、体螺层、螺旋部、外唇、内唇、壳口、前沟、后沟等。

贝壳的左旋和右旋:贝壳顺时针旋转的称为右旋,逆时针旋转的称为左旋。大多数腹足类是右旋的。贝壳左、右旋的确定方法:拿起贝壳,壳顶朝上,壳口对着观察者,壳口若是开在螺轴(壳顶至内唇直线)的右侧,则为右旋;反之,则为左旋。

厣:由足部后端背面皮肤分泌形成的保护器官。厣有角质和石灰质 2 种,其大小、形状通常与壳口一致,厣上有生长线与核心部(图 8-5-4)。

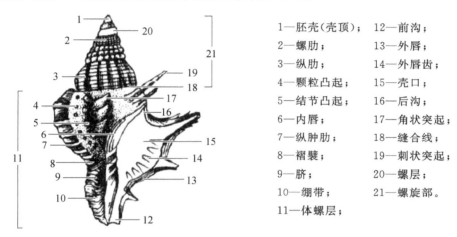

1—胚壳(壳顶);	12—前沟;
2—螺肋;	13—外唇;
3—纵肋;	14—外唇齿;
4—颗粒凸起;	15—壳口;
5—结节凸起;	16—后沟;
6—内唇;	17—角状突起;
7—纵肿肋;	18—缝合线;
8—褶襞;	19—刺状突起;
9—脐;	20—螺层;
10—绷带;	21—螺旋部。
11—体螺层;	

图 8-5-3　腹足类贝壳模式图

图 8-5-4　腹足类动物的角质厣和石灰质厣

(2)齿舌的制作与观察:选择东风螺、荔枝螺和滨螺等,进行腹足类动物齿舌的制作与观察。

①　用铁锤轻轻敲破螺层,取出螺的口球,分开肌肉组织,观察口球囊。

②　将口球移入试管,加入 5%(m/V)氢氧化钠溶液,溶液量不超过试管容量的三分之一;用酒精灯加热,待其肌肉充分溶解。

③　将混合液转入培养皿中,从混合液中挑出齿舌,用清水冲洗干净。

④　将齿舌转移到载玻片上,用毛笔或者小刷子轻刷,然后平整。

⑤　将齿舌置于生物显微镜下,观察中间(主)齿和侧齿(图 8-5-5)。

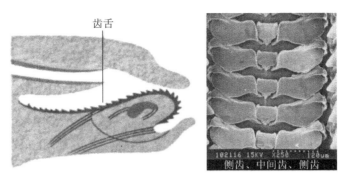

图 8-5-5　腹足类动物齿舌位置及中间(主)齿和侧齿

8.5.4.4　双壳类外部形态观察

双壳类动物身体左右扁平,两侧对称;分躯干、足和外套膜 3 个部分;有 2 枚合抱身体的贝壳,故名双壳类。

观察双壳类动物以下贝壳形态(图 8-5-6):

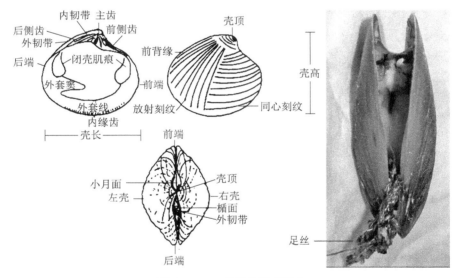

图 8-5-6　双壳类的贝壳形态

(1)壳顶。双壳类贝壳突出于表面尖而弯曲的部分,是贝壳的最原始部分——胚壳的所在。

(2)小月面。位于壳顶前方的小凹陷,一般为椭圆形或心脏形。

(3)楯面。位于壳顶之后的后背区的装饰结构,通常为披针状,其周缘有脊或浅沟同壳面区别开。

(4)闭壳肌痕。闭壳肌附着在壳内面留下的痕迹,通常左右各 1 个。闭壳肌痕的大小、形状是分类的依据。

(5)放射刻纹。以壳顶为起点,向腹缘伸出的放射状排列的条纹,也称放射肋。

(6)外套痕。也称外套线,是外套膜边缘附着在壳内的痕迹。

（7）外套窦。是由外套痕在后部向内陷入的一部分,形成各种形状的窦状,这是具有水管的双壳类动物当水管受到刺激缩入壳内时容纳水管之处。外套窦的长度与埋栖深度有关,短的埋栖浅,长的埋栖深。

（8）足丝。从贻贝、沙筛贝等瓣鳃类动物足部略近中央的足丝孔伸出的、以壳基质为主要成分的硬蛋白的强韧性纤维束,借此将贝体附着于岩石或海藻及其他的动物体上。

普通双壳类贝壳方位的辨别要点有:

（1）壳顶尖端所向的通常为前方。

（2）由壳顶至两侧距离短的一端通常为前端。

（3）有外韧带的一端为后端。

（4）有外套窦的一端为后端。

（5）具有一个闭壳肌的种类,闭壳肌痕所在的一侧为后面。

贻贝、沙筛贝贝壳方位的辨别要点有:

（1）贝壳较尖的一端为前端,相对的一端为后端。

（2）靠近鳃的一方称"腹面",相对的一方称"背面"。

8.5.4.5　甲壳类外部形态观察

甲壳动物是节肢动物门中的一个纲,其体表都有一层几丁质外壳,称为甲壳。甲壳动物大多数生活在海洋里,少数栖息在淡水中和陆地上。甲壳动物包括虾类、蟹类、钩虾、栉虾及鳃足亚纲、介形亚纲等。

对虾的外部形态观察:头胸部、腹部、尾部（尾节）、额角、第一触角、第二触角（含鳞片和鞭）、步足、游泳足（腹肢）、雄性交接器和雌性交接器等（图 8-5-7）。

图 8-5-7　对虾侧面外形（a）和雌、雄交接器（b）

蟹类的外部形态观察:头胸甲、腹部、螯足、可动指、不动指、颚足、步足、腹肢、眼区、眼柄、侧齿、雌雄形态差异等（图 8-5-8）。

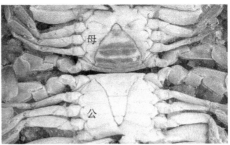

图 8-5-8　蟹类外形

8.5.5　注意事项

（1）如果学生无法全体到滨海封闭海湾现场，由老师带领 2～3 个学生到现场采集污损生物（每个小组约需 500 g）。

（2）水族缸在暂养活体污损生物时必须曝气。

（3）拍摄多毛类运动时，须将其放在培养皿中，并加水，使疣足能够展开。

（4）制作腹足类的齿舌时，采用浓度过高的氢氧化钠溶液或过猛的加热火力，均可能会使齿舌溶化，导致制作失败。

（5）观察双壳类贝壳内面的外套窦和外套线时，若有水分不易看清，则需等水干后再行观察。

（6）如果虾类尚未性成熟，则不易观察到雄性交接器和雌性交接器。

8.5.6　思考题

（1）检索资料，描述污损生物所在海湾的环境变迁。

（2）所调查海湾的污损生物中有哪些多毛类？这些多毛类的头部和疣足特征如何？附上有关多毛类的照片和活体视频。

（3）所调查海湾的污损生物中有哪些腹足类？这些腹足类是左旋还是右旋？它们的食性如何？附上有关腹足类的照片和活体视频。

（4）所调查海湾的污损生物中有哪些双壳类？这些双壳类是固着生活、附着生活还是埋栖生活？附上有关双壳类的照片和活体视频（活体水管进排水过程）。

（5）所调查海湾的污损生物中有哪些甲壳类？这些甲壳类的形态特征和生态习性如何？附上有关甲壳类的照片和活体视频。

参考文献

[1]蔡立哲,曹文志,王文卿.滨海湿地环境生态学[M].厦门:厦门大学出版社,2020:176-179.

[2]蔡立哲,王建军.南海底栖动物常见种形态分类图谱(上册)[M].北京:科学出版社,2024:122-410.

[3]陈凯,王胜通,元轲新.我国沿海污损生物分布特点及防治措施[J].水产养殖,2023(11):40-45.

[4]黄宗国,蔡如星.海洋污损生物及其防除(上册)[M].北京:海洋出版社,1984:1-37.

[5]黄宗国.海洋污损生物及其防除[M].北京:海洋出版社,2008:1-186.

［6］项辉,黄建荣,蒙子宁.滨海动物学野外实习指导［M］.广州:中山大学出版社,2017:17-89.

［7］杨转,陈妙谋,王文研,等.固体浮力材料海洋生物污损及其防护研究进展［J］.海洋技术学报,2023,
　　42（3）:88-100.

（执笔:蔡立哲）

8.6 红树林湿地大型底栖动物多样性监测与环境评价

8.6 Monitoring and Environmental Assessment of Macrofauna Diversity in Coastal Mangrove Wetland

实验目的：了解红树林湿地的生境、动物类群和物种多样性；了解滨海湿地大型底栖动物的室内分选和生物指数计算；掌握生物指数监测与滨海湿地环境（生境）健康评价的基本原理。

8.6.1 概述

红树林（mangrove）是生长在热带、亚热带海岸潮间带，由红树植物为主体的常绿乔木或灌木组成的湿地木本植物群落，在净化海水、防风消浪、固碳储碳、维护生物多样性等方面发挥着重要作用，有"海岸卫士""海洋绿肺"的美誉，也是珍稀濒危水禽重要栖息地，鱼、虾、蟹、贝类生长繁殖场所。中国红树植物分布在广东、广西、海南、福建、台湾、浙江等省区。

底栖生物（benthos）是指生活史的大部或全部栖息于水域沉积物以及水中物体（包括生物体和非生物体）底内、底表的生物，是水生生物中的一个重要生态类群。底栖生物可分为底栖植物和底栖动物。底栖植物包括单细胞藻类、大型藻类和维管植物。底栖动物根据其通过的筛网的大小，可以分成大型底栖动物（macrofauna）、小型底栖动物（meiofauna）和微型底栖动物（microfauna）。

2021年10月8日，国务院新闻办公室发表《中国的生物多样性保护》白皮书，指出生物多样性是生物（动物、植物、微生物）与环境形成的生态复合体以及与此相关的各种生态过程的总和。生物多样性包括遗传多样性、物种多样性和生态系统多样性3个基本层次。

生物指数是根据某几类生物数量或某类生物个体多少及数量比例表达环境质量等级的简单数学形式，其运用数学方法求得的反映生物种群或群落结构的变化的数值，评价环境质量或环境（生境）健康程度。20世纪50年代以来，人们在研究各种环境质量参数的基础上，提出了一系列用于评价环境质量的生物指数。至2023年，已提出300多种生物指数。已知的所有生物指数，均有其优点和不足之处。

本实验参考国标 GB 17378.7—2007《海洋监测规范 第7部分：近海污染生态调查和生物监测》和 GB/T 12763.6—2007《海洋调查规范 第6部分：海洋生物调查》，以红树林湿地为实验区域,分析红树林湿地大型底栖动物的群落组成,运用种类多样性指数、均匀度指数、丰度指数和大型底栖动物污染指数,进行环境(生境或健康)评价。

8.6.2　仪器与器皿

(1)每个实验组配备:生物显微镜 1 台;体视显微镜 1 台(参见附录 F-19 和 F-20)。

(2)每个实验组配备:解剖盘 2 个;培养皿(直径 90 mm)4 个;尖头和钝头镊子各 2 把;解剖刀 1 把;样品筛(孔径 0.5 mm)1 个;大号塑料桶 1 个。

(3)采样框(25 cm×25 cm,深度 30 cm),及实验室常备的天平等小型仪器和其他常用的玻璃器皿。

(4)编有序号的吸水纸 3~4 张,参考图集或文献若干(学生自备)。

8.6.3　沉积物样品的采集

提前 1 d 到红树林湿地采集沉积物样品,根据分组数确定采集沉积物的样框数(每组 1 个样框),将每个样框的沉积物分别装入塑料袋或塑料桶中,贴上标签,带回实验室。如果用塑料袋装沉积物,则袋口必须打开。

8.6.4　实验步骤

每个实验组设 3~4 人。

8.6.4.1　红树林湿地大型底栖动物的分选和鉴定

将含有大型底栖动物的沉积物放入塑料桶内(沉积物不能超过桶容量的 1/3),加水搅拌,取上清部分以孔径 0.5 mm 样品筛过滤,重复 4~5 次,直至上覆水清澈。将样品筛上的标本和桶底的残渣倒入解剖盘中,适当加水,挑选大型底栖动物放入培养皿中,在体视显微镜下分选。按分选顺序将大型底栖动物放在编有序号的吸水纸上,在表 8-6-1 上记录各个序号的底栖动物物种学名和个体数。优势种和主要类群的种类应力求鉴定到种,未定种暂以 SP、SP2、SP3……表示,必要时可以请任课老师核对或帮忙鉴定。

标本先置于吸水纸上吸干体表液体后,采用感量为 0.1 mg 的分析天平称量。用于称量的软体动物和甲壳动物须保留其外壳。据研究需要,某些经济种或优势种可分别称其壳和肉重。大型管栖多毛类的栖息管子、寄居蟹的栖息外壳以及其他生物体上的伪装物、附着物,在称量时应予剔除。将各个物种的质量记入表 8-6-1 中。

表 8-6-1　红树林湿地大型底栖动物定量记录(可添加栏)

采样地点:＿＿＿＿＿＿＿＿＿＿　　　采样日期:＿＿＿＿年＿＿＿＿月＿＿＿＿日

组别:＿＿＿＿＿＿＿＿＿＿＿＿　　　组员:＿＿＿＿＿＿＿＿＿＿＿＿＿＿

取样面积:＿＿＿＿＿＿＿＿＿　　　分析日期:＿＿＿＿年＿＿＿＿月＿＿＿＿日

序号	类群	种名(含中文名和拉丁文学名)	个数/个	密度/(个/平方米)	质量/克	生物量/(克/平方米)
1						
2						

续表

序号	类群	种名（含中文名和拉丁文学名）	个数/个	密度/（个/平方米）	质量/克	生物量/（克/平方米）
3						
4						
5						
6						
7						
8						
9						
10						

8.6.4.2　生物指数计算和环境评价

根据表 8-6-1 数据，计算下列生物指数，并进行环境评价。

（1）种类多样性指数（species diversity index，以 H' 表示）：

$$H' = -\sum_{i=1}^{s} (N_i/N) \log_2(N_i/N) \qquad (式8.6.1)$$

式中，H' 为种类多样性指数；N 为单位面积样品中收集到的动物的总个数；N_i 为单位面积样品中第 i 种动物的个数；S 为单位面积收集到的动物种类数。

一般认为，正常环境的该指数值高，环境受污染时该指数值降低。

（2）Pielous 种类均匀度指数（evenness index，以 J 表示）：

$$J = H'/\log_2 S \qquad (式8.6.2)$$

式中，字母所代表的意义同式 8.6.1。J 值范围在 0～1 之间，J 大时，体现种间个体数分布较均匀；反之，反映种间个体数分布欠均匀。由于受污染环境的种间个体数差别大，因而 J 值较低。

（3）Margalef 种类丰度指数（species richness index，以 d 表示）：

$$d = (S-1)/\log_2 N \qquad (式8.6.3)$$

式中，字母所代表的意义同式 8.6.1。一般而言，健康环境的种类丰度高，受污染环境的种类丰度低。

注意：参照国标 GB 17378.7—2007《海洋监测规范 第 7 部分：近海生态调查和生物监测》，式 8.6.1～8.6.3 采用以 2 为底的对数。

（4）大型底栖动物污染指数（macrozoobenthos pollution index，MPI）：

$$MPI = 100 + 10^{(2+K)} \left[\sum (A_i - B_i) \right]/S^{(1+K)} \qquad (式8.6.4)$$

式中，A_i 和 B_i 分别为密度和生物量优势度大小顺序的第 i 个累积百分优势度的数值；S 为采集到的物种数；K 为常数，$K = \left| \sum (A_i - B_i) \right| / \sum (A_i - B_i)$，当 $\sum (A_i - B_i)$ 为正数时，$K = 1$，当 $\sum (A_i - B_i)$ 为负数时，$K = -1$。MPI 越小，沉积环境越清洁；反之，污染越严重。

8.6.5 注意事项

(1)如果学生无法全体到红树林湿地现场,由老师带领 2~3 个学生到现场采集定量沉积物(长 25 cm×宽 25 cm×深 30 cm)。

(2)在解剖盘上挑选大型底栖动物时,沉积物不宜太厚,适当加水。加水使小个体生物容易漂浮,加水过多透明度不够,加水过少小个体生物不能漂浮。必要时放在体视显微镜下挑选。

(3)表 8-6-1 的类群一般写到纲的水平,比如多毛纲、腹足纲、双壳纲和甲壳纲等。

(4)种类多样性指数、均匀度指数和丰度指数可以运用 Excel 计算,也可以应用统计软件进行计算。

(5)在 Excel 上计算大型底栖动物污染指数,A_i 和 B_i 按大小值排序,因此不一定是同一物种的丰度和生物量。

8.6.6 思考题

(1)提交实验组的表 8-6-1(可以拍照,提交电子版)。

(2)根据实验组的表 8-6-1 数据,计算种类多样性指数、均匀度指数、丰度指数和大型底栖动物污染指数,对红树林湿地的环境状况进行评价。

(3)与其他实验组的生物指数结果进行比较,并分析 4 种生物指数各自的优点和不足。

(4)根据实验组的表 8-6-1 数据,应用计算机语言,编写计算大型底栖动物污染指数的软件程序。

参考文献

[1]蔡立哲,马丽,高阳,等.海洋底栖动物多样性指数污染程度评价标准的分析[J].厦门大学学报(自然科学版),2002,41(5):641-646.

[2]蔡立哲.大型底栖动物污染指数(MPI)[J].环境科学学报,2003,23(5):639-644.

[3]蔡立哲,曹文志,王文卿.滨海湿地环境生态学[M].厦门:厦门大学出版社,2020:497-510.

[4]蔡立哲.深圳湾底栖动物生态学[M].厦门:厦门大学出版社,2015:152-214.

[5]项辉,黄建荣,蒙子宁.滨海动物学野外实习指导[M].广州:中山大学出版社,2017:17-89.

[6]赵小雨,蔡立哲,饶义勇,等.考洲洋人工种植红树林湿地大型底栖动物群落环境响应[J].生态学报,2023,43(13):5505-5516.

(执笔:蔡立哲)

第九章 自主设计实验
Chapter 9 Self-designed Experiments

9.1 人群发汞的调查
9.1 Survey of Hair Mercury

实验目的:学习测定人体头发中的汞含量;初步分析饮食习惯、工作环境、接触污染源与头发中的汞含量的相关性。

9.1.1 概述

汞是一种对人类及其他生物有严重危害的重要污染物。大气和食物方面的汞污染导致汞在人体内蓄积,引起人们头发中汞(发汞)浓度增高。本实验采集人群头发样品,测定其总汞含量,调查并探讨发汞含量与性别、年龄、汞齐补牙情况、工作环境、摄入海产量、化妆、抽烟、饮酒等因素的关系。

本实验基于厦门大学本科生凌峰暑期科研奖励计划和本科生课余科研活动内容及成果,特此推荐。

9.1.2 分析方法原理

头发样品消解后,采用氯化溴(BrCl)溶液将各种形态的汞氧化为二价汞离子(Hg^{2+});测定前以盐酸羟胺($NH_2OH \cdot HCl$)溶液还原过量的氯化溴,以二氯化锡($SnCl_2$)溶液将 Hg^{2+} 还原为 Hg^0;采用吹扫—金柱捕集—热脱附—原子荧光光谱法测定,即试样中的 Hg^0 由载气吹扫出来,由金柱吸附捕集后在线加热脱附,吹送入原子荧光光谱仪中测定。

9.1.3 设计要点暨主要步骤

9.1.3.1 准备工作

关键词:查阅相关文献,与指导教师交流,设计调查和数据表格,确定实验方案。

9.1.3.2　实验器材

关键词:牙剪、化学试剂、玻璃器皿。

9.1.3.3　实验仪器

关键词:吹扫—金柱捕集—热脱附—冷原子荧光光谱仪系统,商品仪器或自行搭建的科研仪器。

9.1.3.4　发样采集和问卷调查

关键词:人群和志愿者选定、问卷调查;发样采集部位、长度、数量等。

9.1.3.5　发样处理

关键词:清洗、干燥、称量、消解。

9.1.3.6　试样测定

关键词:汞的氧化-还原过程、汞的吸附-脱附过程、原子荧光测定。

9.1.3.7　数据处理和分析

关键词:数据汇总、发汞含量与各因素的相关性分析、初步结论。

9.1.3.8　报告撰写

略。

推荐阅读

[1]U. S. EPA. Method 1631,Revision E:Mercury in water by oxidation,purge and trap,and cold vapor a-tomic fluorescence spectrometry[Z]. EPA-821-R-02-019,2002.

[2]U. S. EPA. Appendix to Method 1631:Total mercury in tissue,sludge,sediment,and soil by acid di-gestion and BrCl oxidation[Z]. 2001.

[3]张爱华,冯新斌.环境汞砷污染与健康[M].武汉:湖北科学技术出版社,2019.

（执笔:袁东星）

9.2 环境水样中营养盐的流动分析

9.2 Flow Analysis of Nutrients in Environmental Water Samples

实验目的:学习流动分析的基本原理;设计营养盐的流动分析流路;搭建流动分析系统;测定环境水样中的营养盐。

9.2.1 概述

环境水体中的氮、磷、硅是水生生物生长所必需的重要元素,也是水体初级生产和食物链的基础。这3种元素组成的无机盐类,包括亚硝酸盐、硝酸盐、铵盐、磷酸盐、硅酸盐,通常称为营养盐。

一般样品的分析包括取样、加入试剂、混合、化学反应及检测等步骤,水样中营养盐的测定亦如此,通常需要取定量样品,加入定量显色试剂,反应一定时间后,用分光光度计测定吸光度,再根据光吸收定律求算水样中营养盐的含量。这一系列操作如果用手工进行,着实烦琐、费时,且误差较大,而流动分析仪可将这些步骤集中在一台仪器上自动完成。流动分析方法包括连续流动分析、(正向和反向)流动注射分析、顺序注射分析、阀上实验室等模式,主要部件包括输液泵、转换阀、反应管、检测器和数据采集器等。

本实验基于厦门大学本科生凌峰暑期科研奖励计划的科研活动内容及成果,推荐采用流动注射分析法测定亚硝酸盐和磷酸盐等营养盐。

9.2.2 分析方法原理

图 9-2-1 所示为流动注射分析的仪器框架示意。

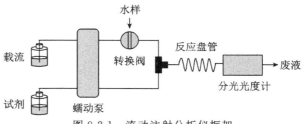

图 9-2-1 流动注射分析仪框架

以亚硝酸盐的测定为例。参见图 9-2-1,载流和显色试剂[4-氨基苯磺酰胺和 *N*-(1-萘基)-乙二胺]分别由蠕动泵推送,水样注入载流后,通过三通与显色试剂混合,在盘管内发生显色反应,产生玫瑰红色化合物(最大吸收波长 540 nm);该化合物溶液被推送进入流通池,由分光光度计测定吸光度,再根据校准曲线计算水样中亚硝酸盐的含量。在设定的程序下,流动注射分析仪自动完成样品溶液和反应试剂的受控吸取、受控混合及反应,以及在线测定。

9.2.3　设计要点暨主要步骤

9.2.3.1　流路设计

关键词:查阅相关文献、与指导教师交流、设计流路。

要点:参考图 9-2-1,确定采用的流动注射分析模式,绘制流动注射分析的流路图(注意:不是仪器框图),以表格形式编写相应的步骤流程(程序);经指导教师检查确定无误。

9.2.3.2　实验器材

关键词:化学试剂、玻璃器皿。

9.2.3.3　实验仪器

关键词:商品流动注射分析仪;或者由蠕动泵、转换阀、反应盘管、流路管、分光光度计、数据采集器等组成的自行搭建的流动注射分析系统。

9.2.3.4　流动注射分析流路

关键词:反应盘管和连接管的内径、长度;转换阀阀位。

要点:根据绘制的流动注射分析仪器的框图和流路图,连接管道和部件,搭建分析系统。注意,即使采用商品流动注射分析仪,也需要根据流路图连接管道和部件。

9.2.3.5　试剂配制

关键词:计算、称量、溶解、定容、稀释。

9.2.3.6　水样采集和预处理

关键词:采样、过滤。

9.2.3.7　标样和水样测定

关键词:参数优化、依序测定。

要点:根据信号强度(吸光度),优化步骤流程(程序)和试剂浓度,包括取样量(泵速、时间)、试剂量(泵速、时间、浓度)、反应时间(泵速、反应盘管内径和长度)、混合盘管的编结方式等。

9.2.3.8　数据处理和分析

关键词:吸光度、校准曲线、定量计算。

9.2.3.9　报告撰写

略。

推荐阅读

[1]费学宁,池勇志,汪东川,等.现代水质监测分析技术[M].2版.北京:化学工业出版社,2021:360-404.

[2]黄勇明,袁东星,彭园珍,等.海水中活性硅酸盐的流动注射-分光光度快速测定法及其应用[J].环境科学学报,2011,31(5):935-940.

(执笔:袁东星)

9.3 基于智能手机现场测定环境水样中营养盐浓度

9.3 On-site Determination of Nutrient Concentration of Environmental Water Samples using Smartphone

实验目的:学习数码成像比色法的基本原理;设计基于智能手机的水样分析装置;搭建分析系统;测定环境水样中的营养盐浓度。

9.3.1 概述

随着信息技术的发展,智能手机的功能越来越强,越来越多的传感器被集成到智能手机设备中。近年来,国内外许多研究者将传统的分析检测技术、传感器与智能手机相结合,设计开发出多种多样的移动分析检测方法。相较于传统的营养盐测定方法,基于智能手机的检测技术具有简单快速、轻巧便携、无需大型仪器设备等优势,更适用于营养盐的现场测定。

本实验基于厦门大学本科生科研活动内容及成果,推荐采用基于智能手机的检测技术测定水中铵盐和亚硝酸盐等营养盐。

9.3.2 分析方法原理

图 9-3-1 所示为基于智能手机的水样分析装置示意。

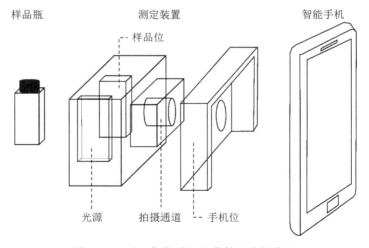

样品瓶　　　　测定装置　　　　智能手机

样品位

光源　　拍摄通道　　手机位

图 9-3-1 基于智能手机的营养盐分析装置

以铵盐的测定为例。水样和试剂（柠檬酸三钠、邻苯基苯酚、二氯异氰尿酸钠和亚硝酰铁氰化钠）在样品瓶中进行显色反应。将显色后的样品瓶置于测定装置的样品位中，用智能手机进行拍照。利用手机中的 Color Grab 等取色软件提取照片中特定位置的 RGB（Red-Green-Blue）颜色信息，根据校准曲线计算水样中铵盐的含量。

9.3.3 设计要点暨主要步骤

9.3.3.1 装置设计

关键词：查阅相关文献，与指导教师交流，设计、制作测定装置。

要点：参考图 9-3-1，设计基于智能手机的测定装置，经指导教师检查确定无误后进行制作。

9.3.3.2 实验器材

关键词：化学试剂、玻璃器皿。

9.3.3.3 实验仪器

关键词：由光源、样品瓶、亚克力板、智能手机等组成的自行搭建的水样测定装置。

9.3.3.4 试剂配制

关键词：计算、称量、溶解、定容、稀释。

9.3.3.5 水样采集和预处理

关键词：采样、过滤。

9.3.3.6 标样和水样测定

关键词：分析装置优化、依序测定。

要点：基于信号强度等指标，优化光源、样品瓶、手机相机参数、测定装置结构等。

9.3.3.7 数据处理和分析

关键词：RGB 值、校准曲线、定量计算。

9.3.3.8 报告撰写

略。

推荐阅读

[1]ZHENG S L, LI H Q, FANG T Y, et al. Towards citizen science. On-site detection of nitrite and ammonium using a smartphone and social media software[J]. Science of the Total Environment, 2022, 815: 152613.

[2]LI H Q, FANG T Y, TAN Q G, et al. Development of a versatile smartphone-based environmental analyzer (νSEA) and its application in on-site nutrient detection[J]. Science of the Total Environment, 2022, 838: 156197.

（执笔：马　剑）

9.4 基于渗透泵时间序列采样技术的水体营养盐浓度变化监测

9.4 Monitoring of the Variations of Nutrients in Water Using Time-series Sampler Based on Osmotic Pump

实验目的:了解渗透泵时间序列采样技术的原理;学习渗透泵采样器的组装,使用采样器进行自动采样;测定水样营养盐浓度;分析采样期间水体中营养盐浓度的变化情况。

9.4.1 概述

评价水质和水环境健康需要监测数据,而监测数据的质量和数量与采样过程密切相关。常用的人工采样方法采样频率低、数据量少、代表性差、成本高;在线自动监测仪器可以提高采样频率,获得较多的数据,但应用条件苛刻,仪器的购置和维护成本高。

本实验基于厦门大学的研究成果,利用一种基于渗透原理、流速稳定、无需电力供应的渗透泵作为采样动力,配以过滤器及样品存储盘管,组装成采样器,实现水体中营养盐的时间序列采样和监测。

9.4.2 采样器原理

图 9-4-1 所示为基于渗透泵的时间序列采样器的示意。采样器由过滤器、样品存储盘管和渗透泵组成。过滤器内装有孔径 0.45 μm 的滤膜;长达数百米的内径为 2 mm 的全氟乙烯丙烯共聚物(fluorinated ethylene propylene,FEP)管卷成盘状作为样品存储盘管。渗透泵中,反渗透膜将纯水(混有离子交换树脂)与饱和盐水(混有氯化钠固体)隔开,使反渗透膜两侧形成稳定的渗透压。在渗透压的作用下,纯水透过反渗透膜流向盐水端,连续不断地将水样吸入样品存储盘管。

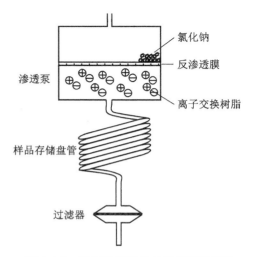

图 9-4-1 基于渗透泵的时间序列采样器

将采样器放在所监测的水体中,水样流经过滤器后存储在盘管中。渗透泵的流速恒定,因此水样在盘管中的位置与其采样时间相对应。采样结束后,将盘管中的水样按其在盘管中的位置分成多段取出,即可得到多个水样。分析样品后,可得到不同采样时间段的样品中目标物的浓度。

对采样时间的精准度和测定结果的准确度要求较高时,可在采样器上增加一个往盘管中定时注射间隔气泡的装置,用于分隔不同时间段采集的水样,还可增加一个基于渗透泵的试剂添加流路,用于注入水样保存剂。

9.4.3 设计要点暨主要步骤

9.4.3.1 采样器组装

关键词:查阅相关文献、与指导教师交流、选择采样器部件、选定监测的营养盐种类。

要点:根据实验目的,参考图 9-4-1 制订方案,经指导教师检查确定无误后,将部件组装成采样器,并测定渗透泵的流速。

9.4.3.2 实验器材

关键词:化学试剂、玻璃器皿。

9.4.3.3 实验仪器

关键词:可见分光光度计。

9.4.3.4 试剂配制

关键词:计算、称量、溶解、定容、稀释。

9.4.3.5 水样采集

关键词:采样地点选择、采样器布放、采样器回收。

9.4.3.6 标样和水样测定

关键词:取出水样、测定。

要点:由蠕动泵缓慢泵出盘管中的水样,确定每段水样的体积和采样时间,按营养盐的测定方法分析营养盐浓度。

9.4.3.7 数据处理和分析

关键词:校准曲线、定量计算。

9.4.3.8 报告撰写

关键词:采样、测定、营养盐浓度随时间变化分析。

推荐阅读

[1]PEI J X,YUAN D X,LI Q L, et al,Measuring of time-series concentrations of nutrients in surface waters using osmotic sampler with air bubble segmentation and preservative addition[J]. Science of the Total Environment,2021,759:143538.

[2]LIN K D,ZHANG L,LI Q L, et al,A novel active sampler coupling osmotic pump and solid phase extraction for in situ sampling of organic pollutants in surface water[J]. Environmental Science and Technology,2019,53:2579.

（执笔:李权龙）

9.5　环境水样中微塑料的鉴定

9.5　Identification of Microplastics in Environmental Water Samples

实验目的：学习拉曼光谱的基本原理和相关仪器的操作；鉴定瓶装饮用水中微塑料的种类；初步了解环境水样中的微塑料种类。

9.5.1　概述

微塑料是一种粒径小于 5 mm 的塑料颗粒，其体积小，比表面积大，可以有效吸附环境中疏水性有机污染物，是环境中污染物迁移的一种不可忽视的载体。根据来源，微塑料可分为初生微塑料和次生微塑料两大类。前者为尺寸小于 5 mm 的塑料制品，后者源自尺寸大于 5 mm 的塑料制品经物理、化学和生物分解过程后的崩解。微塑料不仅广泛分布于土壤、水体等环境介质中，在饮用水、食品、动物（包括人体）体液和脏器中也被大量检出，因此微塑料已经引起国内外学者和民众的广泛关注。

本实验以环境水样为对象，以拉曼光谱法对其中的微塑料进行鉴定。

9.5.2　分析方法原理

当光照射到物质上时，会发生反射、折射、吸收和散射等一系列相互作用。其中，散射过程包括两个步骤：首先，物质分子吸收一个光子后从初态（与光子作用前的分子状态）跃迁至中间虚态（假想态）；然后，该分子迅速辐射出一个光子后到终态（与光子作用后的分子状态）。如果物质分子的初态和终态一样，则该散射过程为弹性散射（包括瑞利、丁达尔和米氏散射）；否则，则为非弹性散射（包括拉曼和布里渊散射）。若初态和终态间的能级差等于物质的振动能级时，则该非弹性散射即为拉曼散射，所得光谱称为拉曼光谱。

拉曼光谱是一种反映物质振动信息的光谱技术，与红外光谱互为姐妹谱，也是一种广泛用于物质定性分析的指纹图谱技术。拉曼光谱与红外光谱的不同之处在于：① 水的拉曼散射信号很弱，因此无需特殊制样，拉曼光谱法可直接测定水样；但水的红外吸收很强，红外光谱法不可用于直接测定水样。② 物质的拉曼散射远弱于其红外吸收，通常仅能利用来测定常量物质，微量或痕量物质需要借助表面增强拉曼光谱技术；而红外吸收光谱法的灵敏度较一般拉曼光谱法高得多。③拉曼光谱仪的光源为激光，红外光谱仪的光源为能斯特灯和硅碳棒等，故拉曼光谱仪的光学分辨率远高于红外光谱仪的光学分辨率。例如，拉曼光谱仪的分辨率可达 200 nm（激发光源采用可见光），而红外光谱仪的仅为 10 μm。

由于水样中微塑料浓度极低,需要先进行分离富集后上机测试,因此本实验采用过滤的方法富集水样中的微塑料颗粒。

9.5.3 设计要点暨主要步骤

9.5.3.1 准备工作

关键词:查阅相关文献,与指导教师交流,熟悉仪器原理,确定实验方案。

拓展延伸:可设计光照、加热等环境水样等步骤。

9.5.3.2 实验器材

关键词:玻璃纤维滤膜、玻璃器皿、各种环境水样。

9.5.3.3 实验仪器

关键词:拉曼光谱仪。

9.5.3.4 水样处理

关键词:过滤。

9.5.3.5 试样测定

关键词:拉曼光谱测定。

9.5.3.6 数据处理和分析

关键词:谱图库匹配、分子振动光谱、谱构关系、组分分析和初步结论。

9.5.3.7 报告撰写

略。

9.5.4 玻璃器皿的处理和水样的过滤(参考)

水样接触的容器皆为玻璃材质。实验前,所有玻璃器皿均需用浓硫酸-双氧水的混合溶液($V/V=3:1$)(俗称食人鱼溶液)彻底冲洗,以氧化去除可能造成污染的有机物质;然后用待测水样大量冲洗,以去除酸性残留物。

玻璃器皿洗后应立即使用。用洁净铝箔纸盖住玻璃漏斗,以最大限度减少空气中可能的颗粒污染。加水样时,小心地取下盖子,迅速倒入摇晃均匀的水样,再立即盖上盖子。采用玻璃纤维膜(根据欲分析的微塑料尺寸选择孔径)过滤。为增加水样的代表性,减少潜在偏差,也为增加微塑料的富集量,在每张膜上过滤数升水。

过滤完成后,将滤膜小心地放置在干净的玻璃培养皿中,盖上洁净盖玻片后尽快测定。

推荐阅读

QIAN N X,GAO X,LANG X Q,et al. Rapid single-particle chemical imaging of nanoplastics by SRS microscopy[J]. PNAS,2024,121(3):e2300582121.

(执笔:刘国坤)

附　录　常用仪器的使用说明及注意事项

F-1　分析天平使用说明及注意事项

操作步骤

1.检查天平的水平状态。先观察确认天平自带的水平仪内的气泡(一般位于天平后部或天平前部显示屏旁)是否位于圆环中央,若否,则通过调节天平前端两侧的地脚螺栓使气泡进入圆环中央。

2.接通电源,按天平开关键开机,待显示屏显示自检完毕且示数稳定后,按"tare"键调零。

3.将容器或折叠好的称量纸轻放到天平秤盘上,按"tare"键调零。亦可不调零,在此基础上进行称量,但需要记录容器或称量纸的质量并在后期扣除。

4.往容器或称量纸上轻缓加入所需称量的药品,待数值接近所需称取的数量时,放缓加入药品动作,直至示数稳定在所需称取的质量;称量完毕,小心取出被称量药品,记录称量值。

5.称量完毕,关闭仪器电源。

6.登记使用情况。

注意事项

1.为确保称量结果准确,称量前须开机预热 30 min 以上。

2.对于有防风罩的天平,开关防风罩门动作应轻缓,读数时应保持防风罩门关闭。

3.应时刻保持天平干燥洁净,若称量时不慎将药品洒落到天平上,则应及时清理。

4.应将天平放置于稳定避风的环境中使用,称量时避免震动。用力压或敲打天平桌、行人跑动等均可能引起强烈震动,应予避免。

5.每次记录称量数据时,需同时记录天平室的温湿度。

6.天平使用完毕后,秤盘上不应放置任何物品,以免造成天平灵敏度下降。

7.天平不使用时,应置放于干燥稳定的环境中。天平室的温度以 20～25 ℃为佳,湿度应在 60％以下。

(执笔:陈　倩)

F-2　pH 计(酸度计)使用说明及注意事项

操作步骤

1.连接主机和变压器、主机和电极,接通电源。按开机键打开 pH 计。

2.校准 pH 计。将 pH 电极从电极保护液中取出,用纯水冲洗干净,再用滤纸/无尘纸吸干后置于 pH=7.00 的缓冲溶液中。按"校准"键进入校准界面。按"开始"键,轻摇缓冲溶液,待 pH 计读数稳定后按"确定"键,进行下一个校准。依次更换 pH=4.01、pH=10.01 的缓冲溶液进行校准。"三点校准"完成后,仪器显示校准斜率。pH 计电极正常的斜率范围应在 95%~102%,不得低于 92%。若采用"两点校准",只需选择 pH=4.01 和 pH=7.00,或 pH=7.00 和 pH=10.01 的缓冲溶液进行校准。

3.测定。校准完成后,按"测定"或"测量"键,进入该界面。用纯水仔细冲洗电极,用滤纸/无尘纸吸干后,将电极置于待测样品中,待 pH 计读数稳定后,读取 pH。

4.测定完毕,清洁电极,关闭仪器电源,再切断变压器电源。

5.登记使用情况。

注意事项

1.电极使用前要先进行检查,保证电极腔内有适量的电极内充液。使用时须将电极上部的小橡皮塞子打开(有些电极无橡皮塞子,则略去此步骤)。电极使用完毕,塞紧塞子并将电极置于电极保护液中保存。

2.电极从一种溶液中取出,置于另一种溶液之前,先用纯水将电极冲洗干净,再用滤纸/无尘纸吸干多余水分。

3.如果采用磁力搅拌器进行搅拌,则搅拌速度不宜过快,且测定标准缓冲溶液和水样时均应维持同样的搅拌速度和搅拌时间。

4.测定时,pH 计电极的球泡应全部浸没于溶液中。注意使其底部位置高于搅拌磁子,以免搅拌时打碎。

5.使用国产试剂包自行配制的缓冲溶液,pH 一般为 4.00、6.86、9.18。

6.目前的商品 pH 计均带有自动温度补偿功能,必要时可打开该功能。

(执笔:刘　珺)

F-3　电导率仪使用说明及注意事项

操作步骤

1.连接电极和电导率仪主机,检查无误后接通电源,按下"开关"键,预热 30 min 后即可使用。

2.另行测量待测水样温度,调节仪器的"温度"按键,使"温度"与测得的水温一致,仪器将自动进行温度补偿。

3.参考下表,根据水样的电导率范围,调节仪器的"电极常数"按键至合适的电极常数。

电导率范围/(μS/cm)	推荐使用的电极常数/cm^{-1}
0.05~2.00	0.0100,0.100
2~200	0.100,1.00
200~2×10^5	1.00

4.标定仪器:将清洁的电极置入以优级纯 KCl 配制的 0.0100 mol/L KCl 标准溶液中,调节"常数调节"按键,直至仪器显示 1413 μS/cm,标定完成。

5.用纯水冲洗电极,吸水纸吸干;将电极置入待测水样中,测定电导率。若电导率超出测定范围,则需要调整"电极常数",重新进行测定。

6.使用完毕后,断开仪器电源并拔出电极,清洁电极并置于电极帽中保存。

7.登记使用情况。

注意事项

1.电极使用前应先检查其是否干净、有无污染物附着。

2.测定时,水样须完全没过电极下部的探头。

3.电极需要定期清洁。可用无水乙醇擦拭电极表面,用纯水冲洗干净,擦干,存储在电极帽中。

4.使用过程中若发现电极沾污或读数反应较慢,可将电极浸泡于无水乙醇中 1 min,取出后用纯水冲洗干净,再用于测定。

（执笔：芦　敏）

F-4　离心机使用说明及注意事项

操作步骤

1.接通电源,打开仪器电源开关。

2.打开机盖,安装离心机转子,将离心管配平(通过托盘天平或者称量天平,调节两个离心管内物质的质量,确保两个离心管质量一致),将配平后的离心管对称放入转子内。转子如配有内盖,则须旋紧或盖好内盖。

3.合上机盖,用手轻轻按压机盖,听到咔嗒声,表示已锁紧机盖;如无声音提示的仪器,则可用手往上轻提机盖,机盖如果打不开,就表示已锁紧。

4.通过操作面板上的按键或旋钮设置离心机转子号、离心温度、转速、离心时间、加速档位、减速档位、离心力值等参数。

5.设置各参数后,按下"确认"键,保存当前设置的各参数值。

6.按"开始"或"start"键,启动离心工作程序,离心机按设定参数运行。

(1)自动停止:设置的运行时间倒计时至零时,离心机自动减速停止运行。待停止指示灯亮,转速等于 0 r/min 时,方可打开机盖。

(2)人工停止:运行中(运行时间倒计时不为零)如遇特殊情况,可按"停止"或"stop"键,待离心机减速运行至转速等于 0 r/min 时,停止指示灯亮,方可打开机盖。

7.转子完全停止旋转后,打开机盖,取出离心管。

8.离心机使用完毕后,务必将转子及离心机内部擦拭干净,关闭电源开关,拔下电源线插头。

9.登记使用情况。

注意事项

1.离心机应放在水平稳固的地方。

2.使用离心机,切记一定要保持离心管配平(精确到 0.00 g)并对称放置;离心管的液体不得超过离心管容量的 80%。

3.在非室温下运行时,需将转子预冷或预热,以使温度均匀。低温运行时,要预冷,即在所需温度下以 2000 r/min 先运行 30 min。

4.按"开始"或"start"键开始运行,在达到预设转速之前,需要在离心机边观察;有任何异状,应立刻停机,并立刻联系管理员。

5.安装、拆卸转子时,需要用专用工具。安装时,要确保螺丝旋紧。

6.离心机运行时,不得打开离心机盖,不得移动离心机。

7.操作失误或离心管损坏会腐蚀离心机。不得将有毒、病源性或放射性物质放入离心机内。

(执笔:闫俊美)

F-5　振荡器使用说明及注意事项

操作步骤

1.将需要振荡的容器(瓶)放入振荡盘中,用弹簧夹固定,容器中的溶液不超过容器体积的三分之一,否则必须加塞。

2.接通电源,打开仪器电源开关。

3.启动设备,如为旋钮式设备,则将调速旋钮旋至所需的速度档位。

4.设置振荡速度和振荡时间,如为旋钮式设备,则先查看定时旋钮位置,旋至"ON"位置或者所设定的时间档位。

5.使用完毕后,关闭电源。如为旋钮式设备,则需把调速旋钮旋至最低速档位,定时旋钮旋至关闭状态。

6.登记使用情况。

注意事项

1.仪器采用安全插座,使用前一定要接妥地线。

2.务必将本机安置在平整的台面或地面上,以减少震动。

3.搬动时,务必从底座搬起,严禁直接搬动上方振荡盘,以免损坏仪器。

4.保持容器(瓶)外壁的干燥整洁,如有液体外露,则先关机,处理干净后方可继续使用。

5.振荡器工作时如发出较大噪声,或者振荡速度不均匀时,则须立即关机,及时处理问题后方可重新启用。

（执笔：闫俊美）

F-6　恒温培养振荡器使用说明及注意事项

操作步骤

1.开机。接通电源,打开仪器开关,仪器自检。

2.设置参数。待仪器自检完成,显示屏正常显示后,按"设置"键,输入仪器密码后进入设置界面,设置仪器的各项参数。

按"系统设置"键,可设置仪器的控制模式。振荡器有定值控制和程序控制两种控制模式。常用的是定值模式,以下是定值模式的参数设置。

在仪器的设置界面,按"定值参数"键,进入"定值参数"设置页面。可设置的参数包括速度、温度、湿度、二氧化碳浓度、时间等。点击相应的参数键进行设置。每设定一个参数,须按"确认"键确认并保存。各参数设置完毕后点击"返回"键,回到初始界面,该界面显示当前设置的各参数数值。

3.放置样品,运行振荡器,仪器参数设置完毕后,打开振荡器箱门,将所需振荡培养的样品置于箱体内,关上箱门。按"运行"键,振荡器开始工作。如需在中途添加或取出样品,则按"暂停"键,待振荡器完全停止振荡后再将箱门打开,添加或取出样品,关闭箱门后仪器继续运行。

4.关机。关机前确定振荡器是否在运行状态,确保停止运行才能关机。按"停止"键,可停止当前的运行。在运行停止的状态下,关闭仪器的电源开关,拔下电源插头。

5.登记使用情况。

注意事项

1.输入的参数设定值必须在仪器的限值范围内。

2.仪器具有开门保护装置,在摇板未完全停止前,会阻止箱门打开。

3.箱体内设有照明灯和紫外灯,并设有相应的开关,根据实际需要开启相应的灯。

4.注意保持箱体内的清洁。

（执笔：刘　珺）

F-7 电热恒温鼓风干燥箱使用说明及注意事项

操作步骤

1.把需要干燥处理的物品放入干燥箱内,关闭箱门。

2.打开电源开关,此时电源指示灯亮,面板上显示干燥箱的实时温度。

3.设置温度。先按控温面板的设置键进入温度设定状态,将温度调为设定温度(如果显示的恰好是拟设温度,则不需重设)。设定完成后按确认键确认,程序进入定时设定。

4.设置定时。如需设定干燥箱恒温工作时间,则调节设置按钮进入定时设定状态,将示数调为设定时间。设定完成后按确认键确认,退出定时设置界面。(温度和定时设定数据会长期保存。)

5.干燥箱进入升温状态,加热指示灯亮。当箱内温度接近设定温度时,加热指示灯闪烁;干燥箱进入恒温状态后,加热指示灯熄灭。

6.干燥程序结束后,待干燥箱内温度降至安全温度后再将物品取出。

7.关闭电源开关。

8.登记使用情况。

注意事项

1.禁止在干燥箱内处理易燃易爆物。

2.使用前,应对干燥箱进行检查和清洁,确保干燥箱处于良好的工作状态。

3.将需要干燥的物品放置在干燥箱内时,应注意物品的摆放位置和数量,避免物品之间相互挤压影响干燥效果。

4.干燥箱工作过程中,应随时观察干燥箱的运行状态,确保干燥箱正常运转。

5.取出物品前,应待干燥箱内温度降至安全温度,避免烫伤。

6.干燥箱使用后,应及时进行清洁和维护,确保干燥箱的卫生和安全。

(执笔:何永琴)

231

F-8　马弗炉使用说明及注意事项

操作步骤

1.将待热处理的物品放入箱室内,关好箱门。闭合空气开关,打开仪器电源。

2.设置加热程序:

(1)设置初始温度,一般稍高于室温。

(2)设置目标温度及到达该温度所用时间,升温速度不可超过仪器设定的最大值。

(3)设置目标温度保持时间。

(4)若需要进行连续多个温度的热处理,则可设置升温程序进行热处理,即设置各目标温度、到达该温度所需时长和在该温度下保持的时长。

3.运行加热程序。电加热时,仪器加热指示灯亮,提示正在加热中;未加热时,加热指示灯熄灭。

4.程序结束后,仪器会蜂鸣提示。

5.热处理结束取出物品后,清理炉膛,关闭仪器电源,断开空气开关。

6.登记仪器使用情况。

注意事项

1.热处理结束后,须等待箱室内冷却至合适温度时再取物品;如需马上打开箱门取出物品,则要谨防高温烫伤。

2.禁止在箱室中处理易燃易爆物。

3.箱室内不能放置过多物品,以免影响温度传感探头工作。

4.严禁触碰箱室内的电热、传感元件。

5.处理可能熔融外溢物质时,事先应垫保护层,如石棉板、铝箔等,防止污染炉膛。

6.仪器如果无主动降温功能,则程序段不能设置降温。

（执笔：黄群腾）

F-9　化学需氧量测定仪使用说明及注意事项

说明：该仪器的快速消解模块，可用于样品的消解，如总磷测定和土壤有机质测定中的样品消解。

操作步骤

1.在适配的消解管中加入适量样品和消解液，旋紧盖子并混匀后放入仪器的加热炉孔穴中。若仪器配有消解防护罩，应按要求盖好防护罩。

2.接通电源后开机，设置所需的消解温度和消解时间，确认开始后，仪器开始升温。待温度升至设定值，仪器自动（或提示音响起后手动）进入消解程序。

3.消解时间结束，仪器发出提示，消解完成。关闭消解程序，待仪器稍冷后，取出消解管放在试管架上冷却。

4.冷却后的反应液可在仪器配套的光度计上做分析测试；也可在自配的分光光度计上测定吸光度后，计算化学需氧量；亦可采用滴定等其他分析方法来测定和计算化学需氧量。分光光度计的使用参照分光光度计使用说明进行。

5.仪器使用完毕后，关机，断开电源。

6.登记使用情况。

注意事项

1.加热前，须确认消解管的盖子旋紧；管外无液体残留，方可放入加热炉中。

2.部分品牌型号的仪器需达到设定温度后再放入消解管，具体应按相应仪器使用说明书的要求进行操作。

3.加热炉工作时温度很高，取放消解管均应小心，避免烫伤。

4.为确保安全，尽量将仪器加热部分放置于通风橱中使用。加热消解过程中，人尽量远离仪器3 m以上。

5.若消解过程中突发消解管破裂、消解液溢出等状况，则应立刻断电，待加热炉冷却后再做进一步处理。

（执笔：陈　倩）

F-10　高压灭菌器使用说明及注意事项

操作步骤

1. 闭合仪器的漏电保护开关(拨柄朝上表示已闭合),仪器自动进行自检。

2. 检查前置水箱水位,保持前置水箱的水量在"HIGH"(高水位)位置以下,以防冷凝水溢出。

3. 检查灭菌腔内水位,观察水位指示器,确保水位高于水位指示器。

4. 把灭菌物放入提篮中,再将提篮放在灭菌腔内,灭菌物不可塞得过满,否则会影响灭菌效果。

5. 一只手轻压上盖前端中部,另一只手将灭菌器前端的手柄从右侧的"UNLOCK"处拨到左侧的"LOCK"处;拨到位后,系统会发出提示音,此时操作面板的"LOCKED"灯亮,表示上盖已关好。此时,显示屏上流程图的"ST-BY"灯闪烁,表示进入待机状态。

6. 按"UP"键和"DOWN"键选择程序,按"SET/ENT"键设置参数,按"NEXT"键进入同一程序的下一个参数的设置。根据灭菌物的需求选择对应的程序。

7. 长按"START"键 3 s,系统启动工作,此时"HEAT"灯开始闪烁,如需中止,则可长按"STOP"键。

8. 系统发出 5 声长音,同时,显示屏上流程图的"COMP"灯闪烁,表示灭菌结束。

9. 在通电的情况下,一只手轻按上盖前端中部,另一只手将手柄从左侧的"LOCK"处拨到右侧的"UNLOCK"处。抓住把手,打开盖子,取出灭菌物。注意防烫。

10. 灭菌工作结束后,断开漏电保护开关。

11. 登记使用情况。

注意事项

1. 只能对耐压、耐温、耐湿的物质进行灭菌。灭菌腔内禁止放置强酸、强碱、含盐、易燃、易爆、易氧化、易腐蚀的物质。

2. 灭菌器用水须是蒸馏水、去离子水或其他纯水。

3. 每周至少更换一次灭菌腔内的水,同时清洗灭菌腔体,保证灭菌质量,延长加热管寿命,防止排水管道堵塞。

4. 每半年校验一次压力表,每年校验一次安全阀。

（执笔：段静静）

F-11　光照培养箱使用说明及注意事项

操作步骤

不同品牌型号的光照培养箱参数的设置操作差别较大,以下举例介绍参数的通用设置方法。例如,拟在光照培养箱内培养浮游植物,要求实现箱内环境光昼夜更替,其中光周期时长 14 h(如 6:01—20:00),温度 25 ℃,光强为箱内可提供的最大光强的 80%;暗周期时长 10 h(如 20:01—次日 6:00),温度 20 ℃,光强为箱内可提供的最大光强的 0%;开机设置参数的时间接近上午 10:00。操作步骤如下:

1.开机,点击"设置",进入培养参数的设置。

2.设置时间段和各段参数。根据不同仪器,其分为两种形式:

(1)无内置时钟培养箱的设置。此类培养箱只有倒计时或正计时计时器。可把 24 h 分成 3 段:第一段(光周期)参数为时长 10 h(10:01—20:00),温度 25 ℃,光强 80%;第二段(暗周期)参数为时长 10 h(20:01—次日 6:00),温度 20 ℃,光强 0%;第三段(光周期)参数为时长 4 h(次日 6:01—次日 10:00),温度 25 ℃,光强 80%。

设置时间时输入的是时长,如果设置时的时间(如 6:00)与光周期的开始时间(6:00)一致,则仅需设置 2 段。

(2)有内置时钟培养箱的设置。若仪器有内置时钟,则可直接输入光周期和暗周期起止的北京时间,即只需设置光周期与暗周期 2 段。温度和光强参照上述无内置时钟培养箱的设置。

3.参数设置完毕,退出设置。

4.点击"运行",培养箱根据设置的参数,默认从第一段开始循环运行。

5.使用完毕后,关机,断开电源。

6.登记使用情况。

注意事项

1.光照培养箱应放置在阴凉、干燥、通风良好、地面平整的地方,前后左右留出 30 cm 以上的散热空间。若在 30 ℃以上的环境温度下使用培养箱,则建议开启空调使环境温度降至 25 ℃左右,以防压缩机过热。

2.培养箱运行时,箱内载物摆放切勿过挤,以免影响箱内空气流通导致温度不均。

3.光照培养箱因内外温差、箱内水分蒸发、植物的蒸腾作用等多因素影响,可能会产生冷凝水,应定期检查排水口,倾倒冷凝水,确保运行安全。

4.光照培养箱的光源一般安装在箱体四周或者顶部,不同位置的光强存在较大差异。

如果光强是实验的关键影响因子,则在进行培养实验时须采取有效措施,避免因箱内不同位置的光强不同造成实验误差。

  5.培养箱表面和内壁要经常擦拭,保持玻璃的透明度,以保证箱内光强恒定。

(执笔:阳桂园)

F-12　小流量空气采样器使用说明及注意事项

操作步骤

1.采样前检查干燥器内的变色硅胶是否有效,若受潮变色,则更换 3/4 体积以上的具有充分干燥能力的变色硅胶。

2.选择干燥、避阳处,平稳安置仪器。

3.将装有吸收液的吸收瓶放在吸收瓶支架中,依次连接吸收瓶出气口、干燥器、仪器气路接口。仪器有 A 路、B 路 2 个接口,可同时采集 2 个样品。注意将吸收瓶出气口接干燥器,进气口朝向空气。

4.接通电源,打开电源开关,仪器自检。自检通过后方可使用。

5.设置并校准仪器的日期和时间。

6.设置采样参数:

(1)设置采样流量:精确至 0.1 L/min。需要更精确的采样流量时,可使用皂膜流量计等进行流量校正后再设定。

(2)设置采样方式:仪器有立即采样和定时采样 2 种采样方式。使用立即采样方式时,需设置采样时长,此种方式下,仪器在设定确认后立即进行采样。使用定时采样方式时,需设置采样起始时刻、采样时长等相关参数,仪器将在指定时刻自动开始采样。

7.采样结束后,仪器会自动保存采样信息,可在操作界面中查询以往采样的相关信息。

8.使用完毕后,关机,断开电源。

9.登记使用情况。

注意事项

1.采样器在使用过程中,如果泵吸入水或遭淋雨停机,则应及时断开电源,维修后再使用。

2.由于某种原因,需短时间关闭电源并再次开机时,应在关闭电源至少 5 s 后再开机。

3.长时间采样过程中,应注意硅胶颜色变化,当 2/3 硅胶受潮变色时,需更换。

4.启动仪器采样前,应确认吸收瓶的连接正确,避免吸收液吸入仪器中。

5.定期更换 A 路、B 路流量计前端的滤膜。

（执笔:黄群腾）

F-13 中流量空气颗粒物采样器 使用说明及注意事项

操作步骤

1.采样前准备:

(1)清洗切割器。用脱脂棉蘸取少量无水乙醇擦拭、清洗切割头和捕集板。

(2)检查采样流量。用流量校准器检查采样流量,若流量测量误差超过采样器设定流量的±2%,则应对采样流量进行校正。

(3)准备滤膜。滤膜应边缘平整,厚薄均匀,无毛刺,无污染,不得有针孔或任何破损。将滤膜恒温恒湿平衡后,恒重、称量,记录称量环境条件和滤膜质量,将称量后的滤膜放入滤膜保存盒中备用。

(4)安装滤膜。将已编号、称量的滤膜用镊子放入洁净的捕集板或托网架内,滤膜毛面应朝向进气方向即切割头方向。用密封垫将滤膜压紧。将喷嘴体、密封垫、捕集板按顺序放入采样器中。

(5)设置仪器参数。在设置界面下拉菜单中设置采样时间、采样模式(连续采集或间隔采集)、间隔次数等参数。采样时间应足够长,保证滤膜上的颗粒物负载量不少于称量天平检定分度值的100倍。例如,使用的称量天平检定分度值为0.01 mg,滤膜上的颗粒物负载量应不少于1 mg。

2.样品的采集:

(1)采样器的采样口距地面或采样平台的高度不应低于1.5 m,切割器流路应垂直于地面。

(2)接通电源,启动采样器采样。

(3)采样结束后,用镊子取出滤膜,放入滤膜保存盒中,记录采样体积等信息。

(4)关机,断开电源。

(5)登记使用情况。

3.滤膜的称量:

(1)将滤膜放在恒温恒湿设备中平衡至少24 h后再进行称量。平衡条件为温度控制在15~30 ℃范围内任意一点,控温精度±1 ℃;湿度控制在50±5%RH。天平室的室温、湿度条件应与恒温恒湿设备保持一致。

(2)记录恒温恒湿设备的平衡温度和湿度,确保滤膜在采样前后平衡条件一致。

(3)滤膜平衡后,用分析天平称量,记录滤膜质量和编号等信息。

(4)滤膜首次称量后,在相同条件平衡 1 h 后再次称量,同一滤膜 2 次称量的质量之差应小于 0.04 mg;以 2 次称量结果的平均值作为滤膜称量值。若同一滤膜前后 2 次称量之差超出 0.04 mg,则该滤膜作废。

注意事项

1.采集到的样品须妥善保存和运输,保持样品的完整性和稳定性。

2.样品送回实验室后,置于恒温恒湿设备中平衡、待测。

（执笔:芦　敏）

F-14　溶解氧仪使用说明及注意事项

操作步骤

1.将溶解氧电极安装在仪器对应的端口上,长按"开关"键开机。

2.电极的校准。在主界面中选择"校准",进入校准界面。以纯水清洁溶解氧电极,并用吸水纸擦干。在一个 50 mL 烧杯底部加入约 1 cm 高度的纯水,用密封袋套在烧杯上,营造一个水饱和氛围。将电极悬挂在水面上方,在此 100% 水饱和氛围中平衡 5～10 min。仪器显示"斜率"和"溶解氧测定值"达标后,即提示"校准成功",完成仪器校准。

3.返回主界面,将电极探头插入待测溶液中,按"读取"键即可读取溶解氧数值。

4.测定结束后,将电极清洗干净;关机;装箱保存。

5.登记使用情况。

注意事项

1.平衡电极时,不要将电极插入水中。

2.电极电缆与仪器主机端口的连接须严实稳妥。

3.更换电极探头时,需要关闭主机电源。

4.电极探头可以在干燥环境中长期保存。

（执笔:芦　敏）

F-15　紫外-可见分光光度计使用说明及注意事项

操作步骤

1.开机。接通电源,打开仪器开关,系统自检,预热 20 min。

2.选择氘灯、钨灯。如果仪器是可见分光光度计,则只有钨灯,无需选择。如果仪器是紫外-可见分光光度计,则有 2 种灯可选。为延长灯的使用寿命,当测定波长在可见光范围时,仅需打开钨灯;当测定波长在紫外光范围时,仅需打开氘灯。根据需要,设置氘灯和钨灯的开/关状态。

3.测定吸光度/透射率:

(1)在仪器界面上选择"光度测量",进入该模式。有些仪器无此步骤,直接进入下一步。

(2)设置结果显示方式。可选"吸光度"或"透过率(或透射率)",常用"吸光度"方式。参见章节 2.9.2,测定生物样品时,"吸光度"数值即为"光密度"数值。

(3)输入测定波长。有些仪器还需要根据波长调整滤光片。

(4)调零。调节比色皿架拉杆,将参比溶液置于光路中,调整透射率 $T=100\%$,调整吸光度 $A=0$。

(5)测定。将各试样溶液依次置于光路中,读取并记录各试样的吸光度。

4.动力学分析/光谱扫描/多波长分析:并非所有的分光光度计都具备此项功能。下面以 MAPADA(美谱达)UV-1800PC 为例说明此项功能的操作步骤。

(1)使用 USB 数据线建立分光光度计与计算机的连接。

(2)打开分光光度计软件,在工具栏处单击"动力学分析/光谱扫描/多波长分析",进入相应分析界面。

(3)设置分析参数。动力学分析:选择数据显示方式(吸光度或透过率),输入测定波长、延时时间、测定时间、测定间隔和坐标轴显示范围等参数。光谱扫描:选择数据显示方式(吸光度或透过率),输入测定的起止波长、扫描间隔、重复次数、坐标轴显示范围等参数。多波长分析:输入波长数量,各波长按照数值从大到小的顺序依次输入。

(4)调零/校准背景。调节比色皿架拉杆,将参比溶液置于光路中,点击工具栏的"调零/校准背景",进行调零/校准背景。

(5)测定。将待测样品置于光路中,点击工具栏的"开始",进行扫描/测定,若需中断则点击"停止",测定结束后扫描图谱或数据将在当前界面显示。

（6）数据存储。点击工具栏的"保存"，在弹出的对话框中输入文件名，保存文件。若需将数据导出为 Excel 格式，则单击"文件"，选择"导出到 Microsoft Excel"，软件自动开启 Microsoft Excel 软件并将数据导入其中，按正常流程保存数据。

5.测定完毕，取出样品，将比色皿架拉杆推回原位，关机。

6.清洁比色皿。

7.登记使用情况。

注意事项

1.进行分光测定的试液必须是均相溶液，不可有悬浮颗粒物；气泡也会影响测定结果，因此测定前需检查比色皿中是否有气泡并排除气泡干扰。

2.测定波长在可见光范围时可选用玻璃或石英比色皿，测定波长在紫外光范围时须采用石英比色皿。

3.比色皿有毛面和光滑面之分，拿取比色皿只能触摸毛面。光滑面为透光面，不可与硬物接触，测定前须用擦镜纸或质地柔软的吸水纸擦拭干净。

4.不同比色皿的透射率存在差异，需同时使用多个比色皿时，须检查透射率是否一致，以避免因比色皿差异导致测定误差。方法是：分别向待用的比色皿中注入纯水，在测定波长下比较吸光度，误差在 ±0.001 以内的比色皿方可配套使用。

5.盛装试液时，液面到达比色皿高度的 2/3 处即可。

6.若样品含挥发性有机试剂，则测定时须用带盖的比色皿。试剂挥发会损害仪器零部件，影响人体健康，也会造成被测试样的浓度变化。

7.测定时，须确保比色皿与光路垂直，不可倾斜，以免光程差异造成测定误差。

8.试液的吸光度在 0.2～0.7（透射率 20%～60%）范围内准确度最高，低于 0.1 或大于 1.0 时误差较大。若样品的吸光度超过 1.0，则应将样品适当稀释。

（执笔：阳桂园）

F-16　荧光分光光度计使用说明
及注意事项

操作步骤

1.开机。打开氙灯电源,待氙灯点亮后,再开启主机电源,最后打开电脑软件。系统自检,预热 $15\sim20$ min。

国产荧光分光光度计通常有定量分析、波长扫描、时间扫描、三维波长扫描和同步扫描等功能。本节主要介绍比较常用的波长扫描和定量分析 2 种使用方法。

2.波长扫描:

(1)从菜单"文件"中选择"新建方法",进入新建方法窗口,在"方法概要"中设置测定方法为"波长扫描",输入操作者、仪器型号等参数。

(2)设置分析参数。在"仪器设置"界面设置扫描模式(选择激发模式或发射模式)、数据模式(默认为荧光模式)。如果选择激发模式,则输入拟定的发射波长和激发起止波长;如果选择发射模式,则输入拟定的激发波长和发射起止波长。设定荧光光谱的扫描速度、扫描间隔、激发带宽、发射带宽和光电倍增管的增益电压(为了延长光电倍增管寿命,其增益电压宜从低压起设)等参数。

(3)调零/校准背景。将参比溶液置于光路中,点击工具栏的"调零/校准背景",进行调零/校准背景。

(4)测定。将待测样品置于样品室中,点击工具栏的"开始测量"(通常为三角绿色图标),进行荧光光谱扫描,扫描结束后荧光光谱将在当前界面显示。

(5)存储数据。点击工具栏的"保存",在弹出的对话框中输入文件名,保存文件。若需将数据以 Excel 格式导出,则单击"文件",选择"导出到 Microsoft Excel",软件自动开启 Microsoft Excel 并将数据导入其中,按正常流程保存数据。

3.定量分析:

(1)从菜单"文件"中选择"新建方法",进入新建方法窗口,在"方法概要"中设置测定方法为定量分析,输入操作者、仪器型号等参数。

(2)设置分析参数。在"仪器设置"界面选择波长模式(选择"固定激发波长"或"固定发射波长"),输入拟定的发射波长和激发波长。设定激发带宽、发射带宽和光电倍增管的增益电压(为了延长光电倍增管寿命,其电压宜从低压起设)等参数。在"标样设置"界面设置标样的浓度和名称。

(3)调零/校准背景。将参比溶液置于光路中,点击"测量",进行调零/校准背景。

（4）测定。将待测样品置于样品室中，点击"测量"，测定结束后，结果将在当前界面对应的样品栏显示。

（5）存储数据。同"波长扫描"模式的操作。

4.测定完毕，取出样品，关闭氙灯，关闭主机电源。

5.清洁比色皿。

6.登记使用情况。

注意事项

1.荧光分析采用石英比色皿，四面透光。测定前须用擦镜纸或质地柔软的吸水纸擦拭干净，保证比色皿四面洁净、透光。拿取比色皿时应持住比色皿的对角线棱角，不能触摸光面。

2.为延长光电倍增管寿命，当仪器光电倍增管的增益较高时，勿使强光进入样品室。在测定未知浓度样品时，光电倍增管增益电压应从低电压向高电压逐步调整，不可直接设置高增益。

3.同时使用多个比色皿、盛装试液、放置比色皿等的其他注意事项，参见F-15紫外-可见分光光度计的注意事项。

（执笔：彭景吓）

F-17　原子吸收光谱仪使用说明及注意事项

（一）火焰原子吸收光谱仪

操作步骤

1. 开机：

（1）打开通风系统、空气压缩机（助燃气空气的压力一般为 30 psi）、燃烧气（燃气乙炔的压力一般为 9 psi）。

（2）打开光谱仪电源和计算机电源，打开仪器操作软件，打开待测元素的空心阴极灯，预热 30 min。

2. 方法和参数设置：

（1）方法设置。点击操作软件工具栏中的"编辑"进入方法编辑对话框，输入方法名称、操作者、选择待分析元素。在"分析技术"中选择"火焰"。

（2）序列参数设置。在方法编辑对话框中，编辑样品信息，如是否校正、样品数量、样品名称、试剂空白等。

（3）火焰光谱仪参数设置。在方法编辑对话框中，点击进入光谱仪参数编辑对话框，选择测定方式为吸收，确认重复测定次数、灯电流、狭缝宽度（部分仪器描述为"通带"）、分析波长、背景校正技术等参数。

（4）火焰参数设置。在方法编辑对话框中，点击"火焰"，进入火焰参数编辑对话框，选择火焰类型（常用为空气-乙炔）、输入燃气流量参数（通常为 1.1 L/min）、雾化器高度（通常为 7 mm），其他参数如燃烧头稳定时间、雾化器提升时间等，可选择默认。

（5）校正参数设置。在方法编辑对话框中，点击"校正"，进入方法编辑的校正对话框。大部分软件会提供多种曲线拟合方式，可根据实验要求和设计进行选择。使用系列标准溶液绘制校准曲线、定量样品时，可选择"一般拟合方式"。

（6）QC 参数设置。如需要在测定过程中进行质量控制（quality control，QC），在方法编辑对话框中点击"QC"（大部分仪器具有质量控制功能），进入方法编辑的 QC 对话框，输入 QC 标样的浓度和允许误差，用以检查测定过程中校准曲线的漂移。此时需返回序列对话框，输入 QC 标样信息。当测试样品较多时，则可以选择定时插入测定 QC 标样，用以检查分析过程中仪器的稳定性。仪器运行过程中，如果 QC 标样的测定结果在误差范围内，则仪器将继续测定样品；如果超出误差范围，则可选择在测定结果中打上标记并继续测定样品，或选择停止测定样品。

至此,所有的参数设置完毕。在方法编辑对话框中点击"保存",把上述编辑好的方法存储在指定位置。

3.样品测定:

(1)点火/熄火。当气体压力合适、燃烧头安装正确、燃烧头电源接通时,仪器的"点火"开关灯闪烁,长按"点火"开关直至火焰点燃,如火焰在 30 s 内未点燃,则仪器会自动停止点火,等待 30 s 之后再点。熄火时,按红色"熄火"开关即可。

(2)样品测定。进入"方法"菜单,编辑或载入已编辑好的方法,点击"确定",回到系统操作界面,此时选定的方法已被激活。点击快捷键"准直光路",仪器将自动调整好光路;点击快捷键"调零",仪器将自动调零/校准背景;点击快捷键"分析"(多种仪器采用三角形绿色图标),开始运行分析方法即进行样品测定。通常,火焰原子吸收光谱仪的进样模式为手动进样,按照对话框给出的提示,手动将仪器的进样管插入样品溶液中,仪器自动分析并给出测定结果。完成一个样品测定后,仪器自动提示下一个待测样品进样。按此逐一测定标样和试样,直至分析任务完成。

(3)数据存储。点击工具栏中的"保存",在弹出的对话框中输入文件名,保存文件。若需将数据以 Excel 格式导出,则单击"文件",选择"导出到 Microsoft Excel",软件自动开启 Microsoft Excel 并将数据导入其中,按流程保存数据。

4.使用完毕后,依序关闭燃烧气和助燃气、关闭空心阴极灯、关闭仪器操作软件、关闭仪器电源和电脑。

5.登记使用情况。

注意事项

1.点火前应确保气源连接正确,无泄漏,压力正确。雾化室和燃烧头应洁净,排液管应充满纯水。可拔去燃烧头,用小烧杯向雾化室中小心地倾入纯水,确保排液管中有水自由流出。点火时必须先打开排风装置,操作人员应位于仪器正面左侧执行点火操作,仪器右侧及后方不能有人,点火之后不得关闭空气压缩机。

2.熄火时必须先关闭乙炔气瓶,待火焰自然熄灭后再关闭空气压缩机。

3.应经常检查雾化器和燃烧头是否有堵塞现象,尤其是在样品基底较复杂的情况下。

4.乙炔气瓶需放置在通风条件好、无阳光直射的地方。乙炔气瓶的温度须控制在 40 ℃以下,3 m 内不得有明火。

5.保持仪器室清洁卫生,尽可能做到无尘、无大磁场、无电场、无阳光直射和强光照射、无腐蚀性气体。室内空气相对湿度应低于 70%,温度在 15~30 ℃之间。

6.仪器室必须与化学处理室及发射光谱仪器室隔离,以防止腐蚀性气体侵蚀和强电磁场干扰。

(二)石墨炉原子吸收光谱仪

操作步骤

1.开机:

(1)打开通风系统、氩气(分压表压力为 0.15~0.20 MPa)和循环冷却系统。

（2）打开光谱仪电源、石墨炉模块和计算机电源,连接好自动进样器,打开仪器操作软件,打开待测元素的空心阴极灯,预热 20～30 min。

2.方法和参数设置:

（1）方法设置。点击操作软件工具栏中的"编辑"进入方法编辑对话框,输入方法名称、操作者、选择待分析元素。在"分析技术"中选择"石墨炉",并选择"自动进样"。

（2）序列参数设置。在方法编辑对话框中,编辑样品信息,如是否校正、样品数量、样品名称、试剂空白及样品放置位置等。

（3）石墨炉光谱仪参数设置。在方法编辑对话框中,点击进入光谱仪参数编辑对话框,选择测定方式为吸收,确认重复测定次数、灯电流、狭缝宽度（部分仪器描述为"通带"）、分析波长、背景校正技术等参数。

（4）石墨炉参数设置。在方法编辑对话框中,点击"石墨炉",进入石墨炉参数编辑对话框,选择石墨管类型（普通、涂层、改性、专用等）、设置石墨炉升温程序。

（5）校正参数设置。同火焰原子吸收光谱仪。

（6）QC 参数设置。同火焰原子吸收光谱仪。

至此,所有的参数设置完毕。在方法编辑对话框中点击"保存",把上述编辑好的方法存储在指定位置。

3.样品测定:

（1）准直进样针、净化石墨管。通常石墨炉原子吸收光谱仪都配有内置摄像头,用于实时观察进样情况。设置工具栏中的摄像头为打开状态,点击准直进样针图标,调整进样针,直至其能顺利把样品输送到石墨管,且针头与管底的距离为管内径的 1/3 左右。

点击"净化",清洁石墨管。

（2）样品测定。进入"方法"菜单,编辑或载入已编辑好的方法,点击"确定",回到系统操作界面,此时选定的方法已被激活。点击快捷键"准直光路",仪器将自动调整好光路;点击快捷键"调零",仪器将自动调零/校准背景;点击快捷键"分析"（多种仪器采用三角形绿色图标）,运行分析方法,进行样品测定。

（3）数据存储。同火焰原子吸收光谱仪。

4.使用完毕后,依序关闭氩气、关闭空心阴极灯、关闭石墨炉模块、关闭仪器操作软件、关闭仪器电源和电脑。

5.登记使用情况。

注意事项

1.在启动石墨炉原子吸收光谱仪之前,需确保外部电力和气源供应的完好和稳定。

2.使用仪器前,应检查石墨管的质量,确保石墨管不破裂不弯曲。

3.样品的质量和制备方法直接影响测定结果。必须严格按照标准要求制备样品,样品应该均匀分散,量足,适当稀释,以便得到准确的分析结果。

4.污染是石墨炉故障的主要原因。应根据规定定期（每周 1 次）清洁石墨炉炉头。更换石墨管后,以原子化温度进行热处理,即空烧,重复 3～4 次。

5.经常更换自动进样器清洁瓶中的清洗液。清洗液可以是纯水或 0.2%(V/V)硝酸溶液。用超声波去除清洗液中溶解的气体,防止注射器和管路中的气泡影响清洗效果。

6.定期(1个月)更换循环冷却水机中的水,加入纯水和水质改良剂。如果仪器提示循环水的流量低,则应清洗石墨炉循环冷却水入口的金属滤网。如仍有问题,则应请专业人士处理。

（执笔:彭景吓）

F-18　离子色谱仪使用说明及注意事项

操作步骤

1.开机：

(1)打开氮气钢瓶总阀、减压阀，将减压表压力调节至 0.2 MPa，将淋洗液瓶分压表调节至 3～6 psi 之间。

(2)依序打开离子色谱仪电源、淋洗液在线发生系统、自动进样器及计算机。

(3)打开程序软件，检查离子色谱仪主机、自动进样器与电脑的联机状态。

2.排除管路气泡、稳定基线：

(1)打开仪器排气阀(逆时针转动排气阀旋钮 1/4 到 1/2 圈，打开此阀门时洗脱液流路将切换至排出废液，并消除背景压力)，点击软件控制面板上的排气功能键，高压泵将以高流速(如 3 mL/min)和低流速(如 1 mL/min)交替运行，排除管路中可能存在的气泡。待高压泵运行 3～4 min，检查确认废液管路中无气泡后，点击软件控制面板上的泵运行功能键，令泵停止运行，结束管路排气步骤，将仪器排气阀顺时针旋转至初始状态。

(2)在仪器操作软件上设置泵流速(通常为 1 mL/min)，点击软件控制面板上的泵运行功能键，仪器启动运行。设置抑制器电流值(测定阴离子通常设置为 50 mA，测定阳离子通常设置为 59 mA，亦可根据淋洗液浓度调整电流)，观察系统压力，当压力超过 1000 psi 后，点击抑制器功能键，令抑制器开始工作。观察仪器基线的平稳程度，当基线读数稳定在千分位或波动微小时，方可进行样品分析。

3.样品测定(以戴安 ICS-1100 型离子色谱仪为例)：

(1)建立分析序列。点击仪器操作软件工具栏中的"创建"，进入仪器方法编辑对话框，输入方法运行时间、柱流速、定量模式、抑制器类型、淋洗液浓度、抑制器电流等参数，并保存该仪器方法。点击仪器操作软件工具栏中的"创建"，进入序列编辑对话框，输入样品名称格式、样品数、进样次数、进样位置、进样量等参数，选择已编辑好的仪器方法，选择数据处理方法和输出模式，保存该序列。

(2)样品测定。按照序列中的样品列表将样品依次置入进样盘中。点击仪器操作软件工具栏中的"队列"，进入队列编辑对话框，选择待运行的已编辑好的队列，点击"开始"，仪器开始运行此队列，进行样品分析。分析结束后，分析结果将自动保存在已选择的输出模式中，并可通过点击仪器操作界面中的"数据"进行处理和查看。

4.使用完毕后，依序关闭氮气、仪器操作软件、仪器电源、淋洗液控制器、自动进样器、计算机。

5.登记使用情况。

注意事项

1.待分析的样品需经过 0.45 μm 滤膜过滤去除颗粒物,以避免样品中的颗粒物进入色谱柱导致色谱柱堵塞或柱性能下降。

2.淋洗液须在有效的使用期内,淋洗液与分离柱须相匹配以保护分离柱;仪器运行时需保证淋洗液存量充足且仪器控制面板上的显示值与实际值一致,防止运行过程中因淋洗液缺失造成柱损坏。

3.排气操作步骤结束后,顺时针旋转排气阀至初始状态时不能过度使劲,以防废液阀中的垫圈变形引起泄漏。

4.样品分析前须确认基线电导率处于预期读数且稳定,防止基线漂移或"噪声"过大影响分析结果。

5.仪器运行过程中需观察柱压变化,当柱压波动大于 200 psi 时,应检查六通阀、进样器、色谱柱、各处管路等,确定故障原因,及时排除。

(执笔:彭景吓)

F-19　生物显微镜使用说明及注意事项

操作步骤

1.打开显微镜电源开关,旋转光源滚轮,选择合适的照明强度。

2.将标本置于载物台上,用片夹将其固定,旋转载物台纵横移动手轮,将标本待观察部分移入观察光路中。

3.转动物镜转盘,从低倍镜到高倍镜,选择合适倍数的物镜对样品进行观察。

4.用右眼观察,通过机身侧面的对焦旋钮调整焦距(对焦旋钮外圈为粗调,内圈为细调),直到标本物像清晰为止。

5.调节视度。通常人的左右眼视度不完全一致,显微观察时应进行视度补偿。用左眼观察,并转动左目镜筒上的视度调节圈,进一步调整物像清晰度。

6.调节瞳距。双手握住双目镜筒并旋转镜筒,使两目镜中心距离适合两眼瞳距,即使两眼观察的物像重叠合一。

7.调节载物台下的聚光镜孔径,以获得最佳物像效果。注意:孔径越小,景深越大。

8.使用完毕后,清理显微镜上残留的样品,保证机身清洁。将光源亮度调至最小,载物台高度调至最低,低倍物镜与光路处于一条直线。

9.关闭显微镜电源,罩好防尘罩。

10.登记使用情况。

注意事项

1.显微镜室应保持干燥清洁;显微镜应避免阳光直射,远离湿气、烟雾、酸以及碱性和腐蚀性物质;使用后应及时罩好防尘罩。

2.显微镜应放置在牢固稳定、不受到震动干扰的地方。搬动显微镜时,一定要轻拿轻放,不得用手触摸任何光学部分。

3.不得自行拆卸或更换插头、光学系统和机械部件,除非手册中特别许可。

4.操作时应避免污物或手指沾污透镜和滤色片。不得让镜头积结灰尘、印上指纹等。

5.调整亮度切忌忽大忽小,也不要过亮。过亮影响灯泡的使用寿命,且有损视力。

6.使用100×油镜时,需滴加镜油,使用后需用无尘擦镜纸蘸取擦镜液,对油镜物镜进行擦拭。

（执笔:段静静）

F-20　体视显微镜使用说明及注意事项

操作步骤

1. 打开显微镜电源开关,选择照明方式,打开照明开关并选择合适的照明强度。

2. 根据所观察的样品,选择台板(观察透明样品时,选用毛玻璃台板;观察不透明样品时,选用黑白台板)。将所需观察的物体放在载玻片或培养皿中,再放在工作台上。

3. 调节瞳距。双手握住双目镜筒并旋转镜筒,使两目镜中心距离适合两眼瞳距,即使两眼观察的物像重叠合一。

4. 将物体移至工作台中心位置,设定最低放大倍率等级。转动对焦旋钮进行调焦,使左侧目镜能看到清晰的物像。如果此时右侧目镜的像不清晰,则转动目镜对焦环,直至得到与左侧目镜同样清晰的物像。

5. 通过目镜观察,旋转倍数调节器,调节物镜的放大倍率直至得到清晰图像。放大倍率可通过读数圈读取。

6. 使用完毕后,移走标本,清理显微镜上残留的样品,保证机身清洁。

7. 将光源亮度调至最低后关闭电源,并用防尘罩将显微镜严密罩盖。

8. 登记使用情况。

注意事项

显微镜室的清洁、显微镜的放置和维护等注意事项,同 F-19 生物显微镜使用说明及注意事项。

(执笔:何永琴)